CAMBRIDGE

晶体场手册

CRYSTAL FIELD HANDBOOK

[英] 道格拉斯·约翰·纽曼
[英] 贝蒂·吴·道格 编著
张庆礼 刘文鹏 译

中国科学技术大学出版社

安徽省版权局著作权合同登记号:第 1211894 号

Crystal Field Handbook, First Edition (ISBN 0-521-03936-9) by D. J. Newman, Betty Ng published by Cambridge University Press 2007

图书在版编目(CIP)数据

晶体场手册/(英)道格拉斯·约翰·纽曼,(英)贝蒂·吴·道格编著;张庆礼,刘文鹏译.—合肥:中国科学技术大学出版社,2012.4
ISBN 978-7-312-02788-8

Ⅰ.晶… Ⅱ.①道… ②贝… ③张… ④刘… Ⅲ.晶场理论 Ⅳ.O481

中国版本图书馆 CIP 数据核字 (2012) 第 020625 号

出版 中国科学技术大学出版社
地址:安徽省合肥市金寨路 96 号,230026
网址:http://press.ustc.edu.cn
印刷 安徽江淮印务有限责任公司
发行 中国科学技术大学出版社
经销 全国新华书店
开本 710 mm×1000 mm 1/16
印张 15.75
字数 336 千
版次 2012 年 4 月第 1 版
印次 2012 年 4 月第 1 次印刷
定价 39.00 元

内 容 简 介

本书以对晶体场现代概念的理解为基础，澄清了在历史上产生混淆的一些问题，尤其是关于磁性离子能级光谱的共价效应、配位体极化效应方面的问题。

对固体中磁性离子能级光谱的唯象分析，提供了清晰的指导和一套计算机程序，向读者说明了如何用不同层次的参数化模型来从观测光谱中获得尽可能多的信息。特别地，详细阐述了叠加模型和跃迁强度的参数化以及当标准(单电子)晶体场参数化不成功时所要使用的方法。

这是第一本把全部参数化模型、概念和使用它们所需的计算手段统而述之的晶体场理论著作，对光电子系统和磁性材料方面的研究生和研究人员特别有益。

作 者 简 介

道格拉斯·约翰·纽曼
英国南安普敦大学物理与天文学系

贝蒂·吴·道格
英国威尔士环境局

刘国奎
美国阿贡国家实验室化学部

迈克尔·瑞德
新西兰坎特博雷大学物理与天文系

杨友源
中国香港教育学院科学系

陈国森
中国香港城市大学物理及材料科学系

捷斯拉夫·鲁多维奇
中国香港城市大学物理及材料科学系

作者简介

译 者 序

晶体是现代材料科学的重要组成部分，磁性离子尤其是稀土离子和过渡族离子作为激活离子，是包括激光材料在内的发光材料的基础，其光学光谱、非弹性中子散射谱等是固体内部微观作用机制的外在反映。通过光谱来理解材料内部的物理机制和过程以及材料的发光、激光等性能，以获得规律性认识，对于指导材料设计、制备、性能评估及应用等诸多方面具有重要的意义。

由于晶体场理论及其计算实现上的复杂性，要全面而准确地掌握和使用晶体场理论是很困难的，对于专门从事材料研究的科研人员来说尤其如此。D. J. Newman 和 Betty Ng 的《晶体场手册》似乎改变了这一点，其介绍的虽然是晶体场理论，但其视点却是实验者，深入浅出、清晰准确地介绍了晶体场理论以及晶体场分析所需要的各种计算程序和操作，兼顾了理论和实践操作两个方面，这是目前国内外其他晶体场著作所不具备的。另外，《晶体场手册》的撰稿人都是长期工作在晶体场领域的学者，因此，《晶体场手册》也体现了当代晶体场理论发展的概貌。对初学者来说，这是不可多得的入门教材，可堪“小桥流水通幽处”；对于专门从事晶体场理论研究的人员来说，这也是不可多得的参考文献，不会有“曾经沧海难为水”之感。

在翻译中，我们主要参考了《英汉固体物理学词汇》、《英汉综合物理学词汇》、《新英汉数学词汇》、《数学百科全书》等，力求翻译准确，一些已有标准翻译的英文人名已直接翻译为中文，而其他的则直接保留了英文。但因译者水平有限，一些翻译难免不准确甚至可能是错误的，恳请读者不吝赐教，译者将不胜感激！

本书出版过程中，得到了国家自然科学基金（No. 50772112，90922003）、安徽省优秀青年科技基金（No. 08040106820）的资助，得到了 D. J. Newman 教授和 Betty Ng 博士的热情帮助，他们还给译者赠寄了该书的英文原版，殷绍唐研究员提出了很多有益的建议，丁丽华博士研究生翻译和制作录入了书中的全部列表，王晓梅女士也给予了很多帮助，在此一并致以衷心的感谢！

中国科学院安徽光学精密机械研究所
安徽省光子器件与材料重点实验室
张庆礼

前 言

我们编著此书的目的是使非专业人员和专业人员一样能够使用当前众多的最新技术手段来分析晶体场分裂。所有的这些技术手段都基于唯象晶体场方法，应用它们的目的是：

(1) 使用最具有预测力的模型对观测到的晶体场分裂进行参数化；

(2) 通过参数拟合质量和它们预测结果的准确程度直接对模型假设进行检验；

(3) 使用模型参数将第一性原理计算和实验方便地联系起来。

估计读者主要对前两个目的感兴趣，因此用了相对较少的篇幅来介绍第一性原理的计算。尽管这本书的大部分内容是关于唯象方法的实际应用，但还是用了一些篇幅对晶体场理论中的这种方法和其他方法间的关系做了必要的评价。

在一组 QBASIC 程序支持下，书中给出了一系列例子，这些例子能够使读者快速熟练地运用唯象分析中的基本技术手段。想从事更加复杂分析的人被导引到其他现有的程序。除了 QBASIC 程序中包含的程序外，本书还包含了其他地方很少涉及的 3 个主题，它们是：晶体场不变量方法（见第 8 章）、半经典模型（见第 9 章）以及在晶体场分裂能级间跃迁强度分析中参数化模型的使用（见第 10 章）。

在制作参考文献的过程中，形成了一个更加全面的关于晶体场和相关主题的文件（cfh_all. bib），它为 BibTeX 输入文件格式，这使得它在制作所有参考文献的目录时非常有用。十分感谢 M. F. Reid 博士在制作这个文件过程中的帮助，并且让它可以通过网址 http://www. phys. canterbury. ac. nz/crystalfield 获取。

希望读者可以帮助 Reid 博士，以保证这个文件的准确性并保持更新。

编者要感谢他以前所有的同事和学生，在过去的 40 多年里，他们都参与了发展晶体场唯象方法的工作。还要感谢南安普敦大学的工作人员和学生，他们对这本书的前期工作和编写完善也都做出了贡献。尤其要感谢撰稿人，他们尊重时间，在编者力图统一书中不同部分的符号和概念方法的烦扰中，他们表现出了极大的耐心。

编者还要感谢剑桥大学出版社的工作人员，他们耐心地帮助消除印刷上的错误，改进了版面设计。编者还特别感谢"texline"的回复者，他们在 TeX 问题上帮助我们，并且使标准的"cupplain"格式符合了我们的要求。

道格拉斯·约翰·纽曼
贝蒂·吴·道格

前　言

目　　录

引 言

晶体中的孤立磁性离子能谱携带着磁性离子本身、晶态基质以及系统中这两部分之间相互作用的信息。晶体场理论包含了一系列手段,以从观测光谱中尽可能多地提取这些信息,目的是将这些信息以可用于预测相关体系的能谱的形式来表述。

晶体中的磁性离子具有很多有用的物理特性。特别地,在寻找新型激光晶体(见[Kam95, Kam96])和新型磁性材料时,为了设计符合专门应用的新体系,有必要对任一晶态环境中的任一磁性离子能级结构和跃迁强度进行预测。本书中介绍的技术手段对实现这个目标大有帮助。

"晶体场理论"已被用来描述两种十分不同的方法。其中一种是所谓的唯象方法,它包括使用线性参数化算符表达式来拟合实验结果,为我们提供了一个十分成功的预测工具。另外一种就是所谓的从头计算方法,其中的能级和跃迁强度根据第一性原理计算,现已表明这种方法远不及前者实用。本书主要专注于说明如何使用唯象方法直接从观测光谱获得晶体中磁性离子的物理特性。

我们的目的是让更多人知道、更容易获取分析和预测晶体中磁性离子光谱的现代技术手段,并阐明不同参数化哈密顿和跃迁强度模型中内在的物理假设,给出用于分析实验结果的概念和计算手段。重点是通过使用一系列的尝试过和检验过的参数化模型作为工具,从观测光谱中获取尽可能多的信息。我们还引用了许多晶体场理论近期文献中的例子,并包含了大量的参考书目,但本书并不准备全面评述这些文献。

本书读者可能想要使用实验数据进行分析,或者想要预测在实验上没有研究过的系统能级结构和跃迁强度。两种情况中,选择合适的参数化模型标准是相同的,并依赖于所要分析或预测的光谱类型。光学光谱包含着许多多重态能级和跃迁强度的信息,而在非弹性中子散射、电子自旋共振或者远红外光谱学中得到的光谱通常只能够给出最低能级或者基态多重态信息。下面的讨论中,我们将这些区分为"多个多重态"和"基态多重态"问题。

分析一组给定实验结果,可能包含了使用数种参数化模型,以下面两个图为例。

图 0.1 给出了处理基态多重态问题的 4 种可能方法。

(1) 如果是半满壳层磁性离子的实验光谱,则用如第 7 章所介绍的自旋哈密顿参数来拟合。

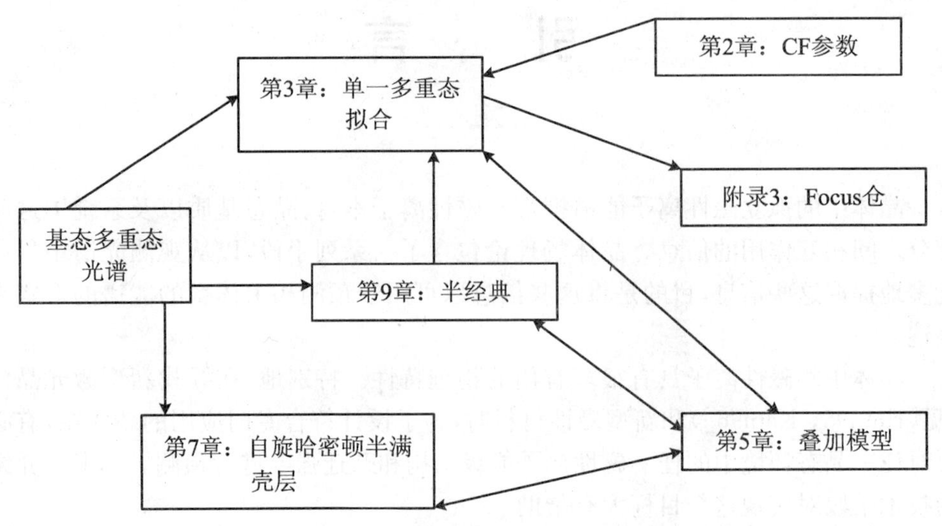

图 0.1 基态多重态光谱的分析方法

(2) 对完整的基态多重态光谱,可以使用第 3 章介绍的参数化拟合程序进行分析。第 2 章中的一张表可提供合适的初始参数。

(3) 如果不能够获得相关初始参数,或者不能够得到足够多的实验结果来使用第 3 章介绍的方法时,可能可以使用第 5 章中介绍的叠加模型。附录 3 中提到了一种更加全面的方法,专门用于分析中子散射结果。

(4) 仅知道一个基态多重态的部分光谱时,或者谱线较宽,或许可以使用第 9 章中介绍的半经典晶体场模型。这尤其适合于角动量大的基态多重态。

图 0.2 给出了 4 种可能用于处理多个多重态问题的方法。

(1) 如果仅有少数几个多重态可得到完整的能级组,或许可以使用第 3 章中介绍的方法分析它们,每次分析一个多重态,并可使用第 2 章中提供的一组初始值。当晶体结构信息可用时,可以使用第 5 章中介绍的叠加模型做进一步的检验和分析。如第 7 章介绍,单独的多重态分析可以提供与关联效应相关的信息。

(2) 当观测光谱提供了许多多重态能级时,专门开发的计算机程序包则提供了最有价值的分析方法。第 4 章详细介绍了其中一种计算机程序,附录 3 则简单介绍了另外一种计算机程序。

(3) 当能获得跃迁强度的定量信息时,应采用第 10 章介绍的参数化技术。这种参数化特别适用于预测晶体激光特性。

(4) 在很难使用第 4 章中介绍的拟合方法时(例如由于位置对称性低的原因),可用多重态矩作为用第 8 章所介绍的方法进行分析的出发点。

对于将要分析的实验结果所要达到的目的,在一开始时就有明确的想法是很重要的。虽然这通常并不和选择何种方法有关,但它将确定进行一个专门的分析究竟到什么程度是合乎实际的。意图或许是：

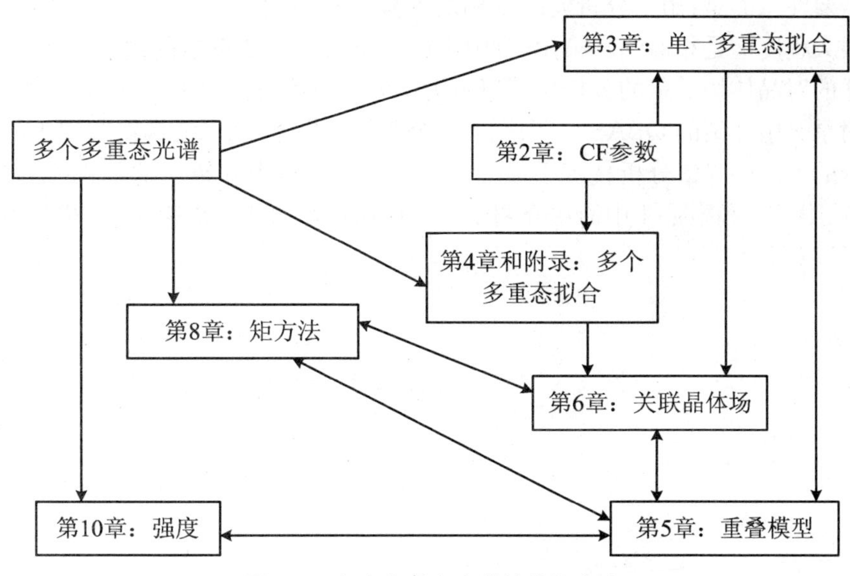

图 0.2　多个多重态光谱的分析方法

(1) 证实对一组观测能级的解释。

(2) 确定参数化哈密顿的单离子部分，以作为更一般地研究磁性离子间，或者磁性离子和声子间动力学相互作用的出发点。

(3) 提供用于帮助预测相关体系特性的信息，例如作为用于设计期望具有特殊光电性能体系的第一步。

(4) 研究参数化模型，例如研究它们的可靠性和预测能力。

(5) 将参数化模型作为一种方法，用来更深入地理解晶体中磁性离子的电子结构。

第 1 章给出的简单参数化模型的理论依据，尤其适用于最后两个意图。

书中用于分析能级和跃迁强度的参数化模型都以有效算符为基础，它仅作用于磁性离子的开壳层电子的多电子态上。这些算符的结构依赖于一个一般的、但定义明确的物理假设。这些参数开始都没有确定的值。假如实验结果足够多，则可试图拟合所有的模型参数。在物理学中，这种唯象方法相当稀少，这是因为过渡金属像能级光谱这样给出如此大量的信息是不多见的。

最重要的磁性离子都在过渡金属系列（尤其具有部分填充的 3d 或 4d 壳层的）、镧系（或者稀土）（具有部分填充的 4f 壳层）和锕系（具有部分填充的 5f 壳层）中。书中大部分例子集中于对镧系和锕系离子观测到的能级光谱的分析。已有一些关于过渡金属系的优秀论文，如由 Gerloch 和 Slade 所著的书[GS73]及 Ballhausen 所著的书[Bal62]。尽管在产生光谱的过程中，晶体场和其他作用的相对重要性不同会带来一些细节上的差异，但书中讨论的唯象模型和对它们的论述，对于所有磁性离子来说在本质上是相同的。

需要注意的是:用于分析能级结构的唯象模型和用于分析跃迁强度的唯象模型在很大程度上是相似的。第 10 章中论述的对跃迁强度贡献的概念分析,与第 1 章论述的对晶体场贡献的分析也可以由类似的相似性联系起来。

附录 2 中介绍的 QBASIC 程序包已经设计为提供一个“工具箱”,用于解释书中讨论的不同的光谱分析技术手段。第 3 章和第 5 章中介绍了这些程序的使用。第 4 章、附录 3 和附录 4 中简单介绍了一些更加专业的计算机程序包,这些程序读者都可以获取。

(道格拉斯·约翰·纽曼　贝蒂·吴·道格)

第1章 晶体场分裂机制

为了用参数化晶体场模型解释从磁性离子光谱获得的信息，有必要定性了解晶态环境引起能级分裂的物理机制。应这样看待本章给出的机制讨论：此处并不打算给出定量从头计算晶体场分裂的实际基础，而只给出各种晶体场分裂机制的概念描述。

前3节给出了最重要的晶体场分裂机制的定性描述，包括静电作用、电荷贯穿作用、屏蔽效应、交换作用、重叠效应和共价作用，1.4节和1.5节用和固体物理中紧束缚模型相关的简单代数公式描述了这些作用，在接下来的几节中，介绍了包括唯象方法在内的几种形式的晶体场理论方法，基于1.4节和1.5节中的代数公式，1.9节给出了一个特殊体系的数值解，1.10节总结了这些结果对于本书中所使用的唯象方法的重要性。

1.1 作为开壳层态自由离子微扰的晶体场

晶体可以看做通过几种可能方式结合的自由离子集合体。离子晶体通过长程静电吸引力和短程排斥力之间的平衡而结合在一起，排斥力很大程度上来自于外层电子间互不相容原理对相邻电子作用的结果。大多数晶体还含有一定的共价键成分，其通过近邻离子轨道间的电子共用使得总能量降低。在导体中，通过离子和大量导电电子间的耦合而实现成键。

自由磁性离子通过球对称哈密顿表征。在晶态环境中，自由磁性离子的格位对称性降低，因此破坏了自由离子 J 和 L 多重态的简并。因此可认为晶体场是作用在自由磁性离子上的微扰，产生机制与晶体键合产生机制一样。可以通过磁性离子的格位点对称性信息来预知分裂的定性形式（晶体场对简并度的影响），这将在第2章和附录1中给出解释。

任何外部电荷分布在磁性离子附近的点 r 处的静电势可以表示为中心位于此离子的多极展开式

$$V_{\mathrm{CF}}(r) = \sum_{k} V^{(k)}(r) \tag{1.1}$$

此处单独的贡献 $V^{(k)}(r)$ 可以表示为数值因子和函数

$$r^k Y_{k,q}(\theta,\phi)$$

相乘的和(遍及 q)。在这里,r 通过以磁性离子为中心的球坐标(r,θ,ϕ)来表征,$Y_{k,q}$为球谐函数。

无论(1.1)式中各项值大小如何,它们对 r^k 的径向依赖性都是通过满足拉普拉斯方程的要求来确定的。假设单电子波函数可以分解为径向和角向两部分的乘积,(1.1)式就有可能用一个不包含径向部分的展开式来代替,这样,势能就仅是一个角坐标为 θ 和 ϕ 的函数,(1.1)式就可以写为

$$V_{\mathrm{CF}}(\theta,\phi)=\sum_k V^{(k)}(\theta,\phi) \tag{1.2}$$

个体贡献 $V^{(k)}(\theta,\phi)$可以表示为$\langle r^k\rangle Y_{k,q}(\theta,\phi)$。$\langle r^k\rangle$为一开壳层电子 r^k 的期望值,可以表示为半径积分(见[AB70]的(16.3)式)。计算这些积分所需的自由离子径向波函数可以通过哈特里-福克自由离子计算得到(见[FW62])。如果径向波函数的精确形式具有误差,那么$\langle r^k\rangle$的计算值也必然是不精确的。

本书中所用的唯象方法中,$\langle r^k\rangle$归入了(1.2)式中的数值系数。本章中接下来的部分表明,所得到的展开式并非仅局限于表达了静电势,而且计及了对晶体场分裂有贡献的所有机制。使用多极展开式来表示 V_{CF}的意义在于,角动量为 l 的开壳层中单电子态间的矩阵元中,只有几个多极矩即偶数 $k\leqslant 2l$ 的那些部分具有非零的角向因子。这些选择定则在附录 1 中给出。$k=0$ 的第一项不产生晶体场分裂,$k=2$ 的第二项常被称为四极作用,$k=4$ 的项偶尔被称为是十六极矩。幸亏这种命名习惯没有扩展到 $k=6$ 的情况,用阶 k 来提及这些作用会更加方便。

公式表述晶体场分裂从头计算的第一步是构造自由磁性离子的开壳态,如果将它们取为与自由离子组态 l^n(n 为开壳态的电子数目)相对应的多电子波函数,则会有很大的简化。这些多电子态波函数可构造为单电子波函数的行列式,这可由离子的哈特里-福克自洽平均场计算导出(见[LM86])。除了单电子波函数外,哈特里-福克计算也产生了各向同性(或球对称)静电势,晶体场可以看成对这种势场的各向异性微扰。

必须注意到,自由离子间的内部电子库仑相互作用(不包括在平均场中)和自旋轨道相互作用甚至会比晶体场产生更大的简并组态能级分裂。结果,自由离子多电子波函数通常表达为前述用哈特里-福克计算出的单电子波函数构造的行列式波函数的线性组合。然而,简单地通过假定这些相互作用作为“其他微扰”,其独立作用于哈特里-福克单电子态上,通过第一性原理计算晶体场分裂将会有很大的改进。

1.2 静电型晶体场模型

历史上,曾假设除所考虑的磁性离子外,把晶体中所有的其他离子简单地处理

为静电场的源，这是离子晶体中晶体场的第一个近似。在这种所谓的静电晶体场模型中，假设磁性离子开壳中的每个电子都独立地在静电势下运动，各向异性项由周围的晶体产生。已证明这种模型是不正确的，本章中大部分内容是用来说明为什么如此。然而，静电模型在主题文献中是如此根深蒂固，用它作为目前讨论的开始是很好的。

1.2.1　静电模型的定量发展

静电模型最简单的形式是点电荷模型。在此模型中，一个磁性离子处的静电势是通过晶格中所有其他离子(被认为是点电荷)的贡献直接相加而得到的，这样做的物理理由是：任何外部具有球对称性的电荷分布的静电势与处于其电荷分布中心一个点的等同净电荷产生的静电势是一样的。因此，点电荷模型中的内在近似是在磁性离子上的开壳层电子位于近邻离子的电荷分布之外。尽管这种近似非常粗糙，但是，至少在离子晶体情形下，它总是能预测符号正确的晶体场参数，从此意义上讲，简单点电荷模型是成功的。这和开壳电子间由相邻离子所携带的负电荷所产生的排斥作用是一致的。

可证明对静电势的 k 阶点电荷作用有简单的函数依赖 $1/R^{k+1}$，这里 R 为点电荷到磁性离子中心的距离。这种距离的依赖性(尤其 $k=2$ 的情况下)预期会导致晶体中远距离离子对静电势有重要贡献。由于在点电荷晶格求和中，正负相消很强，因此必须用十分复杂的方法来得到可靠的结果。

尽管可以解决精确计算波函数和晶格求和时的困难，但所得结果仍然是基于点电荷模型中让人怀疑的内在假设。经验证明，无论怎么努力改善它们的精度，这种计算也不会得到和实验上所观察到的晶体场分裂一样的结果。典型地，对镧系离子，2 阶作用高估到了 10 倍，6 阶作用则低估了相似的倍数。

改进点电荷模型的早期尝试(见[HR63])主要集中在考虑晶体中的离子电荷没有精确的球对称分布上。曾提出在点电荷分布之外，来自于作用在离子上的感应(点)电偶极矩和电四极矩的静电作用也应该包含在晶格求和中。然而，这些改进并没有提高与实验的吻合性，上面提到的总的误差仍保持不变。

在镧系和锕系晶体场的静电模型中，对 2 阶晶体场的过高估计在很大程度上可以归因于忽略了在部分填充的 Nf 壳层外的 $(N+1)s^2p^6$ 满壳层电子的屏蔽效应。实际上，对外壳层电子的激发改变了开壳层电子所能感受到的外面产生的静电场。这种屏蔽作用可以通过乘以屏蔽因子(表示为 $(1-\sigma_k)$)而归入静电点电荷模型。已做了数种尝试来计算屏蔽因子，发现它小于单位 1，这与直观感觉一致。对于三价的镧系离子，σ_4 和 σ_6 都很小，但计算出的 σ_2 约为 0.7(见[SBP68])。显然，这在计算 2 阶静电作用时有重要的作用。

然而，要想使屏蔽因子的计算符合实际且很精确存在很大的困难。例如，

Sternheimer 等(见[SBP68])进行了自由离子的计算,但不是晶态环境中的离子。最近的计算(见[NBCT71])和唯象(见[NP75])分析表明,在三价镧系中,σ_2 的值事实上接近 0.9,对于外部产生的 2 阶点电荷作用来说,只允许大约 10%被 4f 电子感受到。

虽然点电荷近似可以给出合适的远距离离子贡献的表示,但却不能给出磁性离子最近邻(或配位体)贡献的精确表示。其中的一个原因是配位体的电荷分布与磁性离子开壳层电子波函数交叠得很厉害。在静电场中把这种效应考虑进去后,结果更加糟糕,从这个意义上讲,单纯的 4 阶静电贡献变得过小,镧系和锕系的 6 阶贡献改变了符号。此外,还没有发现纯静电贡献能校正这些差异。

总之,每一个想改善由点电荷模型得到的结果都会引入进一步的计算困难,加大了理论预言和实验观察之间的差异。这表明静电模型有着根本的缺陷。

更加精细形式的静电模型的失败,使得一些作者试图利用简单点电荷模型通常给出晶体场作用的正确符号这一事实,来假定点电荷对每一阶 k 的贡献有不同的"有效"大小。然而,虽然这些假定可能对一给定的体系有效,但"有效"点电荷没有实际的物理意义,因此不能在不同系统间比较有效电荷。结果,有效点电荷模型也就没有了预言的能力。

1.2.2 静电模型的定性特点

尽管静电模型没有给出足够定量的晶体场描述,但其一些定性的特征还是延续至了更加符合实际的模型中。第 1 个特征是静电势分别与开壳层中的每一个电子的相互作用,换句话说,就是晶体场分裂可以用单电子矩阵元的形式来描述。这个特征使得描述晶体场分裂所需的参数个数不依赖于壳层中的电子数目。第 2 个特征是静电势是与自旋无关的,一个电子矩阵元与自旋无关。第 3 个特征是静电势可以表达为一个有限多极展开式,常展开为很少阶数张开的项。静电晶体场模型的这 3 个特征都由(1.2)式表达。

静电点电荷模型的第 4 个特征没有在(1.2)式中表示出,其特点是:磁性离子近邻的静电势可用不同来源作用的简单求和或叠加计算得到。这一点将在第 5 章说明,它给出了分析和解释实验确定晶体场的有用手段。

1.3 其他对有效电势的贡献

"配位场"模型将重点放在构造合适的开壳层波函数表示上,而不是放在确定作用于开壳层电子的有效晶体场势能上。用由重叠和共价来确定(见 1.7 节)的开壳层和配位体波函数来构造“分子轨道”。目前分析所使用的另外一种晶体场方法中，其有效势能作用在开壳层电子上，它必须考虑重叠和共价作用。

重叠作用来源于近邻离子波函数的单电子自由波函数的非正交性，特别是开壳层电子波函数和配位体的外壳层波函数间的重叠导致了泡利不相容原理。这将排斥开壳层电子离开配位体，其对晶体场的贡献和它们的负离子电荷产生的符号是一致的。

共价作用来源于开壳层与配位体波函数的混合，其贡献在于晶体的成键。由于不同开壳层电子态与配位体态的不同混合，共价作用也会对晶体场的分裂产生作用。将在下面说明，尽管他们的来源不同，重叠和共价对晶体场贡献的符号永远是相同的。

共价和重叠作用的非局域本质使得它们对晶体场的贡献显然不能够简单地表达为电子位置的函数，如(1.1)式。不过，其仍然可以由一个单电子算子来表示。可证明，这并没有改变表征一给定单电子晶体场所需的参数数目。

1.4　多电子矩阵元形式的晶体场能量

在这部分，我们将用公式来表述一晶体场模型，其中磁性离子的开壳层电子与它们晶态环境分别作用，以此说明磁性离子晶体场势能可以表达为这些电子的各自贡献之和。当进一步假设除开壳层中的电子外，所有电子都在满电子轨道内时，这些贡献与开壳层电子自旋无关。

公式表述中包含一个处于磁性离子开壳层轨道的电子和配位体中所有的外部 s^2p^6 壳层电子。开壳层电子波函数由 ϕ_α 表示，在所有配位体外部(闭)壳层电子的单电子波函数表示为 χ_ν，联合体的基态近似为一简单的行列式，其包含 $N=8M+1$ 个单电子波函数(M 为配位体的数目)，表示为

$$\Psi_{\alpha 0}=\left(\frac{1}{\sqrt{N}}\right)|\phi_\alpha \Pi_\nu \chi_\nu| \tag{1.3}$$

其中，希腊字母下标用以区分不同的轨道和自旋。强束缚或“核心”电子波函数包括在了原子核中作为对静电场的贡献，因此它们并没有显式出现在行列式波函数中。

在 1 阶近似下，近似基态 $\Psi_{\alpha 0}$ 的能量 $E_{\alpha 0}$ 由

$$E_{\alpha 0}=\frac{\langle \Psi_{\alpha 0} \mid H \mid \Psi_{\alpha 0}\rangle}{\langle \Psi_{\alpha 0} \mid \Psi_{\alpha 0}\rangle} \tag{1.4}$$

给出，其中，H 为哈密顿量，包含了电子之间、源于磁性离子原子核和配位体上电荷(单电子)贡献的相互库仑作用能 e^2/r_{ij}。哈密顿量 H 还包括动能算符，但忽略了旋轨耦合。

通过引入多个激发态与基态的混合，共价效应也包括在了公式中。通过假定配位体的电子被激发至开壳层，将构造混合时所用的激发态与基态联系起来，它们所取的形式为

$$\Psi_{\alpha\beta\tau}=\left(\frac{1}{\sqrt{N}}\right)|\phi_{\alpha}\phi_{\beta}\Pi_{\nu\neq\tau}\chi_{\nu}| \tag{1.5}$$

这里 τ 表示激发电子所空出的配位态。

用微扰论或者通过变分原理可以确定激发态与基态的混合，其一般形式为

$$\Psi_{\alpha}=\Psi_{\alpha0}+\sum_{\beta\tau}\gamma_{\alpha\beta\tau}\Psi_{\alpha\beta\tau} \tag{1.6}$$

混合系数由

$$\gamma_{\alpha\beta\tau}=-\frac{N_{\alpha\beta\tau}}{D_{\alpha\beta\tau}} \tag{1.7}$$

给出，分子为

$$N_{\alpha\beta\gamma}=[\langle\Psi_{\alpha\beta\tau}\mid H\mid\Psi_{\alpha0}\rangle-\langle\Psi_{\alpha\beta\tau}\mid\Psi_{\alpha0}\rangle E_{\alpha0}]\langle\Psi_{\alpha\beta\tau}\mid\Psi_{\alpha\beta\tau}\rangle^{-1/2}\langle\Psi_{\alpha0}\mid\Psi_{\alpha0}\rangle^{-1/2} \tag{1.8}$$

分母为

$$D_{\alpha\beta\tau}=\frac{\langle\Psi_{\alpha\beta\tau}\mid H\mid\Psi_{\alpha\beta\tau}\rangle}{\langle\Psi_{\alpha\beta\tau}\mid\Psi_{\alpha\beta\tau}\rangle}-E_{\alpha0} \tag{1.9}$$

相应 Ψ_{α} 态的能量为

$$E_{\alpha}=E_{\alpha0}-2\sum_{\beta,\tau}\frac{|N_{\alpha\beta\tau}|^{2}}{D_{\alpha\beta\tau}}+\sum_{\tau}\frac{|N_{\alpha\alpha\tau}|^{2}}{D_{\alpha\alpha\tau}} \tag{1.10}$$

(1.10)式中最后一项的出现是由于所考虑的开壳层轨道 ϕ_{α} 已被占据，因此不能用于电子跃迁。开壳层和配位体轨道的非正交性使得需要包含重叠积分，如(1.8)式中的 $\langle\Psi_{\alpha\beta\tau}|\Psi_{\alpha0}\rangle$。

当磁性离子位于足够高的对称格位时（如立方或轴对称），可以选择开壳层波函数以使非对角能量矩阵元 $\langle\Psi_{\alpha}|H|\Psi_{\beta}\rangle(\alpha\neq\beta)$ 恒等于零。那么，晶体场就完全由能量差值 $E_{\alpha}-E_{\beta}$ 来确定。虽然现实中有许多具有立方对称性的系统，但只有一个配位体时才会有轴对称性($C_{\infty v}$)。尽管并没有任何实际的晶态系统有轴对称性相对应，但单配位系统给出了确定不同晶体场贡献相对重要性的简便途径。

注意到能量项分母 $D_{\alpha\beta\tau}$ 实际上与下标 α 和 β 无关，多电子矩阵元 $N_{\alpha\beta\tau}$ 实际上与下标 α 无关（见[New71]），这可进一步简化结果，因此我们可写出

$$D_{\alpha\beta\tau}=D_{\tau}\quad(\text{对所有的 }\alpha\text{ 和 }\beta) \tag{1.11}$$

及

$$N_{\alpha\beta\tau}=N_{\beta\tau}\quad(\text{对所有的 }\alpha) \tag{1.12}$$

各项间的相互抵消导致了十分简单的晶体场分裂表达式，即

$$E_{\alpha}-E_{\gamma}=\left(E_{\alpha0}+\sum_{\tau}\frac{|N_{\alpha\tau}|^{2}}{D_{\tau}}\right)-\left(E_{\gamma0}+\sum_{\tau}\frac{|N_{\gamma\tau}|^{2}}{D_{\tau}}\right) \tag{1.13}$$

另外，处于轨道 α 的电子能量也可以写为

$$E_\alpha = E_{\alpha 0} + \sum_\tau \frac{|N_{\alpha\tau}|^2}{D_\tau} + E_0 \tag{1.14}$$

此处 E_0 独立于 α，现在很清楚地看到，(1.11)式和(1.12)式中的近似对应于使共价(或电子跃迁)作用只依赖于单个开壳层轨道，换言之，这些近似对单电子晶体场产生了共价贡献。

1.5　单电子矩阵元表示的晶体场能量

1.4 节中所推导出的公式表示为多电子态间的矩阵元。要以单电子波函数来显式表示前面结果所需的分析是相当烦琐的，可以在其他的地方找到(见[New71])，因此，这里只给出结果。为简化起见，取具有轴对称性的系统，且只在 $+z$ 坐标方向有一配位体。在这种情况下，只给出电子对角能量矩阵元的磁性离子单电子轨道是球谐函数，由 l 和 m 标记。因此，在下面的讨论中，磁量子数标记 m 将替换先前在磁性离子上的单电子轨道中使用的希腊字母。

m 对轨道 l 中的电子能量 E_m 的贡献由 4 种不同的作用组成，其包括点电荷和分布电荷的静电作用、重叠作用、交换作用和共价作用，用符号表示为

$$E_m = E_m(\text{静电}) + E_m(\text{重叠}) + E_m(\text{交换}) + E_m(\text{共价}) \tag{1.15}$$

当前的式子中，忽略了屏蔽效应，但在 1.9 节中给出的数值例子将会包含这种效应。静电势对晶体场的贡献由

$$E_m(\text{静电}) = \langle m \mid 1/r_T \mid m\rangle + (2\sum_\tau \langle m\tau \parallel m\tau\rangle - 8\langle m|1/r_T|m\rangle) \tag{1.16}$$

给出，这里 $\langle m\tau \parallel m\tau\rangle$ 代表分别处于开壳层的电子 1 和配位体中的电子 2 间的库仑矩阵元 $\langle \phi_m\chi_\tau|1/r_{12}|\phi_m\chi_\tau\rangle$。$\langle m|1/r_T|m\rangle$ 项简写了描述处于静电场中一开壳层电子(轨道为 ϕ_m)处的势能的矩阵元，静电场是由位于配位体 T 的一个点电荷产生的，电子与配位体 T 间的距离由 r_T 表示。下面的方程中将用到相似的简写。

(1.16)式右侧括号内的表达式是 8 个电子点电荷处于配位体原点和处于配位体外部 s 和 p 轨道时的静电能量差。这种表示度量了源自于 8 个配位体外壳层电子的分布电荷引起的所谓电荷贯穿作用。在计算(1.14)式中 $E_{\alpha 0}$ 的完整的行列式表达式过程中，交换作用的贡献也出现了，即

$$E_m(\text{交换}) = -\sum_\tau \langle m\tau \parallel \tau m\rangle \tag{1.17}$$

配位体和开壳层的轨道是非正交的，这一事实产生了(1.15)式中的重叠效应的贡献，由

$$E_m(\text{重叠}) = -\sum_\tau \langle \tau|m\rangle(N_{m\tau 1} + 2N_{m\tau 2}) \tag{1.18}$$

给出，(1.21)式和(1.22)式给出了 $N_{m\tau i}$ 的表达式。共价对能量矩阵元有密切联系

形式：

$$E_m(\text{共价}) = -\frac{\sum_{\tau}\left|\sum_{i=1}^{3} N_{m\tau i}\right|^2}{D_\tau} \tag{1.19}$$

此处给出的分母为

$$D_\tau = \varepsilon_0 - \varepsilon_\tau + U^+ + U^- + \langle \phi\phi \parallel \phi\phi \rangle - \langle \phi\tau \parallel \phi\tau \rangle \tag{1.20}$$

此处 ϕ 代表一任意的开壳层轨道波函，ε_0 和 ε_τ 分别为开壳层电子和配位体电子的哈特里-福克能量。(1.19)式中分子含有 3 个部分的贡献：

$$N_{m\tau 1} = \langle m \mid \tau \rangle (\varepsilon_0 - \varepsilon_\tau + U^+ + U^- + 1/R) \tag{1.21}$$

$$N_{m\tau 2} = \left(2\sum_{\tau'} \langle m\tau' \parallel \tau\tau' \rangle - 8\langle m \mid 1/r_T \mid \tau \rangle\right) - \langle m\tau \parallel \tau\tau \rangle \tag{1.22}$$

$$N_{m\tau 3} = \langle m\phi \parallel \tau\phi \rangle - \langle m \mid \tau \rangle \langle \phi\tau \parallel \phi\tau \rangle \tag{1.23}$$

在这些表达式中，τ 和 τ' 是配位体轨道。注意到在任何包含对积分值贡献具有微小贡献的角向部分时，用未含角标的 ϕ 来表示开壳层电子波函数的径向部分。在上面的方程中，R 是磁性离子和配位体中心的距离，U^+ 和 U^- 分别为磁性离子和配位体处的马德隆势。当然，对这些量的选取值须反映出特定的晶态环境。

(1.16)式～(1.23)式仅包含单一配位体上标记为 τ 的外壳层轨道。当几个配位体都对晶体场有贡献时将会发生什么情况呢？根据静电势叠加原理，点电荷和电荷贯穿对静电势的贡献都归纳为对配位体的求和。E_m(交换)只包含一个配位体轨道，又可归纳为对单个配位体贡献求和。在 E_m(重叠)和 E_m(共价)中出现的配位体轨道 τ 涉及一特定的配位体。因此，在这些贡献中，可能包含多于一个配位体的是 $N_{m\tau 2}$ 括号内的表达式。在此表达式中，T 和 τ' 都可能涉及不同于轨道 τ 所属的配位体。由于配位体间的静电排斥作用很强，预计这些贡献会不大。实际上发现，最重要的三中心贡献出现在更高一级的微扰理论中，这些贡献比相应的双中心贡献小一个数量级(见[CN70])。因此，假设所有的晶体场贡献可由各个配位体贡献的叠加来构建是合理的近似，这是叠加模型的理论基础，其把晶体场表述为单个配位体贡献的和。第 5 章将给出这种模型是有效的实验证据以及其作为一种分析晶体场分裂实用工具的发展。

1.6 晶体场计算的多体方法

在 1.4 节和 1.5 节中所说明的简单从头计算公式的目的是为了明确单电子晶体场中的主要贡献。如果想得到更加精确的结果，还必须把双电子自旋依赖贡献的大小、在哈密顿量中忽略的项(例如旋轨耦合)、磁性离子和配位体中的未填充的高能态一并考虑进来。

图解多体理论(见[LM86])给出了一种全面的办法,在从头计算能量矩阵元中包括了所有微扰和激发态的贡献(见第 10 章)。这种方法也提供了一种适于计算跃迁强度的公式。然而,在运用多体理论计算晶体场参数时,由于晶体场问题的多中心本质引起了特殊的困难。特别是标准公式需要一般化,这是由于实际轨道基矢集合包含每个中心上被占据的轨道,而这些轨道又是非正交的。当电子在不同离子间转移时,确定合适的激发能、对较高级次微扰的能量贡献进行求和也存在着一些问题。[NN87b,BB87a]已经讨论了这些问题,对 Pr^{3+}-Cl^- 体系进行了一些计算。

1.7　与其他公式的关系

1.4 节的分析说明了已考虑的机制都对单电子晶体场有显著的贡献,这与实验是十分一致的。在唯象方法中,把所有贡献综合为一个单电子有效能量算符,表示为 W_{CF},它作用于单电子的开壳状态上。那么在(1.15)式中所定义的能量 E_m 就可以用这种算符的对角单电子矩阵元表示为

$$e_m = E_m = \langle m \mid W_{CF} \mid m \rangle \tag{1.24}$$

公式中引入小写"e"是为了强调 W_{CF} 作用于单电子态、定义单电子能量这一情况。

交换、重叠及共价作用对 W_{CF} 的贡献与在金属理论(见[Har66])中使用的赝势算符有相似的形式。已经做了一些从密度泛函理论来计算晶体场赝势的尝试。然而,这种计算需要引入一种新的(拟合)参数。我们认为这种将从头计算和拟合参数相混的"杂交"理论对于我们理解晶体场分裂机制并没有带来什么改进。

在 1.4 节和 1.5 节中所建立的简化晶体场分裂理论中,已经假设了系统对称性足够高,以致可选择开壳层轨道使 W_{CF} 中的非对角矩阵元恒等于 0。当不是这种情况时,单独的轨道不能给出晶体场的全面描述,从而有必要引进全参数化的 $(2l+1)\times(2l+1)$ 能量矩阵。

1.7.1　晶体场参量

在(1.2)式中的 $\langle r^k\rangle Y_{k,q}(\theta,\phi)$ 的数值系数被称为"晶体场参数"。为了能清楚地理解能量矩阵、能级分裂和晶体场参数间的关系,最好从最简单的模型体系开始:忽略旋轨耦合的开壳层单电子,并设这个电子的轨道角动量为 l。标准的方法是使用算符 W_{CF} 的线性展开,通过消去方程对角坐标的显式函数依赖,得到(1.2)式的多极展开,即

$$\langle lm_1 \mid W_{CF} \mid lm_2 \rangle = \sum_{k,q} \langle lm_1 \mid t_q^{(k)} \mid lm_2 \rangle \hat{B}_q^k \tag{1.25}$$

$\hat{B}_q^k$ 为晶体场参数,m_i 为量子数,取值从 $-l$ 到 $+l$,$\langle lm_1 | t_q^{(k)} | lm_2 \rangle$ 为单电子张量算符

$t_q^{(k)}$ 的矩阵元(定义见附录 1),晶体场参数 $\hat{B}_q^k$ 常为复数。

在晶体场展开式中使用张量算符是由于它们具有正交性和它们的矩阵元可进行因数分解,即

$$\langle lm_1 \mid t_q^{(k)} \mid lm_2 \rangle = (-1)^{l-m_1} \begin{pmatrix} l & k & l \\ -m_1 & q & m_2 \end{pmatrix} (l \| k \| l) \tag{1.26}$$

这里的 2×3 阵列是 $3j$ 符号,$(l \| k \| l)$ 代表所谓的约化矩阵元,定义了张量算符 $t_q^{(k)}$ 的归一化。如符号所隐含的那样,约化矩阵元与 m_1,m_2 和 q 无关。张量算符定义、特性,本工作中所采用的归一化及 k,q 的允许值将在 A1. 1. 1 节中一起给出(也可见[Jud63]和第 4 章)。

使用(1. 25)式和(1. 26)式,晶体场的单电子能量矩阵元可用晶体场参数表示为

$$\langle lm_1 \mid W_{\mathrm{CF}} \mid lm_2 \rangle = (-1)^{l-m_1} \sum_{k,q} \hat{B}_q^k \begin{pmatrix} l & k & l \\ -m_1 & q & m_2 \end{pmatrix} (l \| k \| l) \tag{1.27}$$

如果知道晶体场参量的值,则无旋轨耦合的开壳层单电子的晶体场能量可以由此能量矩阵的本征值得到。

使用 $3j$ 符号的正交性质,反过来可由(1. 27)式用矩阵元获得晶体场参数的解析表达式,即

$$\hat{B}_q^k = \sum_{m_1, m_2} (-1)^{l+m_1} \begin{pmatrix} l & k & l \\ -m_1 & q & m_2 \end{pmatrix} (2k+1)\,(l \| k \| l)^{-1} \langle lm_1 \mid W_{\mathrm{CF}} \mid lm_2 \rangle \tag{1.28}$$

在轴对称情况下,如 1. 5 节中理论讨论中所做的假设,轨道能和轴对称晶体场参数 $\hat{B}_0^k$ 之间有简单的关系。这是由于能量矩阵是对角化的,这将轴向参量和 $l+1$ 个不同单电子能量 $e_m(=e_{-m})$ 间的关系简化为简单的线性表达式。为得到显式的数值关系,需对张量算符采取特定的归一化形式。采用(A1. 2)式定义的 Wybourne归一化,可证明 f 电子的轴向参量 $\hat{B}_0^k$ 可表示为

$$\left.\begin{aligned} \hat{B}_0^0 &= (1/7)(e_0 + 2e_1 + 2e_2 + 2e_3) \\ \hat{B}_0^2 &= (5/14)(2e_0 + 3e_1 - 5e_3) \\ \hat{B}_0^4 &= (3/7)(3e_0 + e_1 - 7e_2 + 3e_3) \\ \hat{B}_0^6 &= (13/70)(10e_0 - 15e_1 + 6e_2 - e_3) \end{aligned}\right\} \tag{1.29}$$

逆关系为

$$\left.\begin{aligned} e_0 &= \hat{B}_0^0 + (4/15)\hat{B}_0^2 + (2/11)\hat{B}_0^4 + (100/429)\hat{B}_0^6 \\ e_1 &= \hat{B}_0^0 + (1/5)\hat{B}_0^2 + (1/33)\hat{B}_0^4 - (25/143)\hat{B}_0^6 \\ e_2 &= \hat{B}_0^0 - (7/33)\hat{B}_0^4 + (10/143)\hat{B}_0^6 \\ e_3 &= \hat{B}_0^0 - (1/3)\hat{B}_0^2 + (1/11)\hat{B}_0^4 - (5/429)\hat{B}_0^6 \end{aligned}\right\} \tag{1.30}$$

d 电子能量和轴向晶体场参数间的相应关系为

$$\left.\begin{aligned}\hat{B}_0^0 &= (1/5)(e_0 + 2e_1 + 2e_2)\\ \hat{B}_0^2 &= e_0 + e_1 - 2e_2\\ \hat{B}_0^4 &= (3/5)(3e_0 - 4e_1 + e_2)\end{aligned}\right\}\tag{1.31}$$

以及

$$\left.\begin{aligned}e_0 &= \hat{B}_0^0 + (2/7)\hat{B}_0^2 + (2/7)\hat{B}_0^4\\ e_1 &= \hat{B}_0^0 + (1/7)\hat{B}_0^2 + (4/21)\hat{B}_0^4\\ e_2 &= \hat{B}_0^0 - (2/7)\hat{B}_0^2 + (1/21)\hat{B}_0^4\end{aligned}\right\}\tag{1.32}$$

在这两种情况下,(须为实数的)轴向参量的数目与单电子能量对角矩阵元的数目相同。与 $\hat{B}_0^0$ 相对应的平均能量是无法观测到的,晶体场由能量差 $e_1 - e_0$ 表示。事实上,可以证明,在任何对称性下,晶体场参量的数目总是和单电子矩阵元的独立数目是完全相等的。

1.7.2　配位场方法

在“配位场”方法中,晶体场分裂被视为磁性离子上的开壳层电子和配位体外壳层中电子重叠和共价作用的结果。数学上则通过两类离子的原子轨道的线性组合构造分子轨道来表达。

对于轴对称的单配位体系统,分子轨道为一特别简单的形式,变化后的开壳层轨道被写为

$$\phi'_m = \frac{(\phi_m - \lambda_{m\tau}\chi_\tau)}{\sqrt{1 - 2\lambda_{m\tau}\langle m \mid \tau\rangle + \lambda_{m\tau}^2}}\tag{1.33}$$

表达式中共价组合参数 $\lambda_{m\tau}$ 为

$$\lambda_{m\tau} = \gamma_{m\tau} + \langle m \mid \tau\rangle$$

其中,$\gamma_{m\tau} = -N_{m\tau}/D_\tau$,分子 $N_{m\tau} = \sum_i N_{m\tau i}$,分母 D_τ 在(1.20)式~(1.23)式中定义。相应的配位体外壳层电子的归一化分子轨道与 ϕ'_m 是正交的,可以写为

$$\chi'_\tau = \frac{(\chi_\tau + \gamma_{m\tau}\phi_m)}{\sqrt{1 + 2\gamma_{m\tau}\langle m \mid \tau\rangle + \gamma_{m\tau}^2}}\tag{1.34}$$

分子轨道给出了体系的单电子实际状态的良好近似。特别是如果选择了合适的单电子哈密顿 h,能量表达式 $e_m = \langle \phi'_m | h | \phi'_m\rangle$ 就可以和 E_m((1.15)式)一致。分子轨道也可以用来计算共价键对其他可观察量如 g 因子的影响。假如从头计算不可行时(实际也经常是这种情况),唯象参数和计算重叠积分被一起用来估计分子轨道,如第5章所述。

1.8 与能带论中紧束缚模型的关系

能带结构计算和从头计算晶体场有个共同点，那就是它们都确定单电子能量。然而，能带结构计算是把整个晶体中的非局域态能量确定为波数函数，晶体场计算则是得到处于配位体中的磁性离子开壳层中的单一电子能量。因此，对晶体场分裂有贡献的短程主要相互作用使得建立非局域态和局域态单电子能量间的简单公式关系成为可能。原则上，这至少使得可以运用能带结构计算来确定晶体场分裂。本节概括了所需的公式关系，评估了这种方法的可行性。

这里假设读者已经具备了一些在能带结构计算中所用的技术的预备知识。一些标准的能带结构计算技术可以应用于含有磁性离子的晶体中(如 NiO)。这些计算中所确定的与开壳层电子能量相应的态是非局域的，从这些意义上讲，在晶体每一个单胞中它们具有相同的大小(但位相不同)。因此，所谓的紧束缚模型可以用来拟合这些非局域态能量，乃至于孤立离子能量和相邻离子态间的交叉矩阵元。通过拟合过程确定的矩阵元可以和 1.5 节中出现的矩阵元相联系。

在某些情况下，可以跳过拟合过程。在晶体场中的开壳层电子能量可以表示为整个布里渊区能带能量的平均值。“退耦合变换”方法(见[New73a])抓住了主要相互作用的短程本质，并通过选定几个高对称点的能量平均值，给出了布里渊区平均能量的良好近似。

原理上，可用退耦合变换方法确定任意系统、任何格位对称的晶体场能量，无论其为离子、半导体或者金属系统。然而只有离子晶体中处于立方对称性格位上的 d 电子这样简单的情况已被详细研究(见[New73b，New73a，LN73])。在这些系统中仅有两局域 d 电子能量，常被标记为 $E(\Gamma_{12})$ 和 $E(\Gamma_{25'})$。这些能量的差确定了单个立方晶体场参数。在[New74]中讨论了退耦合方法在金属铜中的应用。

假如可以将局域和非局域态的能量联系起来，那么主要的问题将是：为了确定实际的晶体场分裂，如何精确地确定能带能量。例如，用这种方法计算出镧系晶体场就特别困难，这是由于 4f 晶体场分裂值较其他典型的轨道能带分布值小几个数量级。能带结构计算常通过使用增广平面波技术的某些形式来进行(见[Sla65])，其中的晶态势能函数是近似构造的。特别地，这种方法常假设磁性离子周围的静电势是球对称的，这必然低估了静电势对晶体场的贡献(例如，[LN73]讨论了 NiO 这个问题)。因此下面的认识或许更为合理一些：唯象晶体场可以看做一种校正计算能带结构中误差的有用办法，而不是把能带结构计算作为一种计算晶体场参数的手段。

近年来，已经做了一些尝试，运用能带结构技术直接计算晶体场势能。这种方法在金属系统中可能是最为有用的，此时1.4节和1.5节中建立的公式是不适用的。沿着此路线，近来Hummler和Fähnle（见[HF96a，HF96b]）对金属间化合物RCo_5中的镧系离子（R）的晶体场已做了一些计算。他们的办法是从晶格求和与导电电子的局域电荷分布中加入贡献。由于没有来自于导电电子和4f壳层电子杂化的贡献，计算出的晶体场是纯粹的静电能。没有什么理由认为这些被略去的作用是可忽略的。在可靠的从头计算金属和半导体的晶体场参数成为可能之前，还需要做大量的工作。

1.9　数值结果

计算1.5节中给出的表达式是一项主要的计算工作，包括确定磁性离子开壳层电子和s^2p^6外层配位体电子的哈特里-福克波函数。一些如屏蔽效应计算也需要获得磁性离子激发态的波函数。由于一些矩阵元涉及双中心波函数，因此需要用特殊的手段来把涉及一个中心确定的波函数就另外一个中心展开。这里并不适合讨论这种计算的细节，但读者将会看到，由于这些复杂的因素，不能期望晶体场参量计算中有很高的精度。然而，这些计算还是有用的，它们给出了一种手段，以可靠地估计不同机制对晶体场贡献相对重要程度如何。已经在许多3d和4f开壳层系统中进行了这些计算。

基于1.4节和1.5节给出的公式，这里给出了一个详细计算的数值结果。这里选择的例子为单配位体系Pr^{3+}-F^-，离子中心的间距为4.6原子单位。选择镧系系统是为了驳斥下面似是而非的说法：由于4f开壳层波函数的局域化，共价和重叠作用对晶体场的贡献是可以忽略的。引用结果是根据Newman和Curtis（见[NC69]，也可见[New71]）的计算改编的。表1.1给出了对轴对称晶体场参量的主要贡献。为和1.2.1节中的讨论一样，假设$k=2$点电荷具有90%的贡献被屏蔽。

尽管没有单配位体的晶体场实验结果存在，但由第5章中给出的方法，从实验中推知的实验结果大体上与表1.1计算所得的总体实验结果是一致的。假设这种计算中的误差性是可以预知的，那么可以合理地得出结论，本章中所描述的公式覆盖了对晶体场有贡献的最重要机制。

表 1.1　轴对称体系(axial system)Pr^{3+}-F^- 中在 4.6au 处对晶体场参数 $\tilde{B}_0^k$(单位:cm^{-1})的贡献

贡献值	k=2	k=4	k=6
(ⅰ)	246	287	69
(ⅱ)	−302	−205	−136
(ⅲ)	216	300	227
(ⅳ)	376	522	399
(ⅴ)	−88	−118	−63
总值	448	786	496

贡献项来源于:(ⅰ)配位体点电荷(允许屏蔽);(ⅱ)电荷贯穿;(ⅲ)共价;(ⅳ)重叠;(ⅴ)库仑交换作用。

所谓的排斥作用(结合(ⅳ)和(ⅴ))对总的参数值约有一半的贡献,另外一半多数来自于共价作用。当考虑了电荷贯穿作用(ⅱ)后,静电势的贡献大小只占来自于共价和排斥综合作用的 10%量级。因此,在分析镧系晶体场时,忽略静电势的贡献比忽略重叠及共价作用更切合实际。此定性的结论对 3d 和 5f 开壳层体系也是适用的。

在得到了表 1.1 中结果的计算中,在数个配位体距离 R 下进行计算,因此给出了单配位参数对距离依赖理论预测。假设距离对点电荷 $\tilde{B}_q^k$ 的贡献的依赖可由幂律形式 $R^{-(k+1)}$ 来表达(见 1.2.1 节),那么任何单调递减函数(对于足够小范围的 R),都可用一个正的幂律指数 t_k 来对形为 R^{-t_k} 的幂律进行拟合,这是很方便的。在[NC69]中,已计算了相应于所考虑的整个配位体距离范围内的值:$t_2=3.4\pm0.6$,$t_4=5.2\pm0.4$,$t_6=5.1\pm0.6$。在第 5 章中将讨论从实验上确定幂律指数。

1.10　总　　结

为了从观测晶体场分裂中获得有用的信息,有必要用更切合实际的概念方法来将静电势模型替换为晶体场参数化的概念基础,如 Hutchings(见[Hut64])和 Abragam 及 Bleaney(见[AB70])所描述的。此书所使用的唯象方法中,晶体场是用参数化算符来表述的,其通过非常一般的假设导出。

前面分析得到的最重要的结果是晶体场环境与开壳层电子间的总相互作用能可分解为:

(ⅰ)开壳层单电子与环境相互作用之和。

（ⅱ）开壳层电子与独立的配位体相互作用之和。

这些结果中的第一点导致了使用单电子晶体场模型，这将在接下来的3章中讨论；而第二点导致了叠加模型，将在第5章讨论。第6章将讨论晶体场的唯象模型间的关系。

（道格拉斯·约翰·纽曼　贝蒂·吴·道格）

第2章　经验晶体场

此章中将阐明标准的单电子晶体场参数化，并有选择地列表给出了部分经验晶体场参数。2.1节说明了部分填充3d，4f和5f壳层的磁性离子的光学光谱结构，2.2节集中讨论了单电子晶体场参数的定义及归一化，2.3节简述了当前确定晶体场参量所使用的主要实验手段，2.4节有选择地给出了一些由实验确定的镧系和锕系晶体场参数值的列表。

2.1　磁性离子光谱及能级

固体中的磁性离子光谱常由一些尖锐的峰组成，在低温下得到的光谱尤其如此。谱线对应于开壳层电子与电磁场相互作用引起的能级间的跃迁。例如，在吸收过程中，入射光子增加了开壳层能量，使其从低能级跃迁到高能级。低温实验有两个优点：足够低的温度确保了只有最低能级被占据，因此跃迁能量就与高能级的位置相对应；低温还确保了固体中电子-声子间相互作用是最小的，使得观察到的能级跃迁更为清晰。

在第3，4，10章及附录1中将讨论选择定则，其限定了可能的跃迁，所以不是所有的能级对都可以通过特定类型的电磁场耦合来联系。因此，当观测基态吸收时，并非所有高能级都能被观测到。有时用荧光及双光子光谱来填补这些空缺。通常，通过跃迁能量得到的能级已足够用来确定晶体场参数组。

除跃迁能量外，还可以确定谱线的强度和宽度(通常不太精确)。有时可用这类信息(尤其是谱线强度)来对晶体场参数做进一步的约束。

2.1.1　f^n光学光谱结构

表2.1总结出了可用光学光谱测量的三价镧系及锕系离子的谱项，并且给出了每种情况下J多重态的数目以及可用光学光谱测量的三价镧系和锕系离子的低能谱项。开壳层电子数目n和f壳层中开壳层电子数目相同的四价锕系离子与相应的三价离子具有相同的光谱结构。如第3章所述，通常情况下，单一多重态的晶

体场分裂足以确定一套完整的晶体场参数。因此,用光学光谱确定晶体场参数常绰绰有余。

表 2.1　f^n 电子组态中多重态总数目(N_m)以及光学光谱所涉及的三价镧系和锕系离子的低能谱项

		n	低能谱项	N_m
Ce^{3+}	Th^{3+}	1	^2F	2
Pr^{3+}	Pa^{3+}	2	^3H, ^3F, ^1G, ^1D, ^3P, ^1I, ^1S	13
Nd^{3+}	U^{3+}	3	^4I, ^4G, ^4F, ^4D, ^2L, ^2H, ^2D, ^2P, ^2S, ^2G	41
Pm^{3+}	Np^{3+}	4	^5I, ^5F, ^5S, ^3K, ^5G, ^3H, ^3L, ^3F, ^3D, ^3M, ^5D, ^3P, ^3I	107
Sm^{3+}	Pu^{3+}	5	^6H, ^6F, ^4G, ^4F, ^4I, ^4M, ^4P, ^4L, ^4K	198
Eu^{3+}	Am^{3+}	6	^7F, ^5D, ^5L	295
Gd^{3+}	Cm^{3+}	7	^8S, ^6P, ^6I, ^6D, ^6G	327
Tb^{3+}	Bk^{3+}	8	^7F, ^5D, ^5L, ^5G	295
Dy^{3+}	Cf^{3+}	9	^6H, ^6F, ^4F, ^4I, ^4G	198
Ho^{3+}	Es^{3+}	10	^5I, ^5F, ^5S, ^3K, ^5G, ^3H, ^3L, ^3F, ^3D, ^3M, ^5D, ^3P, ^3I	107
Er^{3+}	Fm^{3+}	11	^4I, ^4F, ^4S, ^2H, ^4G, ^2G, ^2K, ^2P	41
Tm^{3+}	Md^{3+}	12	^3H, ^3F, ^1G, ^1D, ^1I, ^3P	13
Yb^{3+}	No^{3+}	13	^2F	2

除单电子晶体场外,由于晶体场环境是各向异性的,一些各向同性作用对光学光谱也有贡献,其中最重要的就是库仑相互作用,其通过总角动量标记 L 来标志各个谱项以将其分开,这些项又通过旋轨耦合分裂为 J 多重态。所有对有效哈密顿重要的各向同性贡献将在第 4 章中讨论。由晶态环境引起的库仑作用和旋道耦合变化会对有效哈密顿产生微小的各向异性贡献,库仑作用及旋轨耦合的变化是由晶体场环境引起的。这些将在第 6 章中讨论。很难从实验上把它们从单电子晶体场中辨别出来。

2.1.2　过渡金属

对 3d 壳层部分填满的过渡金属离子,旋轨耦合大小常与晶体场相当。因此,旋轨耦合及晶体场势必须同时包括在有效哈密顿中。观察到的大多数光谱包含一些具有不同 L,S 值的光谱项(见 Gerloch 和 Slade 的[GS73])。因此,有效哈密顿常包含参数化的库仑作用及晶体场参数、旋轨耦合参数。缘此,拟合晶体场参数常和(同时拟合的)库仑、旋轨耦合参数一起列出。由于复杂,本书中没有给出 3d 离子的晶体场参数列表。有兴趣的读者可在 Gerloch 和 Slade 的书[GS73]中找到这些拟合参数列表的例子。可以在[NN86b]及[RDYZ93]中查到最近的(Cr^{2+})参数拟合的例子。

2.2 唯象晶体场参数化

如第1章所解释的那样,对晶体场分裂起决定作用的贡献可用与自旋无关的单电子算符来表示,记为W_{CF},其作用在多电子自由离子开壳态上。对在量子化轴(取为z轴)上的单配位体贡献,可获得明确的W_{CF}代数表达式。为了避免本章讨论的参数化或唯象晶体场算符和第1章获得的W_{CF}表达式相混淆,对于参数化形式引入符号V_{CF}更为方便。但是我们将仍然对晶体场参数保留相同的符号。作用在多电子态上的唯象晶体场算符可写为

$$V_{CF}=\sum_{k,q}\hat{B}_q^k T_q^{(k)} \tag{2.1}$$

此处晶体场参数$\hat{B}_q^k$通常是复数,张量算符$T_q^{(k)}$是对作用在开壳层(f或d)单电子(标记为i)态上的单电子张量算符$t_q^{(k)}(i)$的求和,即

$$T_q^{(k)}=\sum_i t_q^{(k)}(i) \tag{2.2}$$

2.2.1 厄米性

因量子力学要求能量算符必须是厄米算符,用厄米算符来表示V_{CF}会更方便,这样就可以采用实晶体场参数。张量算符的伴随或厄米共轭给出为

$$T_q^{(k)\dagger}=(-1)^q T_{-q}^{(k)} \tag{2.3}$$

因此,V_{CF}的厄米性意味着晶体场参数$\hat{B}_q^k$必须满足关系式$(\hat{B}_q^k)^*=(-1)^q\hat{B}_{-q}^k$,这里星号表示复共轭。

由(2.3)式,下列张量算符的组合是厄米的:

$$\left.\begin{aligned}\Omega_{k,q}&=T_q^{(k)}+(-1)^qT_{-q}^{(k)}, && \text{对于 } q>0\\ \Omega_{k,q}&=\mathrm{i}(T_{-q}^{(k)}-(-1)^qT_q^{(k)}), && \text{对于 } q<0\\ \Omega_{k,0}&=T_0^{(k)}\end{aligned}\right\} \tag{2.4}$$

算符$\Omega_{k,q}(-k<q<k)$和$T_q^{(k)}$以不同的方式变换,因此不形成一个张量。现在,晶体场可用实参数B_q^k表示为

$$V_{CF}=\sum_{k,q}B_q^k\Omega_{k,q} \tag{2.5}$$

这里,当$q=0$时,$\hat{B}_0^k=B_0^k$。

当$q>0$时,$\hat{B}_q^k=B_q^k+\mathrm{i}B_{-q}^k$,$\hat{B}_q^k=(-1)^q(B_q^k-\mathrm{i}B_{-q}^k)$。

因为有这个表达式,q为负值的B_q^k有时称为虚参数,尽管在(2.5)式中它们的定义确保它取实数。

2.2.2　张量算符归一化

为了能够赋予 B_q^k 的数值，有必要对张量算符 $t_q^{(k)}(i)$采用特定的归一化（见第1章和附录1）。最常用的惯例（如在第1章所采用的）是用与函数 $C_q^{(k)}(i)=C_q^{(k)}(\theta_i,\phi_i)$ 有相同的归一化的张量算符。这通常被称作"Wybourne归一化"。函数 $C_q^{(k)}(i)$与球谐函数的关系如下：

$$C_q^{(k)}(i)=\sqrt{\frac{4\pi}{2k+1}}Y_{k,q}(\theta_i,\phi_i) \tag{2.6}$$

晶体场通常用明确的厄米组合表示，而非复数函数 $C_q^{(k)}(i)$的厄米（也就是实的）组合引入一个如(2.4)式所示的新符号。依据实参数 B_q^k，有

$$V_{\mathrm{CF}}=\sum_{k,q>0}[B_q^k(C_q^{(k)}+(-1)^qC_{-q}^{(k)})+B_{-q}^k\mathrm{i}(C_{-q}^{(k)}-(-1)^qC_q^{(k)})]+\sum_k B_0^kC_0^{(k)} \tag{2.7}$$

此处，张量算符作用在开壳中的所有电子上，也就是说

$$C_q^{(k)}=\sum_i C_q^{(k)}(i) \tag{2.8}$$

尽管晶体场算符 V_{CF}被表示为角 θ_i,ϕ_i 的函数，但它不能解释为静电势，因为它不是径向坐标 r_i的函数。

取 $t_q^{(k)}=C_q^{(k)}(\theta_i,\phi_i)$，$V_{\mathrm{CF}}$的矩阵元可被表示为

$$\langle l\alpha\mid V_{\mathrm{CF}}\mid l\beta\rangle=\sum_{k,q}(-1)^{l-m}\begin{pmatrix} l & k & l\\ -\alpha & q & \beta\end{pmatrix}\hat{B}_q^k(l\parallel C^{(k)}\parallel l) \tag{2.9}$$

这里，所谓的 $3j$ 符号

$$\begin{pmatrix} l & k & l\\ -\alpha & q & \beta\end{pmatrix}$$

和约化矩阵元$(l\parallel C^{(k)}\parallel l)$都在附录1里定义。

在文献中可发现一些其他定义的唯象晶体场参数。最常用的唯象晶体场参数是由Stevens（见[Ste52]）所引入的，他采用了依赖于 q 的归一化。在这种情形下晶体场参数的标准符号是 $A_{kq}\langle r^k\rangle$。如在第1章中所解释的，选择这个看上去相当奇怪的符号是因为，它被认为可把晶体场参数分解为对晶格求和的 A_{kq} 值与单电子开壳层波函数所确定的径向积分$\langle r^k\rangle$的乘积。尽管晶体场的这种解释是站不住脚的，但它是最早的，并被广泛使用，因此在本书中保留了这种符号。

在表2.2中给出了Stevens参数和Wybourne参数的比

$$\lambda_{k,q}=A_{kq}\langle r^k\rangle/B_q^k \tag{2.10}$$

在表2.2中 $C_q^{(k)}$ 的所有表达式的一个明显的特点是：在所有坐标的符号变化时，它们仍保持不变。也就是说，所有的晶体场势能的贡献在反演下是不变的（见附录1）。从数学的观点来看，这是由于晶体场完全可以用 k 值为偶数的张量算符来表示的缘故，由此带来一个重要的结果：无论实际格位对称性如何，晶体场的有

效对称性总包含反演。

表2.2列的是采用 Wybourne 和 Stevens 归一化的晶体场参数比值 $\lambda_{k,q}$（见(2.10)式）以及 $q\geqslant 0$ 时张量算符 $C_q^{(k)}$ 的代数表示。这个比值对于 q 为正值和负值时都是一样的。当 q 为负值时，用 $r_-=x-\mathrm{i}y$ 代替 $r_+=x+\mathrm{i}y$，然后在整个表达式上乘以 $(-1)^q$ 就可得到算符表达式。

表 2.2 Wybourne 和 Stevens 归一化的晶体场参数比值与张量算符的代数表示

k	q	$\lambda_{k,q}$	$r^k C_q^{(k)}$
2	0	$\frac{1}{2}$	$\frac{1}{2}(3z^2-r^2)$
2	1	$-\sqrt{6}$	$-\frac{1}{2}\sqrt{6}zr_+$
2	2	$\frac{1}{2}\sqrt{6}$	$\frac{1}{4}\sqrt{6}r_+^2$
4	0	$\frac{1}{8}$	$\frac{1}{8}(35z^4-30r^2z^2+3r^4)$
4	1	$-\frac{1}{2}\sqrt{5}$	$-\frac{1}{4}\sqrt{5}(7z^2-3r^2)zr_+$
4	2	$\frac{1}{4}\sqrt{10}$	$\frac{1}{8}\sqrt{10}(7z^2-r^2)r_+^2$
4	3	$-\frac{1}{2}\sqrt{35}$	$-\frac{1}{4}\sqrt{35}zr_+^3$
4	4	$\frac{1}{8}\sqrt{70}$	$\frac{1}{16}\sqrt{70}r_+^4$
6	0	$\frac{1}{16}$	$\frac{1}{16}(231z^6-315r^2z^4+105r^4z^2-5r^6)$
6	1	$-\frac{1}{8}\sqrt{42}$	$-\frac{1}{16}\sqrt{42}(33z^4-30r^2z^2+5r^4)zr_+$
6	2	$\frac{1}{16}\sqrt{105}$	$\frac{1}{32}\sqrt{105}(33z^4-18r^2z^2+r^4)r_+^2$
6	3	$-\frac{1}{8}\sqrt{105}$	$-\frac{1}{16}\sqrt{105}(11z^2-3r^2)zr_+^3$
6	4	$\frac{3}{16}\sqrt{14}$	$\frac{3}{32}\sqrt{14}(11z^2-r^2)r_+^4$
6	5	$-\frac{3}{8}\sqrt{77}$	$-\frac{3}{16}\sqrt{77}r_+^5z$
6	6	$\frac{1}{16}\sqrt{231}$	$\frac{1}{32}\sqrt{231}r_+^6$

2.2.3　非零晶体场参数

格位对称性和矩阵元选择定则都用于确定哪些张量算符成分应该包含在晶体场哈密顿量里。这些约束可用附录1里讨论的群表示理论来理解。给定 k 值的张量算符集对应全旋转 O_3 的一个不可约表示。顺磁离子的格位对称群必为 O_3 的一个子群。

为了确定晶体场参数的数目,只需对每个允许的 k 值确定格位对称恒等表示的数目即可。O_3 的每个不可约表示通常含有一个或多个格位对称群的恒等表示。以这种方式得到的子群恒等表示的数目等于晶体场参数的独立数目。附录1里将描述这种计算方法。部分结果选列在表2.3中,其确定了所有通常出现在格位对称性下晶体场算符的形式。如前面所指出的那样,任何格位的有效对称性都含有反演,因此,如果在格位对称群里加入反演算符,表2.3所总结的结果并不会有什么变化。

表2.3　通常点对称格位上非零晶体场参数

k	$\lvert q \rvert$	C_{3v}	C_{3h}/D_{3h}	C_2	D_{2d}/C_{2v}	D_{2h}	S	D_{4h}
2	0	+	+	+	+	+	+	+
2	2			±	+	+	±	
4	0	+	+	+	+	+	+	+
4	2			±	+	+	±	
4	3	+						
4	4			±	+	+	±	+
6	0	+	+	+	+	+	+	+
6	2			±	+	+	±	
6	3	+						
6	4			±	+	+	±	+
6	6	+	+	±	+	+	±	

对于 $+q$,非零参数通过引入"+"来表示。±表示对于 $+q$ 和 $-q$ 晶体场参数都不为零。

2.2.4　隐含坐标系

由于张量算符函数以位于磁性离子中心的坐标系来定义,因而使用这些算符意味着选择一些特定的坐标系。虽然这种选择原则上是任意的,但在使用中,会受到需要使描述晶体场的参数要尽可能少的约束,这使得选择的坐标系方向与描述格位对称性的对称算符必然是相关的。

在设定坐标系和对称操作的关系时,会采取一定的习惯。例如,只要有一个比其他所有坐标轴有更高旋转对称性的主轴存在，这将被取为对应于 z 轴。对于大多数格位对称性来说，因为固定了 z 轴，所以只有位于 x-y 平面的转动自由度。然而，在诸如 D_2 这样的低对称性下，可能存在多达 3 种可能的 z 轴选择。这样的后果是：对一给定的体系有几组不同的但是同样好的晶体场参数。虽然用这些参数集中每一组来拟合实验上确定的能级时都有同样的精度，但它们对应着选择了不同的(隐含)坐标系。这些等价参数间的关系通常很复杂，在拟合过程中所达到的特定值将依赖于所用的初始值。在附录 4 中描述的“CST”程序包可用于把一个坐标系的参数变换到另外一个坐标系。

在一些情况下，坐标系的选择能影响哪一组参数被选来表示晶体场。例如，在表 2.3 所示的格位对称 C_2 的非零参数是基于 C_2 对称轴被选为与 z 轴同方向这一通常的假设。然而，C_2 轴可另选为指向 y 轴。和有效反演对称相结合，对于所有晶体场来说，这将产生在 x-z 平面的反映对称。相应地，晶体场算符必须在 y 变号时保持不变。在这种情形下，只有 $q\geqslant 0$ 的晶体场参数为非零。采用这种可选的参数化，使得利用第 3 章中描述的能级和拟合程序(其被限制用正 q 值拟合晶体场参数)成为可能。

即使 z 轴由主轴唯一确定，x 和 y 方向通常仍不固定。在 x-y 平面的转动轴的效应是改变对晶体场非对角元有贡献的某些 $q\neq 0$ 的参数的符号。因此，在许多情况下，$q\neq 0$ 的拟合参数的符号不是唯一的。

2.2.5 立方格位对称性

当格位对称性为立方时，只有两个晶体场参数，一个 4 阶和一个 6 阶被保留下来。如果 z 轴取为一个 C_4 对称轴方向，晶体场势能取如下形式：

$$V_{\mathrm{CF}} = B_0^4[C_0^{(4)} + \sqrt{\frac{5}{14}}(C_{-4}^{(4)} + C_4^{(4)})] + B_0^6[C_0^{(6)} - \sqrt{\frac{7}{2}}(C_4^{(6)} + C_{-4}^{(6)})] \quad (2.11)$$

注意，尽管结果只有两个独立的晶体场参数，在此表达式中有 6 个算符。在立方对称格位上，晶体场分裂的模式仅依赖于两个独立的晶体场参数比值，虽然分裂的大小依赖于它们的权重平均值。Lea、Leask 和 Wolf 的经典论文(见[LLW62])探讨了这种特性，给出了立方对称性中所有配位离子的基态多重态的本征态和能级图。他们的结果也可用于锕系离子。Lea、Leask 和 Wolf 引入了与 Stevens 和 Wybourne 相联系的晶体场参数(本书中表示为 B_k)，如下所示：

$$B_4 = \beta A_{40}\langle r^4\rangle = \beta B_0^4/8, \quad B_6 = \gamma A_{60}\langle r^6\rangle = \gamma B_0^6/16 \quad (2.12)$$

在(12.12)式中，β 和 γ 是所谓的 Stevens 倍乘因子，这将在 2.4 节讨论。还发现[LLW62]通过如下关系引入特殊参数 $-1<x<+1$ 和 W 是很方便的：

$$B_4F(4) = Wx, \quad B_6F(6) = W(1-|x|) \quad (2.13)$$

这里，在每个计算中，视方便来选择任意数值因子 $F(4)$ 和 $F(6)$ 的值，列表给

出的值可在[LLW62]中找到。表9.1给出了一些$\beta F(4)/\gamma F(6)$的值。参数比可表示为

$$\frac{B_4}{B_6}=\frac{x}{1-|x|}\frac{F(6)}{F(4)} \tag{2.14}$$

Lea、Leask 和 Wolf 在整个x参数范围内把能级表示为W的系数。因此，参数W和x是立方格位的镧系、锕系离子的晶体场参数形式。Lea、Leask 和 Wolf 能级图可用 Mathematica 程序 LLWDIAG(附于本书附录3)产生。

2.3　从实验上确定晶体场参数

第二次世界大战期间，产生微波频率段电磁能量技术的发展，导致了使用电子自旋共振技术来探测晶体中磁性离子的电子结构，并对晶态基质(如乙基硫酸盐、无水氯化物和二硝酸盐)中的镧系离子做了很多工作。早期从镧系离子基态多重态确定晶体场参数的工作多数是以这种方式进行的。那时发展起来的技术手段(例如，见 Abragam 和 Bleaney 的[AB70])现在仍然被普遍使用，尽管它们属于前计算机时代。

19世纪50年代后期，光学光谱学开始发挥重要作用。到目前为止，它是现有的研究透明绝缘基质晶体中磁性离子最为有力的工具。吸收光谱能确定的能级大约从1000 cm^{-1}到紫外波段。为得到尖锐谱线，低温(通常液氦温度)是必需的。一些基态多重态的激发能级也可能被观测到，但使用发射或双光子技术则更为合适。可用各种技术来确定电偶极跃迁强度(见第10章)。然而，光学光谱的一个局限是：许多物理上很重要的体系(如导体、超导体中的磁性离子)没有透明基质。

现在一般是通过非弹性中子散射来研究非透明体系中磁性离子的晶体场分裂。这种技术的主要局限就是它只适用于低能级。不过，就如附录3中所解释的那样，利用附加的磁偶极跃迁强度信息仍然有可能确定镧系和锕系离子的唯一晶体场参数。

2.4　镧系和锕系晶体场参数

本节中的列表给出了镧系和锕系经验晶体场参数的主要概况，这里并不打算详尽无遗地列出，而是为第3,5,9章中的讨论提供说明材料。许多情况下，将镧系和锕系离子晶体场参数列表放在一起是非常方便的，这是由于它们的离子都具有

部分填充的 f 壳层，它们的三价离子常填入相同的格位。最主要的区别是：典型情况下，相同基质中的锕系离子的晶体场参数常常较镧系离子的晶体场参数大一个数量级。

锕系离子较镧系离子具有更大的晶体场参数（以及更大的旋轨耦合）带来的结果是：标出锕系光谱的能级更为困难，分析起来也更为困难。然而，最近 10 年来，一些工作者已经证明有可能克服这些困难，并且由于他们的忘我工作及坚持，已获得了大量的锕系晶体场参数（见[CLWR91，Car92，KDM97，IMEK97]）。

在晶态 $PrCl_3$ 及 $PrBr_3$ 中的 Pr^{3+} 离子的格位对称性为 C_{3h} 或者有效格位对称性为 D_{3h}（见附录 1 解释），因此具有 4 个晶体场参量（见表 2.3）。已发表的中子散射结果（见[SHF+87]）总结在表 2.4 中。使用了 Stevens 算符等效方法（见第 3 章）得到这些结果，但 Stevens 倍乘因子 $\theta_2=\alpha,\theta_4=\beta,\theta_6=\gamma$ 由单位 1 取代。得到参数的归一化则成为 Pr^{3+} 离子的特征，因此这些参数不可以直接与处于相同环境的其他离子的晶体场参数相比较。这种归一化常用来反映中子散射的结果。能把这些参数变换为 Stevens 或 Wybourne 归一化是很重要的，这样才能与用由光学光谱得到的参数及与其他处于相同环境下的离子的参数进行对比。

表 2.4 通过中子光谱（见[SHF+87]）确定的 Pr^{3+} 在无水卤化物中基态多重态晶体场参数（单位：meV）

体系	$A_{20}\langle r^2\rangle$	$A_{40}\langle r^4\rangle$	$A_{60}\langle r^6\rangle$	$A_{66}\langle r^6\rangle$
$PrCl_3$	$-1.74(15)\times10^{-1}$	$4.7(3)\times10^{-3}$	$-2.73(6)\times10^{-4}$	$2.6(1)\times10^{-3}$
$PrBr_3$	$-1.98(15)\times10^{-1}$	$5.9(1)\times10^{-3}$	$-2.33(1)\times10^{-4}$	$2.1(1)\times10^{-3}$

中子散射的结果常用 meV 记录，拟合的参数也常以相同的单位表达，而不是在光学光谱中常使用的波数单位（cm^{-1}）。表 2.5 中给出的倍乘因子已被吸收进这种单位变化中。它们基于 LS 耦合假设，如多重态具有的总的轨道角动量 L 和总的自旋角动量 S 作为准确量子数，J 也如此。关于这点在 3.1.1 节中将进一步讨论。可用表 2.5 中的因子来将表 2.4 中列出的中子散射结果和表 2.6 中的光学光谱结果联系起来，其进行了从 meV 到 cm^{-1} 的单位变换。

表 2.5 f^n 组态基态多重态的逆 Stevens 因子（$1/\theta_k$）

离子	电子构型	$k=2$	$k=4$	$k=6$
Ce^{3+}	f^1 $^2F_{5/2}$	-1.412×10^2	1.270×10^3	—
Pr^{3+}	f^2 $^3H_4$	-3.839×10^2	-1.098×10^4	1.322×10^5
Nd^{3+}	f^3 $^4I_{9/2}$	-1.255×10^3	-2.771×10^4	-2.123×10^5
Sm^{3+}	f^5 $^6H_{5/2}$	1.954×10^2	3.225×10^3	—
Tb^{3+}	f^6 $^7F_6$	-7.985×10^2	6.588×10^4	-7.194×10^6
Dy^{3+}	f^9 $^6H_{15/2}$	-1.270×10^2	-1.362×10^5	7.793×10^6

续表

离子	电子构型	$k=2$	$k=4$	$k=6$
Ho^{3+}	f^{10}　$^5I_8$	-3.630×10^3	-2.422×10^5	-6.235×10^6
Er^{3+}	f^{11}　$^4I_{15/2}$	3.176×10^3	1.817×10^5	3.897×10^6
Tm^{3+}	f^{12}　$^3H_6$	7.985×10^2	4.941×10^4	-1.439×10^6
Yb^{3+}	f^{13}　$^2F_{7/2}$	2.541×10^2	-4.658×10^3	5.450×10^4

表 2.6　在无水氯化物和溴化物中，镧系和锕系离子的晶体场参数
（采用 Stevens 标准化，单位：cm^{-1}）

离子	晶体	$A_{20}\langle r^2\rangle$	$A_{40}\langle r^4\rangle$	$A_{60}\langle r^6\rangle$	$A_{66}\langle r^6\rangle$	来源
Pr^{3+}	$PrBr_3$	78(6)	−65(1)	−36.0(2)	323(14)	[SHF+87]
Pr^{3+}	$PrCl_3$	69(6)	−51(3)	−42.2(9)	407(15)	[SHF+87]
Nd^{3+}	$LaCl_3$	97.6	−38.7	−44.4	443	[Eis63b,Eis64]
Eu^{3+}	$LaCl_3$	89	−38	−51	495	[DD63]
Dy^{3+}	$LaCl_3$	91.3	−39.0	−23.2	258	[AD62]
Ho^{3+}	$LaCl_3$	113.6	−33.9	−27.8	277	[RK67,RK68]
Er^{3+}	$LaCl_3$	93.9	−37.3	−26.6	265	[Eis63a]
Er^{3+}	$LaBr_3$	117	−39.6	−19.2(2)	212	[KD66]
Np^{3+}	$LaCl_3$	82(13)	−69.9(55)	−104.6(29)	981(32)	[Car92]
Pu^{3+}	$LaCl_3$	99(11)	−73.3(48)	−107.7(24)	960(32)	[Car92]
Cm^{3+}	$LaCl_3$	122	−108.9	−77.0	1031	[IMEK97]
Bk^{3+}	$LaCl_3$	140(20)	−110.5(78)	−80.8(43)	940(38)	[Car92]
Cf^{3+}	$LaCl_3$	153(15)	−132.8(70)	−90.1(30)	894(34)	[Car92]

值得注意的是：光学光谱分析过程通常使用中间耦合，而利用中子散射结果来得到唯象晶体场参量过程中，常假设具有 LS 耦合。在确定约化矩阵元过程中（见附录 1），使用不同耦合方案会在用这两种实验手段（见 3.1.1 节）确定基态晶体场参数间引入百分之几的差异。如果需要，可使用

（ⅰ）$\theta_2=\alpha=8.066/(k=2$ 的条目值)。

（ⅱ）$\theta_4=\beta=8.066/(k=4$ 的条目值)。

（ⅲ）$\theta_6=\gamma=8.066/(k=6$ 的条目值)。

从表 2.5 得到 Stevens 倍乘因子。例如，Pr^{3+} 的 α 为 $8.066/(-3.839\times10^2)=-2.1\times10^{-2}$。

2.4.1 立方格位的三价镧系离子

从理论观点来看,处于立方对称格位的磁性离子光谱是最简单的情况,因为只有两个非零晶体场参量。但要得到好的实验光谱却十分困难,其问题在于,在一级近似下,电偶极子跃迁被物理反演对称所禁戒,以至于光学光谱必然很弱。在三价镧系情形下,另外一个问题是多数立方格位(尤其在萤石中)被二价离子占据,因此晶体中替代三价离子需要在附近进行电荷补偿。晶体生长工作者必须确保电荷补偿充分,但又要远离镧系离子,以使得立方对称性不受影响。

尽管有这么多实际的困难,立方格点带来的简化仍然使它们在理论上有很高的重要性,本书将给出详细的描述。特别是:具有立方对称性的系统常用来试图分析取代离子周围的局域畸变,一些时候是在有应力的晶体中。我们对此感兴趣的主要原因是许多晶体如石榴石和高 T_c 材料具有近似立方对称性的格位,尽管严格立方对称性的晶体很少。表 2.7 通过采用 Wybourne 归一化给出了萤石中两种处于立方对称性的镧系离子的参数值(取自 Lesniak 的[Les90])。

表 2.7 进入立方氟化物替代的镧系离子的晶体场参数(单位:cm^{-1})

离子	参数	CaF_2	SrF_2	BaF_2	CdF_2	PbF_2
Dy^{3+}	B_0^4	−2185	−2029	−1905	−2245	
	B_0^6	733.6	654.8	590.4	757.1	
Er^{3+}	B_0^4	−1906	−1755	−1601	−2007	−1664
	B_0^6	650.5	576.4	504.6	691.0	540.2

2.4.2 锆石结构晶体中的三价离子

表 2.8 通过采用 Wybourne 归一化给出了在磷酸盐和钒酸盐基质晶体中几种不同镧系和锕系离子的晶体场参数值。表中最后两组 Cm^{3+} 的晶体场参数是通过拟合相似实验能级而得到的。它们之间的差异示例说明了不确定值的大小,这在拟合锕系晶体场参数中是普遍存在的。

表 2.8 三价镧系离子和锕系离子在锆石结构基质中的晶体场参数(单位:cm^{-1})

体系	B_0^2 2	B_0^4 8	B_4^4 $4\sqrt{70}/35$	B_0^6 16	B_4^6 $8\sqrt{14}/21$	来源
Gd:$LuPO_4$	169	220	−1034	−733	961	[SME+95]
Er:YPO_4	279	155	−756	−537	−141	[HSE+81]

续表

体系	B_0^2 2	B_0^4 8	B_4^4 $4\sqrt{70}/35$	B_0^6 16	B_4^6 $8\sqrt{14}/21$	来源
$ErPO_4$	390	114	−711	−697	−62	[LSH+93]
$Er:LuPO_4$	146	68	−760	−643	−89	[HSE+81]
$Ho:YPO_4$	352	67	−673	−757	−4	[LSH+93]
$HoPO_4$	374	60	−662	−726	−57	[LSH+93]
$Tm:LuPO_4$	203	117	−673	−705	−16	[LSA+93]
$TmPO_4$	315	220	−666	−704	−74	[LSA+93]
$Nd:YVO_4$	−15	220	−602	−318	−40	[ZY94]
$Nd:YVO_4$	−200	628	−1136	−1233	149	[GNKHV+98]
$Nd:YAsO_4$	−164	237	−1071	−1043	−10	[GNKHV+98]
$Nd:YPO_4$	240	108	−1006	−1190	−90	[GNKHV+98]
$Er:YVO_4$	−206	364	±926	−688	±32	[LSA+93]
$Er:ScVO_4$	−477	423	±1003	−942	±28	[LSA+93]
$HoVO_4$	−164	302	−890	−740	−114	[Kus67]
$Cm:LuPO_4$	443	304	−1980	−2880	881	[SME+95]
$Cm:LuPO_4$	503	197	−1994	−3007	626	[MEBA96]

用在第一行因子去除转换到 Stevens 归一化。B_4^4 和 B_4^6 的符号是相关联的，尽管这些参数的总体符号不能通过拟合确定，有时此不确定性还很明显。

2.4.3　石榴石晶体中的镧系离子

表 2.9 采用 Stevens 归一化选择列出了现有的石榴石基质晶体中镧系离子的晶体场参数值，更加全面的可在[HüF78]中找到。其格位对称性是 D_2，相应的有效对称性为 D_{2h}。这种对称性提供了 3 个等价的二次轴，其中的任何一个都可以作为主轴来定义晶体场参数。因此，通过在 x-z 或者 y-z 平面内将定义晶体场的坐标系旋转 90°，会得到几组十分不同但是完全合理的晶体场参数。附录 4 描述了进行这种旋转的计算程序包。确定明确的晶体场坐标系和晶体结构之间关系的一个简单的办法就是采用叠加模型来分析，如第 5 章所述。

表 2.9 三价镧离子在铝石榴石(AG)和镓石榴石(GG)基质中的晶体场参数(单位:cm^{-1})

	Nd:YAG	ErGG	Er:YGG	Er:YAG	DyGG	Dy:YGG	Dy:YAG
$A_{20}\langle r^2\rangle$	−208	−52	−14	−156	−34	−22	−178
$A_{22}\langle r^2\rangle$	305	72	89	267	192	141	298
$A_{40}\langle r^4\rangle$	−339	−222	−238	−281	−274	−282	−287
$A_{42}\langle r^4\rangle$	409	246	255	221	195	181	262
$A_{44}\langle r^4\rangle$	1069	978	920	781	985	1040	1066
$A_{60}\langle r^6\rangle$	70	31	33	32	37	36	43
$A_{62}\langle r^6\rangle$	−197	−71	−58	−136	−104	−108	−115
$A_{64}\langle r^6\rangle$	1113	657	645	649	681	725	731
$A_{66}\langle r^6\rangle$	−41	−55	−70	−178	−93	−57	−80
来源	[MWK76]	[OH69]	[CM67]	[MWK76]	[WL73]	[GHOS69]	[MWK76]

2.4.4 超导铜酸盐中的镧系离子

通过中子光谱,可研究取代超导铜酸盐中的钇或者镧格位中镧系离子的基态多重态晶体场分裂。已经发现一些超导铜酸盐会出现两种结构形式,或者具有正交的镧离子格位(D_{2h},见附录 1),或者四角镧离子格位(D_{4h}),这取决于它们的组成。所有情况下,晶体场的对称性都接近于立方。

文献中已经叙述了许多晶体场参数拟合工作,表 2.10 选出了 $HoBa_2Cu_3O_{7-\delta}$ 中三价钬的代表性结果。以 meV 给出的晶体场参数变换为 Wybourne 归一化需要使用表 2.5 给出的 Stevens 倍乘因子,同样地,在表 2.2 中也给出了从 Stevens 归一化变换到 Wybourne 归一化所要使用的因子。

表 2.10 Ho^{3+} 在 $HoBa_2Cu_3O_{7-\delta}$ 中的晶体场参数(单位:meV)以及 Wybourne 归一化的晶体场参数(单位:cm^{-1})

	D_{2h}(meV)	D_{4h}(meV)	D_{2h}(cm^{-1})	D_{2h}(cm^{-1})
B_0^2	$-4.6(2)\times10^{-2}$	$-4.6(2)\times10^{-2}$	334(14)	435
B_2^2	$-2.0(4)\times10^{-2}$		59(12)	77
B_0^4	$9.1(1)\times10^{-4}$	$9.5(1)\times10^{-4}$	−1763(16)	−1908
B_2^4	$-0.6(2)\times10^{-4}$		18(6)	−297
B_4^4	$-4.2(1)\times10^{-3}$	$-4.3(1)\times10^{-3}$	973(27)	1050
B_0^6	$-4.5(1)\times10^{-6}$	$-4.1(1)\times10^{-3}$	449(10)	472

续表

	D_{2h}(meV)	D_{4h}(meV)	D_{2h}(cm^{-1})	D_{2h}(cm^{-1})
B_2^6	$2.7(8)\times10^{-6}$		−26(8)	−252
B_4^6	$-1.35(2)\times10^{-4}$	$-1.34(2)\times10^{-4}$	1200(17)	1305
B_6^6	$1.9(7)\times10^{-6}$		−12(4)	−15
来源	[FBU88b]	[AFB$^+$89]	[SLGD91] [GLS91]	[SLGD91]

“大”问题是:观测到的晶体场分裂是否有助于揭示高温超导的机制。这个问题及其他关于这种材料中镧系离子的晶体场参数问题将在第 5 章和第 9 章中讨论。

(道格拉斯·约翰·纽曼　贝蒂·吴·道格)

第 3 章　晶体场参数拟合

本章集中讨论晶体场理论中最常遇到的问题，即从实验确定的晶体场分裂能级来计算一组晶体场参数。通常需要反复进行最小二乘拟合过程，具体如下：

（ⅰ）估计所考虑体系的晶体场参数初始值。

（ⅱ）用估计的或者先前计算的晶体场参数值来构造能量矩阵。

（ⅲ）对能量矩阵对角化得到本征值，其与能级的估计位置相对应。

（ⅳ）建立实验和计算能级间的一一对应关系。

（ⅴ）固定能量矩阵的特征向量，确定参数值使得实验和计算间的能级值的最小平方差值之和最小。

（ⅵ）应用由（ⅴ）得到的系列晶体参数值，并返回至步骤（ⅱ）继续重复步骤（ⅱ）～（ⅴ），直至认为计算和实验能级吻合得足够好为止。

参数初始值的估计可以相似体系中已经得到的值（如第 2 章列出的）为基础。这种估计步骤（ⅰ）所需要的参数值的方法及其他方法将在下面讨论。当所有的能级都在一个多重态时，程序 ENGYFIT. BAS 可完成步骤（ⅱ）～（ⅴ）的工作。

有时用已给定值的晶体场参数组来计算实验上未确定的能级是必要的。这仅需要步骤（ⅱ）和（ⅲ）。程序 ENGYLVL. BAS 可完成这两个步骤的工作，并且还提供了附加功能，以确定每个本征值相应的特征向量。当需要能级的不可约表示标志时，这是非常有用的（见附录 1）。

在拟合参数及确定能级中首先要进行的计算是步骤（ⅱ），即从晶体场 V_{CF} 来构造能量矩阵。如第 2 章所述，可约束晶体场参数为 $q\geqslant 0$ 的参数，甚至对那些低至 C_2 点对称性的系统也如此。这将（2.7）式给出的晶体场展开式简化如下：

$$V_{\mathrm{CF}}=\sum_{k,q>0}B_q^k(C_q^{(k)}+(-1)^qC_{-q}^{(k)})+\sum_k B_0^kC_0^{(k)} \tag{3.1}$$

$q\geqslant 0$ 的约束提供了计算上的方便，能量矩阵是实对称性矩阵，这已引入到程序 ENGYLVL. BAS 和 ENGYFIT. BAS 中。另外，这两个程序都假设能量矩阵涵盖了一个多重态的所有 M_J 值。

本章中所描述的计算仅限于标准的单电子晶体场，其起源已在第 1 章中讨论过了。作为对固体中磁性离子能级分裂的估计、拟合及解释的辅助手段，各类专门及扩展参数方案将在后续章节中讨论。

附录 2 给出了本章中讨论的 QBASIC 程序说明和数据文件，并给出了可下载它们的网址。

3.1　从晶体场参数确定晶体场分裂

在镧系和锕系中，自由离子多重态通常可以很好地分开，并用总轨道角动量量子数L、总自旋角动量量子数S、总角动量J来标记。虽然只有J是一个准确的量子数，但某个特定L和S的贡献常足以占据主要成分，给出一个毫不含糊的标记。在某些情况下（称LS耦合），L和S标志是如此好，以至于其他的LS态混合态可以完全忽略。这种近似对于三价镧系离子的基态相当好，其给出了本章讨论的所有例子。

有时不同的J多重态能量是如此接近，以至于晶体场中可以将它们混合。那么可能需要更加完全的对角化，考虑的哈密顿需要包括参数化的旋轨耦合以及库仑作用。第4章将进一步讨论这个问题和相关的计算包。

常遇到的情况是L,S和J通过它们自身不能唯一标记一些给定f^n组态的多电子态。这种情况下，镧系或锕系自由离子的本征值态被写为$|f^n\alpha LSJ\rangle$形式，此处标记α用来区分具有相同的LSJ标记的态。可简化矩阵元计算的α标记的系统规定可用Racah开创的李群方法来获得（如Judd的著书及Condon和Odabasi的书[CO80]）。李群方法的讨论不在本书范围。

在d^n组态铁族离子情况下，晶体场通常比旋轨耦合大，因此自由离子态常用总轨道角动量L及总自旋角动量S来明确表示。如果旋轨耦合不是小到可以忽略的话，需要对晶体场及旋轨耦合的d^n组态能量矩阵一起对角化，也就是说，要涵盖具有给定的L和S的所有态。实际上，库仑作用也可包含在这些计算中，由此把基矢集扩展到数个L和S值。因此，常需确定和对角化庞大的能量矩阵。在附录3中将讨论执行这种计算的计算包。

3.1.1　约化矩阵元

依照维格纳-埃卡德定理（(A1.1)式），多电子开壳层态间的张量算符$C_q^{(k)}$的矩阵元可以分解为

$$\langle f^n\alpha LSJM_J|C_q^{(k)}|f^n\alpha'L'SJ'M_J'\rangle=(-1)^{J-M_J}\begin{pmatrix}J & k & J'\\ -M_J & q & M_J'\end{pmatrix}\times(f^n\alpha LSJ\|C^{(k)}\|f^n\alpha'L'SJ')\tag{3.2}$$

$3j$符号与所有的符号M_J,q和M_J'有关，而所谓的约化矩阵元

$$(f^n\alpha LSJ\|C_q^{(k)}\|f^n\alpha'L'SJ')$$

与这些无关，但依赖于张量算符的归一化。

在 LS 耦合的限制下，J 多重态则是由具有相同总角动量 L 和总自旋 S 的态混合构成。这种情况下可通过下式对矩阵元进行二次分解：

$$(\alpha LSJ \parallel C^{(k)} \parallel \alpha' L' SJ') = (-1)^{S+J+k+L'} \sqrt{(2J+1)(2J'+1)} \times \begin{Bmatrix} L & J & S \\ J' & L' & k \end{Bmatrix} (\alpha LS \parallel C^{(k)} \parallel \alpha' L' S) \qquad (3.3)$$

所谓的 $6j$ 符号 $\begin{Bmatrix} L & J & S \\ J' & L' & k \end{Bmatrix}$ 将在 A1.1.4 节中讨论。“双”约化矩阵元

$$(\mathrm{f}^n \alpha LS \parallel C_q^{(k)} \parallel \mathrm{f}^n \alpha' L' S)$$

与 J 无关。

在 LS 耦合限制下，“单”约化矩阵元的数值可以通过程序 REDMAT.BAS 得到，其输入单位张量算符 $u^{(k)}$ 的双约化矩阵元值($\mathrm{f}^n \alpha LS \parallel u^{(k)} \parallel \mathrm{f}^n \alpha' L' S$)，它的归一化如(A1.3)式所示。$\mathrm{f}^n$ 组态（以及 p^n，d^n 组态）的单位张量双约化矩阵元已由 Nielson和 Koster 列表给出(见[NK63])。由于他们表格中的条目以素数幂次形式表示，这在把它们转录为十进制数时，存在着出现错误的极大危险。为方便读者，表 3.1(以十进制符号)给出了一些常用的 $L=L'$ 的单位张量算符双约化矩阵元。表中的值已经将[NK63]中所用的素数指数符号进行了转换，且一些条目已经加入程序 REDMAT.BAS 中。

表 3.1　一些 f^n 组态的单位张量 $u^{(k)}$ 双约化矩阵元

电子构型	光谱项	$k=2$	$k=4$	$k=6$
f^2	$^3\mathrm{H}$	−1.2367	−0.7396	0.8951
f^3	$^4\mathrm{I}$	−0.4954	−0.4904	−1.1084
f^4	$^5\mathrm{I}$	0.4540	0.4103	0.7679
f^5	$^6\mathrm{H}$	0.8458	0.2979	
f^8	$^7\mathrm{F}$	−1.5159	0.7187	−0.2277
f^9	$^6\mathrm{H}$	−1.6095	−0.9135	1.0454
f^{10}	$^5\mathrm{I}$	0.4438	−0.6371	1.7827
f^{10}	$^5\mathrm{F}$	−0.5	−0.5	−0.5
f^{10}	$^5\mathrm{G}$	−0.0373	1.0536	0.8650
f^{10}	$^3\mathrm{K}(1)$	−0.7509	−0.0171	−0.6009
f^{11}	$^4\mathrm{I}$	0.6438	0.6851	1.8000
f^{12}	$^3\mathrm{H}$	1.5159	0.9583	−1.3225

仅涵盖基态多重态能级的低能光谱不能够提供 J 相同而 LS 值不同的多重态间混合程度的信息，因此它不能确定这种 J 混合(即“中间耦合”)对约化矩阵元的影响。已使用一种应付这种情况的方法是设定约化矩阵元为任意数值，尤其在中子散射文献中经常这样处理。然而，这使得不可能直接比较处于相似晶态格点位

置的不同磁性离子间的晶体场参数，也不可能比较从相同离子的光学光谱得到的相应晶体场参数(见[SHF⁺87])。一种可供选择的办法是假设没有其他 J 态混合到基态多重态(也就是说 LS 耦合是一种很好的近似)。对于相同的磁性离子，最好仍使用从光学数据拟合得到的约化矩阵元，其加入了中间耦合影响。这种方法相当可靠，因为确定了中间耦合程度的自由离子参数对基质晶体的依赖很弱。

对比表 3.2 中给出的中间耦合(int.)和 LS 耦合约化矩阵元，可以看出当使用 LS 耦合时得到的参数值具有误差。可使用[Die68]表 9 中的因子来计算中间耦合修正。镧系离子的中间耦合值用[Die68]给出的系数获得。在表 8.5 中给出了 Er^{3+} 离子的 10 个多重态的一系列中间耦合约化矩阵元。

表 3.2　f^n 组态基态多重态的约化矩阵元

离子	电子构型	耦合方式	$k=2$	$k=4$	$k=6$
Pr^{3+}, Pa^{3+}	f^2 $^3H_4$	LS	−1.2367	−0.7396	0.8951
Pr^{3+}	f^2 $^3H_4$	int.	−1.2057	−0.7396	0.7653
Nd^{3+}, U^{3+}	f^3 $^4I_{9/2}$	LS	−0.4954	−0.4904	−1.1084
Nd^{3+}, Pu^{3+}	f^3 $^4I_{9/2}$	int.	−0.4731	−0.4698	−1.0618
Sm^{3+}	f^5 $^6H_{5/2}$	LS	0.8458	0.2979	—
Tb^{3+}, Bk^{3+}	f^6 $^7F_6$	LS	−1.5159	0.7187	−0.2277
Tb^{3+}	f^6 $^7F_6$	int.	−1.498	0.705	−0.2155
Dy^{3+}, Cf^{3+}	f^9 $^6F_{15/2}$	LS	−1.6095	−0.9135	1.0454
Ho^{3+}, Es^{3+}	f^{10} $^5I_8$	LS	−0.6563	−0.6797	−1.7062
Ho^{3+}	f^{10} $^5I_8$	int.	−0.602	−0.629	−1.582
Er^{3+}, Fm^{3+}	f^{11} $^4I_{15/2}$	LS	0.6438	0.6851	1.8000
Er^{3+}	f^{11} $^4I_{15/2}$	int.	0.6805	0.6967	1.7388
Tm^{3+}, Md^{3+}	f^{12} $^3H_6$	LS	1.5159	0.9583	−1.3225
Tm^{3+}	f^{12} $^3H_6$	int.	1.5295	0.9362	−1.3264

能级必然与能量矩阵的实本征值对应，并可由对角化矩阵来确定。有时，可用格点对称性先对矩阵“块对角化”，从而进行简化(见[LN69])，但是这个方法并没有加入到本书所附带的程序中。对于某些应用来说，也需要确定与本征值相对应的本征态。

通过对角化(3.1)式、(3.2)式定义的能量矩阵，可得到单一多重态的能级和相应的本征态。程序 ENGYLVL.BAS 既可构造这种能量矩阵，又可对其对角化，这就可以由给出的晶体场参数来计算能级。在举例说明这个程序的使用之前，值得比较一下本书所用的构造能量矩阵方法和所谓的“等价算子”法。

3.1.2 能量矩阵的确定

传统上，对镧系离子晶体场能量矩阵的计算是使用由 Stevens 开创的“算符等价方法”来进行的(见[Ste52])。为方便使用方法而给出的表格已经在许多书籍和文献中发表了(例如[Hut64，Die68，AB70，Hüf78])，并被后续数代科研工作者使用。算子等价方法非常适用于手算能量矩阵，尤其是仅仅关心基态能级分裂时。然而，如果经常要在计算机上来进行能量矩阵对角化，除了提供对所涉及的操作进行理解外，则几乎不需要通过手算来构造能量矩阵元。实际上，通过程序如 ENGYLVL. BAS从已知的晶体场参数(本书开始部分列出的(ⅰ)，(ⅱ)步骤)来计算能级是容易实现的，如下节所示。

本书中，程序 THREEJ. BAS 和 REDMAT. BAS(见附录 2)取代了等价算符表格，在需要时可用其输出构造能量矩阵元。作为一个例子，我们用 THREEJ. BAS 和 REDMAT. BAS 来构建 $LaCl_3$ 晶体场中的 Nd^{3+} 离子的 $^4I_{9/2}$ 基态多重态的能量矩阵。$LaCl_3$ 的格位对称性是 C_{3h}，允许非零晶体场参数 B_0^2，B_0^4，B_0^6 和 B_6^6(见表 2.3)。表 2.6 给出了 Nd^{3+}:$LaCl_3$ 的这些参数值，表 3.2 中给出了基态多重态的中间耦合约化矩阵元。程序 THREEJ. BAS 可以用来确定在计算对角($q=0$)矩阵元时需要的 $3j$ 系数

$$\begin{pmatrix} 9/2 & k & 9/2 \\ -m & 0 & m \end{pmatrix}$$

它们的值如表 3.3 所示。非对角矩阵元源于参数 B_6^6，仅包含两个不同的 $k=6$ 的 $3j$ 符号，用 THREEJ. BAS 来计算，为

$$\begin{pmatrix} 9/2 & 6 & 9/2 \\ -9/2 & 6 & -3/2 \end{pmatrix} = 0.1074$$

以及

$$\begin{pmatrix} 9/2 & 6 & 9/2 \\ -7/2 & 6 & -5/2 \end{pmatrix} = -0.1461$$

表 3.3 构造 Nd^{3+}:$LaCl_3$ 的基态多重态对角矩阵元所需要的 $3j$ 符号值

m	$k=2$	$k=4$	$k=6$
1/2	−0.1557	0.1122	−0.0864
3/2	0.1168	−0.0187	−0.0648
5/2	−0.0389	−0.1060	0.1080
7/2	0.0779	0.1371	0.1188
9/2	0.2335	0.1122	0.0324

基态多重态$^4I_{9/2}$(也就是$L=6$,$S=3/2$和$J=9/2$)的张量算符$C^{(k)}$的LS耦合约化矩阵元$(f^3LSJ \| C^{(k)} \| f^3LSJ)$可用REDMAT.BAS计算。对$k=2,4,6$,分别给出的值为$-0.4954$,$-0.4804$,$-1.1084$。用这些约化矩阵元,结合表3.3中的$3j$符号值和使用(3.2)式确定出的张量算符各分量的对角矩阵元如表3.4所示。用同样的办法,计算出非对角矩阵元为

$$\langle 7/2 | C_6^{(6)} | -5/2 \rangle = -0.18186$$
$$\langle 9/2 | C_6^{(6)} | -3/2 \rangle = -0.11906$$

表3.4　Nd^{3+}的$^4I_{9/2}$基态多重态$C_q^{(k)}$的对角矩阵元

m	$k=2$	$k=4$	$k=6$
1/2	0.07713	−0.05502	0.09573
3/2	0.05786	−0.00917	−0.07180
5/2	0.01928	0.05196	−0.11966
7/2	−0.03857	0.06725	0.13162
9/2	−0.11568	−0.05502	−0.03590

为了构造晶体场能量矩阵,张量算符矩阵元必须与晶体场参数相结合,对所有的k值求和。所需要的晶体场参数(以Stevens归一化)在表2.6中给出。在Wybourne归一化中,它们的值为$B_0^2=195$,$B_0^4=-310$,$B_0^6=-710$,$B_6^6=466$(均以cm^{-1}为单位)。

对k值求和计算可确定Nd^{3+}:$LaCl_3$中基态多重态的能量矩阵元(以cm^{-1}为单位)

$$\left.\begin{aligned}
\langle \pm 1/2 | V_{CF} | \pm 1/2 \rangle &= -35.87 \\
\langle \pm 3/2 | V_{CF} | \pm 3/2 \rangle &= 65.10 \\
\langle \pm 5/2 | V_{CF} | \pm 5/2 \rangle &= 72.61 \\
\langle \pm 7/2 | V_{CF} | \pm 7/2 \rangle &= -121.82 \\
\langle \pm 9/2 | V_{CF} | \pm 9/2 \rangle &= 19.99 \\
\langle \pm 3/2 | V_{CF} | \mp 9/2 \rangle &= -55.48 \\
\langle \pm 7/2 | V_{CF} | \mp 5/2 \rangle &= -84.75 \\
\langle \pm 5/2 | V_{CF} | \mp 7/2 \rangle &= -84.75 \\
\langle \pm 9/2 | V_{CF} | \mp 3/2 \rangle &= -55.48
\end{aligned}\right\} \tag{3.4}$$

10×10矩阵元中,其他矩阵元均为0。其余矩阵元在m与$-m$交换下的对称性表明,这个10×10矩阵可被分解为一个1×1和两个2×2的块对角矩阵:

$$-35.87,\quad \begin{pmatrix} 65.10 & -55.48 \\ -55.48 & 19.99 \end{pmatrix},\quad \begin{pmatrix} 72.61 & -84.75 \\ -84.75 & -121.82 \end{pmatrix} \tag{3.5}$$

如(3.5)式所示,由于所有的矩阵元都出现两次,因此在10×10矩阵中这些矩阵也

将出现两次。这反映了半整数 J 多重态的晶体场分裂中存在所谓的 Kramers 简并。为了确定能级和本征态，仅需解两个二次方程。然而，这里不进行求解，这留给读者作为练习，我们现在转向程序 ENGYLVL. BAS，它既可建立能量矩阵，又可将其对角化。

具有使用等价算子方法的读者或许想要检验一下它们能够得到的结果是不是与上面的相一致。注意，在两种方法中，把矩阵元分解为依赖于(q,m)部分和与(q,m)无关的部分是很不相同的。为了进行数值比较，也需要记住表 2.2 中给出的 Stevens 和 Wybourne 归一化是不同的。

3.1.3 用 ENGYLVL. BAS 计算能级

作为使用 ENGYLVL. BAS 的例子，我们仍以前节介绍的例子为例，即计算 $LaCl_3$ 晶体场中 Nd^{3+} 离子的基态多重态 $^4I_{9/2}$ 的能级。在运行“RUN”命令后，程序响应，要求输入数据，如下所示：

THIS PROGRAM CALCULATES THE ENEGRY LEVELS OF A J—MULTPLET

FROM A SET OF CRYSTAL FIELD PARAMETERS

J VALUE (ANY REAL NO. <=8) FOR THE MULTIPLET=? 4.5

PROVIDE REDUCED MATRIX ELEMENTS FOR THIS MULTIPLET

REDUCED MATRIX ELEMENT FOR RANK 2=? −0.4954

REDUCED MATRIX ELEMENT FOR RANK 4=? −0.4904

REDUCED MATRIX ELEMENT FOR RANK 6=? −1.1084

FILENAME FOR CRYSTAL FIELD PARAMETERS=? ND_LACL3.DAT

CONSTRUCTION OF THE ENERGY MATRIX BEGINS

PLEASE BE PATIENT. IT MAY TAKE A WHILE…

如上所示，在每一个问号后面都需要提供准确的输入数据。晶体场参数假定为 Wybourne 归一化。注意，J 为半整数时，必须要用十进制表示，如上例中输入 4.5，而非 9/2。构造出能量矩阵后，程序将报告其进程，并且询问下一步的输入：

FINDING THE EIGENVALUES

EIGENVALUES HAVE BEEN EDTERMINED

OUTPUT WILL BE IN A SINGLE EILE CONTAINING

EIGENVALUES IN ARBITRRY ORDER. DO YOU WISH

TO OUTPUT A SECOND FILE CONTAINING BOTH

EIGENVECTORS AND EIGENVALUES (y/Y FOR YES)? y

NAME OF EIGENVALUE FILE=? ND_ENGY.DAT

NAME OF EIGENVECTOR AND EIGENVALUE FILE =? ND _

ENEI. DAT

OUTPUT FILE FOR EIGENVALUES = ND_ENGY. DAT

OUTPUT FILE FOR EIGENVECTORS AND EIGENVALUES = ND_ENEI. DAT

PROGRAM RUN IS COMPLETED SUCCESSFULLY

上例中，选择本征值和本征矢选项。然而，如果仅需要本征值，程序将会如下运行：

OUTPUT WILL BE IN A SINGLE FILE CONTAINING
EIGENVALUES IN ARBITRARY ORDER. DO YOU WISH
TO OUTPUT A SECOND FILE CONTAINING BOTH
EIGENVECTORS AND EIGENVALUES (y/Y FOR YES)? N
NAME OF EIGENVALUE FILE = ? ND_ENGY. DAT
OUTPUT FILE FOR EIGENVALUE FILE = ? ND_ENGY. DAT
PROGRAM RUN IS COMPLETED SUCCESSFULLY

现在，文件 ND_ENGY. DAT 已经包含了列成一列的本征值，其中前 5 项如下：−17.35，−153.58，104.37，102.43，−35.87（剩余 5 项值一样，顺序相反。见附录 2）。对角化(3.5)式给出的两个 2×2 矩阵，得到了这些项中的前 4 项，最后一项(−35.87)与±1/2，±1/2 对角化能量矩阵相一致。

对应其他本征值的本征矢可以从文件 ND_ENEI. DAT 中读出。在每一个本征值下面，相应的本征矢按−9/2，7/2，…，−1/2，1/2，…，9/2 顺序，写成 10 个系数的一列。例如，与本征值−17.35 对应的两个本征矢是

$$0.8297\left|\mp\frac{9}{2}\right\rangle+0.5583\left|\pm\frac{3}{2}\right\rangle$$

3.1.4　用发表的高 T_c 超导体材料晶体场参数计算 Ho^{3+} 能级

三价钬离子的晶体场分裂所要解释的特殊现象和问题是很丰富的，这形成了本书相关素材。尤其让人感兴趣的一个例子是超导铜酸盐基态多重态 $^5I_8$ 的分裂，其至少已通过非弹性种子散射手段部分观察到了。本节所关注的是试验能级的分析、由 Furrer 和其同事报道的晶体场参数拟合（见[FBU88b，AFB$^+$89]）以及由 Soderholm 等报道的改进晶体场参数拟合（见[SLGD91]）。表 2.10 给出了相关的晶体场参数。这些结果涉及 Ho^{3+} 离子在晶体 $HoBa_2Cu_3O_{7-\delta}$ 中的 D_{2h} 和 D_{4h} 格位。格位对称性由氧的浓度即 δ 值决定。

$\delta=0.2$ 时，点对称性为 D_{2h}，有 9 个独立的晶体场参数（见表 2.3）。由于对称群 D_{2h} 只有一维不可约表示，因此没有简并能级（见附录 1）。因此 $^5I_8$ 基态多重态分

裂为 17 个不同的能级，如果所有的能级都被观测到，则足以确定晶体场参数了。但实际上仅观测到 10 条不同的跃迁能量(见[FBU88b])。

在表 2.10 的第 4,5 列给出了 D_{2h} 对称性下的 9 个晶体场参数(Wybourne 归一化)的两组值。这些参数是由 Soderholm 等(见[SLGD91])进一步完善得到的。如果用表 2.5 中的系数进行转换，第一组与 Furrer 等(见[FBU88b])给出的参数一致(表 2.10 第 2 列)。[FBU88b]给出的误差估计证明在下面的分析中使用改进的参数值是合理的。第二组参数(表 2.10 第 4 列)是 Soderholm 等(见[SLGD91])确定的，此时基态能级上的两个最低能级互换了不可约表示符号。为方便起见，在表 2.10 中第 4，5 列参数值已经分别包含在在数据文件 HO_BACO1.DAT 和 HO_BACO2.DAT 中。这些文件是下述计算分析的出发点。

首先是确定与 Furre 等(见[FBU88b])确定的原始晶体场参数相对应的能级(列在 HO_BACO1.DAT 中)。把这些参数输入程序 EBNGYLVL.BAS 中，并使用 LS 约化矩阵元(见表 3.2)，得到的能级结构在表 3.5 中的第二列给出(标为"第 1 组")。将这些转化为以 meV(即除以 8.066)为单位，并将最低能级设为 0，依照它们值的大小顺序进行排序，然后把它们列出来，就得到了[FBU88b]中给出的计算能级。很奇怪的是：Soderholm 等(见[SLGD91])用相同的参数却计算出了十分不同的系列能级值。大概是由于他们使用了不同的约化矩阵元的原因。中间耦合矩阵元将给出普遍比 Furrer 等(见[FBU88b])给出的值大一些的拟合晶体场参数。这说明，从能级计算单电子晶体场时，明确给出所用约化矩阵元的值是非常重要的。

可通过把计算本征矢和[FBU88b]中(4)式给出的每个符号的标准形式进行对比，从而得到表 3.5 中表示能级归属的不可约表示符号。简单地说，将 m 看为整数，$J=8$ 的基矢态形式为

$$|J,M_J=2m\rangle+|J,M_J=-2m\rangle \qquad 按\ \Gamma_1\equiv A_1\ 变换$$
$$|J,M_J=2m\rangle-|J,M_J=-2m\rangle \qquad 按\ \Gamma_3\equiv B_1\ 变换$$
$$|J,M_J=2m+1\rangle+|J,M_J=-(2m+1)\rangle \qquad 按\ \Gamma_2\equiv B_2\ 变换$$
$$|J,M_J=2m+1\rangle-|J,M_J=-(2m+1)\rangle \qquad 按\ \Gamma_4\equiv B_3\ 变换$$

通过这种方法得到的符号(如表 3.5 所列)与[FBU88b]中给出的相符。

表 3.5 Ho^{3+} 在晶体 $HoBa_2Cu_3O_{7-\delta}$ 中 D_{2h} 和 D_{4h} 位置的实验和预测能级(单位：cm^{-1})

顺序	第 1 组	Γ	第 2 组	实验值	第 3 组	Γ
10	467.3	1	555.0		506.3	1
16	586.3	4	630.2		561.5	5
1	0.0	3	0	0.0	0.0	4
8	93.6	4	105.5	93.6	87.4	5

续表

顺序	第1组	Γ	第2组	实验值	第3组	Γ
5	35.8	3	40.6	34.7	37.1	1
2	4.4	4	10.0	4.0	9.8	5
17	589.0	1	655.3	589	584.4	3
15	564.1	2	620.7	565	561.5	5
14	501.9	1	553.2		470.3	1
13	480.2	2	533.4	478	479.2	5
9	460.4	3	490.3		459.6	4
3	14.3	2	22.5	14.5	9.8	5
4	30.7	1	32.9	30.7	39.1	2
7	89.3	2	99.8	87.1	87.4	5
6	66.7	1	73.4	65.3	58.8	3
11	478.6	4	527.0	478	479.2	5
12	480.0	3	517.3	478	487.4	2

第一列按能级大小进行编号，第3列和第7列分别给出了在D_{2h}和D_{4h}中的不可约表示符号。

注意，表3.5中所列的能级是按照程序ENGYLVL.BAS产生的顺序给出的，并且附加了一个普通的设定，将最低能级（表中第3行）变为0。注意到表中第2列中，在最低的8个低能级簇（低于95 cm^{-1}）和其余的9个能级（在460～600 cm^{-1}间）有很大的间隔。在第9章中用半经典晶体场理论简单地解释了这种团簇现象。第9章中还说明了如何运用观测到的团簇现象与叠加模型（第5章所述）相联系，对晶体场参数进行粗略估计。Furrer等（见[FBU88b]）采取了另外一种办法，他们把这些分裂与相近的Lea、Leask和Wolf所作的图中（见[LLW62]）的分裂进行对比，估计出$x=-0.4$（x定义见第2章），由此得到了对晶体场有主要立方贡献的大小估计值。

表3.5中的第4列（标为“第2组”）给出了源自于由Soderholm等推得的晶体场参数所产生的能级（见[SLGD91]）。这些参量是通过拟合同一套实验能级得到的，唯一不同之处在于互换了第二和第三能级的不可约表示符号。我们在计算中假定为LS耦合，并且可以看到，得到的能级不再与第5列的试验能级较好地吻合。将这与[SLGFD91]中的很好吻合相比较，再次说明了这些作者并没有使用LS耦合约化矩阵元。

表2.10的第3列给出了由Allenspach等得到的晶体场参数，其由拟合$HoBa_2Cu_3O_{6.2}$中四角（即D_{4h}）Ho^{3+}的试验能级而得到。文件HO_BACO3.DAT

包含了这些参数值，其已在 LS 近似下转换为 Wybourne 归一化。用此文件、程序 ENGYLVL. BAS 和 LS 约化矩阵元，得到了表 3.5 中第 6 列能级。通过适当的单位变换，用这种方法得到的能级与[AFB+ 89]中表I所给的计算能级是一致的，与 Butler 的书[But81]第 531 页表 16.2 中给出的基本方程一起，通过运行程序 ENGYLVL. BAS 所得到的特征向量也可以用来检验表 3.5 中第 7 列所列出的 D_{4h} 不可约表示。

3.2 镧系和锕系中多重能级的晶体场参数拟合

本节主要讨论在使用最小二乘法对能级拟合晶体场参数时所出现的实际问题。所列举的例子以使用程序 ENGYFIT. BAS 为基础，此程序仅限于用 $q\geqslant 0$ 的晶体场参数来拟合单个 J 多重态。

晶体场参数拟合是通过将给定(通常是实验的)能级组与由参数计算得到的能级组之差的平方和最小化来进行的。在开始之前，需要将给定能级和由使用初始参数值计算出的能级值一一对应起来。这种对应关系由两种方法来建立：

(i) 辨别有相同对称符号的试验和计算能级。

(ii) 辨别具有相近大小的试验和计算能级。

或许并不知道对称符号，一些情况下会出现几次，因此通常需要考虑能级大小的相近程度。

程序 ENGYFIT. BAS 将欲拟合的能级和由估计初始参数产生的能级以升序排列，然后按得到的顺序将能级按对应位置互相关联。如果可以获得关于试验能级对称符号的任何信息(如来自跃迁强度的信息)，那么就有必要检查此过程产生的正确对应。这可通过使用程序 ENGYLVL. BAS，用所估计的起始晶体场参数预先产生能级，并确定它们的标记符号来完成。如果这与对应的试验能级不符，那么就必须重新估计初始参数。

3.2.1 用无水氯化物中 Nd^{3+} 的 $^4I_{9/2}$ 基态多重态能级拟合晶体场参数

本节将通过对前节所得的能级进行参数拟合来说明 ENGYFIT. BAS 程序的使用。这当然会引导我们回到前面用做程序 ENGYLVL. BAS 输入量的晶体场参数。运行程序 ENGYFIT. BAS，最初在屏幕中将会产生下列输出。每一个问号都需要用户输入。

THIS PROGRAM FITS A SET OF CRYSTAL FIELD PARAMETERS

WITH Q>=0 TO THE ENERGY LEVELS OF A J-MULTIPLET
REDUCED MATRIX ELEMENT FOR RANK 2 = ? -0.4954
REDUCED MATRIX ELEMENT FOR RANK 4 = ? -0.4904
REDUCED MATRIX ELEMENT FOR RANK 6 = ? -1.1084
FILENAME OF ENERGY LEVELS = ? ND_ENGY.DAT

注意能级文件必须是完整的，也就是说，简并能级应直接作为多重态输入，没有的能级要给出猜测值。换句话说，就是 $2J+1$ 个能级值都需要。本章的末尾将会讨论应付未知能级的可能办法。需要拟合的晶体场参数将按如下方式输入：

NO. OF RANKS TO BE FITTED (2 OR 3) =? 3
INPUT VALUES OF K AND Q FOR FITTED PARAMETERS
RANK K = ? 2
NO. OF Q VALUES FOR RHIS RANK = ? 1
Q= ? 0
RANK K = ? 4
NO. OF Q VALUES FOR RHIS RANK = ? 1
Q= ? 0
RANK K = ? 6
NO. OF Q VALUES FOR THIS RANK = ? 2
Q= ? 0
Q= ? 6

很明显，当对相同的体系运行很多次，或对具有相同对称性的多个体系必须做上述输入时，这是相当烦琐的。这种情况下，推荐使用者标记出输入要求，在程序中对相应变量进行赋值。然而，在这样做之前，一件重要的事情是给你的工作程序一个不同的命名，以防止发生意外的错误。

例如，在对具有 C_{3h} 对称性的许多系统进行拟合时，并没有必要在每一步都指明哪些参数需要拟合。现在的例子中，当重新命名后，可标记出程序的 105～154 行，标明下面的变量的值：

NUMKF = 3
LKF (1) = 2
LKF (2) = 4
LKF (3) = 6
NUMQF (1) =1
NUMQF (2) =1
NUMQF (3) =2

已经明确哪些唯象参数需要进行拟合后，程序就允许使用者以固定参数比例的形式来引入约束条件。当前例子中，仅有恰好够数的能级(5)用来确定 4 个晶体场参数(晶体场参数通过能量的差值来确定,确定 N 个参数需要 $N+1$ 个不同的能级)。然而,当拟合参数的数目等于能级差的数目时,拟合程序不能很好地收敛。为了解决这个问题,可在拟合过程中解线性方程组,或者在参数间引入一些约束关系。此例中,在两个 6 阶参数中引入一个约束。对于进入无水氯化物中的取代离子,这些参数的比值明显为一常量,如表 2.6 所示,此原因将在第 5 章讨论。出于当前的目的,我们假设这个比值可以不依赖于拟合过程而确定,为 $B_6^6/B_0^6=-0.66$。注意,当比值为 $+0.66$ 时,我们会得到完全一样的结果,其仅相应于描述晶体场的坐标系做了 30°的旋转。对 B_6^6 不存在符号的正确与否。屏幕输出继续为

ANY CONSTRAINTS AMONGST THE PARAMETERS (y/Y FOR YES)
? y

VALUE OF K AND Q FOR THE INDEPENDENT BKQ =? 6,0

VALUE OF K AND Q FOR THE DEPENDENT BKQ =? 6, 6

RATIO OF THE DEPENDENT BKQ TO THE INDEPENDENT BKQ =?
−0.66

THERE ARE 1 CONSTRAINTS

NO. OF INDEPENDENT FITTED PARAMETERS = 3

为了开始此拟合过程,程序需要使用者估计一组初始参数值。如果这些初始值与"正确"值相差太远,那么这个拟合过程将会产生一个能量偏差平方和的赝最小值。使用 Wybourne 归一化的一个优点就是预计所有的晶体场参量值都有相似的大小,但是符号的正确选择可能是非常重要的。对于第一次尝试,用与预期结果非常接近的值作为输入,它们是基于 $LaCl_3$ 中其他镧系离子的唯象参数知识得到的(见表 2.6)。屏幕输出继续为

CHOOSE STARTING VALUES OF PARAMETERS BKQ

FOR K = 2 AND Q = 0

STARTING VALUE = ? 300

FOR K = 4 AND Q =0

STARTING VALUE = ? −300

FOR K =6 AND Q =0

STARTING VALUE = ? −700

CONSTRUCTION OF THE ENERGY MATRIX BEGINS

PLEASE BE PATIENT. IT MAY TAKE A WHILE…

构造完能量矩阵后,程序将重复运行拟合过程直至 100 次。在每一次重复中,首先将会对角化能量矩阵,然后运用最小方差标准计算得到一组新的参数。在屏幕中将会显示每一次的重复参数值,如下所示:

FITTING, ITERATION 1

THE PROGRAM IS FINDING THE EIGENVALUES

```
K = 2 Q = 0 BKQ= 226
K = 4 Q = 0 BKQ= -296
K = 6 Q = 0 BKQ= -708
MEAN SQUARE DEVIATION = 7.2128
FITTING, ITERATION 2
THE PROGRAM IS FINDING THE EIGENVALUES
etc
FITTING, ITERATION 9
THE PROGRAM IS FINDING THE EIGENVALUES
K = 2  Q = 0 BKQ= 193
K = 4  Q = 0 BKQ= -310
K = 6  Q = 0 BKQ =-708
MEAN SQUARE DEVIATION = .00914
FITTING, ITERATION 10
THE PROGRAM IS FINDING THE EIGENVALUES
OUTPUT FILE NAME = BKQFIT.DAT
PROGRAM RUN IS COMPLETED SUCCESSFULLY
```

与用来产生能级文件的参数相比较，表明拟合参数的误差小于2%。最终结果的精度由实验和拟合能级间的平均方差减小至一确定限定值(在程序中以CONLIM来标记)来确定。当均方差已经减至比CONLIM值还小时，最后一次重复过程中将不再对晶体场参数做进一步的修正。程序的第28列中，此值赋为0.005，本章中给出的所有例子都用这个值。依照较高精度或较快收敛到底哪一个重要，使用者可以增加或减小CONLIM值。需要记住的是：输入能级的精度限制了参数的最终精度。并且当晶体场参数的个数多于独立的能级差数目时，那么通常都不可能获得准确的拟合。当前例子中，如果设定CONLIM值小于0.002，程序将会运行满100次，但在重复完第12次后，结果不会再有进一步的改善。这是因为，在给定的6阶参数约束下，均方差不会小于0.002195。

3.2.2 用高 T_c 超导材料中的 Ho^{3+} 能级拟合晶体场参数

当一个多重态中的许多能级分裂非常小，但要拟合大量参数时，会出现许多问题，本节中将对此进行探讨。特别地，可能存在大量相近的能量差平方最小值，但却并非所有的最小值都可给出等价的晶体场参数。

表3.6采用Wybourne归一化比较了几种 $HoBa_2Cu_3O_{6.8}$ 正交(或 D_{2h})格位上的 Ho^{3+} 晶体场参数，一种是Furrer等(见[FBU88b])获得的原始参数，一种是用

Furrer 等的参数和程序 ENGYLVL. BAS 产生的能级(在 HO_ENGY1. DAT 文件中)拟合两次得到的晶体场参数值。两次拟合中唯一的差别是起始参数不同。A 组如表的第 3 列所示,即使重复 100 次后,也不收敛,如其均方差根所示(表 3.6 第 4 列)。然而,B 组收敛得很好,在 9 次重复后(CONLIM≤0.005),得到和原始参数相近的值。

表 3.6 $HoBa_2Cu_3O_{7-\delta}$ 中 Ho^{3+} 的拟合晶体场参数(单位:cm^{-1})

	来源 [FBU88b]	A 组 开始	A 组 重复 100 次	B 组 开始	B 组 重复 9 次
B_0^2	334	300	317	330	330
B_2^2	59	50	60	60	59
B_0^4	−1763	−1600	−1687	−1750	−1761
B_2^4	18	20	14	20	19
B_4^4	973	1000	1026	970	974
B_0^6	449	450	447	450	449
B_2^6	−26	−20	−21	−25	−25
B_4^6	1200	1200	1204	1200	1200
B_6^6	−12	−10	−14	−10	−12
RMSD			0.77		0.005

RMSD 指能级的均方差根。

使用 A 组初始参数值收敛困难的原因在于它们没有产生拟合与预测能级间的正确对应。这可以通过使用程序 ENGYLVL. BAS 所产生的 A 组的初始本征值和本征矢来说明。在表 3.7 第 4 列给出了得到的能级。可看出与 A 组初始参数值相对应的第 9,10 能级以及第 11 和第 12 能级相互交换了顺序以及标记符号。程序 ENGYFIT. BAS 保存了由初始参数值所建立的能级次序,因此当使用 A 组中的参数值作为起始值时,无论重复多少次都不会产生最好的拟合。

表 3.7 两套 D_{2h} 晶体场参数的能级比较

次序	来源	Γ	A 组
10	467.3	1	452.8
16	568.3	4	562.7
1	0.0	3	0.0
8	93.6	4	96.0
5	35.8	3	31.9

续表

次序	来源	Γ	A 组
2	4.4	4	3.2
17	589.0	1	582.2
15	564.1	2	559.7
14	501.9	1	490.3
13	480.2	2	473.1
9	460.4	3	460.2
3	14.3	2	11.4
4	30.7	1	27.2
7	89.3	2	92.4
6	66.7	1	67.8
11	478.6	4	472.2
12	480.0	3	470.6

3.2.3　初始参数值的选择

超导铜酸盐的例子已经表明选取合适的起始参数值是非常必要的。当能级间隔分布非常接近时,这个问题相当困难。虽然没有很简单的方法来确定起始值,除了要拟合的能级外,有时体系的信息可以利用。在文献中已经使用了数种方法:

(ⅰ)使用或者缩放从其他同系列离子处于相同或者相近晶体场环境中的晶体场参数。在第 2 章中给出的相同晶体中不同离子的晶体场参数值表明这种方法可能是非常有效的。

(ⅱ)当近似的更高对称性的一系列参数值已知时,使用下述的对称下降法。当从高对称性降至低对称性时,用二级微扰论来得到附加晶体场参数的初始估计值。

(ⅲ)使用第 5 章所述叠加模型,从详细的晶体结构信息来估计晶体场参数。这种方法归纳了所谓的点电荷配位近似,这在文献中常用来估计初始参数值。如第 5 章所述,叠加模型还可用来对最终得到的参数组是否与晶体场结构相一致做有效的检验。

(ⅳ)将叠加模型方法与矩量方法(见第 8 章)或者半经典模型相结合(见第 9 章)。这些方法已经很少使用了。

这里我们只解释对称下降法。这种方法只适用于已知的格位对称有更高的近似对称情形。这种情形下,处于更高对称性的能级将会发生简并,可知观测光谱中它们会紧挨在一起或团簇。可从近似高对称群开始到格位对称群来选择一系列子群。这种方法的优点是:在高对称下需要的晶体场参数较少,减少了拟合空间的维数,还减少了收敛于赝最小值的可能性。例如,这种方法已经用来将处于 $LiYF_4$ 中的三价镧系离子的 S_4 格位对称性近似为 D_{2d}(见[EBA+ 79,GWB96,LCJ+ 94])。对于 LaF_3,格位对称性 C_2 已经近似为 C_{2v}(见第 8 章)。

程序 ENGYFIT. BAS 尤其适用于对称下降这种方法,因为它利用了张量算符的正交性(见附录 1)。这确保了在对称性降低时,逐步包括增加的晶体场参数值对已确定参数值应只带来很小的变化。

在超导铜酸盐中镧离子的格位接近于立方对称性,意味着可以使用 O_h,D_{4h},D_{2h} 系列。然而,通常没有必要在每一阶段所使用的参数系列都和特定的格位对称性相对应。任何可以逐步增加拟合参数数目的方法都是可行的,只要首先把最大的参数包括在内就可以了。

3.2.4 拟合不完全能级组

前面给出的晶体场拟合例子中,没有对标记不完全和/或还有一些能级没有确定的实验能级组进行拟合。原则上,如果对称符号已知,把能级组限制在一个多重态中是可以拟合的。然而,程序 ENGYFIT. BAS 不可以单独完成这个任务,因它假设了只有在完全的多重态下算符才具有正交性。

上面处理的三价钬离子的例子是一个特别困难的情况。因为 Furrer 等(见[FBU88b])仅观察到了 17 个能级中的 12 个能级,因此相当困难(见表 3.5)。如此局限的信息使得要获得好的初始参数值更加困难。然而,一旦得到了好的起始参数,用 ENGYLVL. BAS,就可利用它们来填补空缺的实验能级,然后程序 ENGYLVL. BAS 和 ENGYFIT. BAS 就可以重复计算最佳拟合参数,并填补空缺的能级。

3.2.5 用中子散射结果拟合晶体场参数

非弹性中子散射试验通常只给出镧系和锕系离子处于最低能量的多重态能级信息。然而,这可以通过这种技术所给出的谱线强度信息来进行一定程度的弥补。这种附加信息对波函数加以定量的约束,因此可用来补充确定晶体场参数所需要的能级。用它还可对已确定的正确对称符号进行有效的检查(见附录 1)。虽然可用跃迁强度对由简单能级拟合程序如 ENGYFIT. BAS 所确定的波函数进行有效的后期核查,但使用在拟合过程中利用跃迁强度信息的程序可获得更可靠的结果。

对于能使用获得中子散射结果所需集中设备的物理学家们来说，他们也可使用专门的程序包，如A3.3节描述的FOCUS程序包，它是分析这些结果的必要工具。因此，本书没有必要给出这些程序使用的详细说明。

（道格拉斯·约翰·纽曼　贝蒂·吴·道格）

第4章 镧系和锕系光学光谱

从19世纪50年代所做的基础工作起，用来对试验上在晶体中观察到的镧系($4f^n$)及锕系($5f^n$)离子电子能级结构进行解释的基本理论已被极大地改进了(见[Jud63,Jud88,Wyb65a,Die68,Hüf78])。除了全面探究f元素离子电子结构的对称性获得了有效的发展外，电子结构的理论模型也运用哈特里-福克方法估计了自由磁性离子中的主要相互作用。为了处理离子-配位体相互作用，基于单电子近似(见第1章)以及晶体场相互作用与f元素离子内电子相互作用相比很弱这一假设，发展了晶体场理论。虽然与对称性相关的能级分裂部分已被很好地理解，但对决定分裂值大小的机制却并不如此。因此，采用了一种半经典方法，试图确定那些作用在f壳层内产生观测能级结构的有效相互作用(见[Jud63,Die68])(见第2章)。由于Carnall和他的同事们在19世纪70年代以来所做的系统工作(见[CBC+83,CGRR89,CLWR91,Car92,CC84,JC84])，这种唯象或者参数式的模型方法在分析镧系和锕系离子的实验光谱方面已被证明是非常有效的。

根据本书的一般模式，第一部分试图总结晶体场参数模型建立的实际过程，给出f元素晶体场光谱计算分析的一般导向，特别是Hannah Crosswhite开发并广为分发的计算机程序的使用。在4.1节简要介绍了自由离子有效算符及晶体场哈密顿后，4.2节总结了由对称操作产生的有效哈密顿算符的矩阵元，4.3节讨论了建立自由离子和晶体场参数的实际过程，最后在4.4节比较了4f和5f元素的光谱特性。

4.1 哈密顿量

历史上，f^n组态的完整哈密顿量的发展经历了两个阶段。第一个阶段处理了气态自由离子的基本相互作用，第二个阶段处理了离子在凝聚态中与晶体场的相互作用。接着需引入处理高阶自由离子相互作用的附加有效算符，以更加精确地获得和实验观察到的能级结构相同的结果。假设自由离子在气态和凝聚态下的哈密顿形式是一样的，我们以解释气态自由离子简并能级同样的基础来解释晶体场能级组的重心。常用的有效哈密顿算符是

$$\boldsymbol{H} = \boldsymbol{H}_0 + \boldsymbol{H}_{\text{ee}} + \boldsymbol{H}_{\text{SO}} + \sum_{i=1}^{4} \boldsymbol{H}_i(\text{corr}) + \boldsymbol{H}_{\text{CF}} \tag{4.1}$$

其中，前 3 项代表了自由离子中的主要相互作用。第一项代表 f 电子的动能以及它们与原子核及满壳层内电子的库仑相互作用，其仅包含了与自旋无关的球对称项，并不解除 f^n 组态内的任何简并。因此，在有效哈密顿算符中，$\boldsymbol{H}_0$ 被一常量取代，对应于光谱的(任意)平均能量。E_0 吸收了来自于 f 层电子和它们晶体场环境间的部分相互作用的球对称或各向同性贡献部分。

对于具有两个或者更多 f 电子的离子，(4.1)式中的第二项代表了壳层内电子-电子间的库仑相互作用，其将 f^n 组态分裂为 SL 项。有效哈密顿算符表达为(见[Wyb65a])

$$\boldsymbol{H}_{\text{ee}} = \sum_{k=0,2,4,6} F(n\text{f},n\text{f}) f_k \tag{4.2}$$

其中，f_k 为相互作用算符的角部分，F^k 为与 Slater 径向积分对应的参数。F^k 有时也可被表示为一组(不同归一化的)4 个 F_k 参数，或者 E^k 参数(为 Racah 算符系数，见[Jud63])。它们通过下式联系：

$$\begin{aligned}
F^0 &= F_0 \\
F_0 &= (7E^0 + 9E^1)/7 \\
F^2 &= 225F_2 \\
F_2 &= (E^1 + 143E^2 + 11E^3)/42 \\
F^4 &= 1089F_4 \\
F_4 &= (E^1 - 130E^2 + 4E^3)/77 \\
F^6 &= (184041/25)F_6 \\
F_6 &= (E^1 + 35E^2 - 7E^3)/462
\end{aligned}$$

旋轨耦合有效哈密顿算符以 f 电子的自旋和角向磁矩间的磁偶极子-偶极子相互作用来定义，即

$$\boldsymbol{H}_{\text{SO}} = \zeta \sum_i \boldsymbol{s}_i \boldsymbol{l}_i \tag{4.3}$$

其中，$\boldsymbol{s}_i$ 和 $\boldsymbol{l}_i$ 是以 i 为下标的 f 电子的自旋和角动量算符。参数 ζ 包含了旋轨相互作用的物理机制，可调节它来拟合实验观察到的能量。

静电和旋轨相互作用可以给出 f^n 组态能级分裂值大小的正确次序。然而，这些主要的项仍不能精确地获得和实验数据一样的结果。这是由于与 f^n 组态内部相互作用相联系的参数 F^k 和 ζ 并不能吸收所有的附加机制，如相对论效应和组态相互作用。为了更好地解释实验数据，在有效哈密顿算符需要加入新的作用项。例如，Judd 和 Crosswhite(见[JC84])在说明拟合实验气态自由离子 Pr^{2+}(f^3 组态)能级时，通过在哈密顿算符中增加 9 个更为有效的算符，将标准偏差从 733 cm^{-1} 减小至 24 cm^{-1}。

已经引入了多达 15 个校正项，它们可以加入自由离子的有效哈密顿中，其中

对 f^n 能级结构有重要贡献的来自于具有相同宇称的组态相互作用，其可由 Wybourne 建议（见[Wyb65a]）的一组 3 个双电子算符考虑进来：

$$\boldsymbol{H}_1 = \alpha L(L+1) + \beta G(G_2) + \gamma G(R_7) \tag{4.4}$$

这里 α,β,γ 为所谓的“树”参数，其与李群 R_3，G_2 和 R_7 的卡西米尔算符的本征值有关（见[Jud63，LM86]），即 $G(R_3)=L(L+1)$，$G(G_2)$ 和 $G(R_7)$。

对于 $n\geqslant3$ 的 f^n 组态，Judd 引入一个三体相互作用项（见[Jud66，CCJ68]），即

$$\boldsymbol{H}_2 = \sum_i \boldsymbol{t}_i T^i \tag{4.5}$$

此处的 T^i 是与三体算符 $\boldsymbol{t}_i$ 相关的参数，在有效哈密顿中需要这组有效算符，以表示基态组态和激发态通过电子间库仑相互作用的耦合。通常它只包含 6 个三体算符 $\boldsymbol{t}_i(i=2,3,4,6,7,8)$。当所用微扰理论超过二级时，需要 8 个附加的三电子算符 $(i=11,12,14,15,16,17,18,19)$（见[JL96]）。f 壳层的 14 个三电子算符矩阵元的完整列表可在 Hansen 等的论文（见[HJC96]）中找到。

除磁自旋轨道耦合作用由参数 ζ 表示外，还有包括自旋-自旋、自旋和其他轨道相互作用（它们都可用 Marvin 参数 M^0,M^2,M^4 表示，见[Mar47]）的相对论效应，被包括在有效哈密顿算符（4.1）式的第 3 个修正项中（见[JCC68]）

$$\boldsymbol{H}_3 = \sum_{i=0,2,4} \boldsymbol{m}_i M^i \tag{4.6}$$

如 Judd 等所述（见[JCC68，CBC⁺83]），可引入二体有效算符来改进 f 元素光谱的参数拟合，此二体有效算符表示通过静电相关的磁相互作用而产生的组态相互作用。这种作用可以通过引入 3 个更为有效的算符来表征，其给出贡献

$$\boldsymbol{H}_4 = \sum_{i=2,4,6} \boldsymbol{p}_i P^i \tag{4.7}$$

此处 $\boldsymbol{p}_i$ 为操作算符，P^i 为附加的参数（见[JCC68]）。

到现在我们已经引进了 19 个有效算符，包括那些双电子和三电子的相互作用，这些有效算符目前被用在固体中 f 离子的大多数光谱分析中。在对实验数据进行非线性最小二乘法拟合中，包含平均能量 E_0 在内，共有 20 个与自由离子操作算符相联系的参数是可调的。

大多数晶体场分析使用唯象的单电子晶体场理论，其选择与格位对称性相适合的参数。如第 2 章和附录 1 所讨论的，当磁性离子位于晶体中时，球对称性被破坏，每一个能级在晶体场环境的影响下将会分裂。自由离子的 J 多重态的 $2J+1$ 简并解除的程度依赖于离子的点对称性。基于这种假设，晶体场可做微扰处理，并假设未受微扰的自由离子的本征函数具有完全的球对称性，使用 Wybourne 晶体场势公式会很方便。

4.2　矩阵元的约化和赋值

在第 3 章，对一个多重态的晶体场拟合进行了讨论，其基于以下假设：或者 LS 耦合是好的近似，或者已经进行了自由离子拟合，确定了中间耦合的约化矩阵元。然而，由于计算工具的进步，现在已可用自由离子基 $|vLSJ\rangle$ 来对完整的自由离子和晶体场矩阵同时进行对角化，并允许 J 混合。如引言所述，这些多个多重态的拟合与一个多重态的拟合具有相同的模式。特别地，在能进行对角化之前，需要赋给参数的初始估计值，且必须求出有效哈密顿算符的所有矩阵元值。

显然，矩阵元求值是一项艰巨的工作，当有效哈密顿算符含有双电子和三电子算符时尤其如此。对于 $3<n<11$ 的 f^n 组态，自由离子矩阵元超过 10^4 个，它们中的每一项又多达 20 项需要基于角动量操作来求值（见[Jud63，Die68]）。幸运的是 Hannah Crosswhite 和他的同事已经做了大量工作（见[CC84]）。可使用已算出并保存在一系列的电子文件中的矩阵元以利用这些先前的工作。这些文件包含了计算 $4f^n$ 和 $5f^n$ 组态自由离子和晶体场能级结构所需矩阵元的所有值以及其他的光谱系数，可以从 Argonne 国家实验室网站 http://chemistry.anl.gov 上获得（可从主页的左列“Internet access”下载）。

4.2.1　自由离子哈密顿的矩阵元

在（4.2）式～（4.7）式中引入的有效算符具有很明确的群论特性（见[Jud63，Wyb65a]）。在中间耦合方式下，所有的矩阵元都可通过下式来约化为与总角动量无关的新形式，即

$$\langle \nu_1 SLJ\,|\,\boldsymbol{H}_i\,|\,\nu_2 S'L'J'\rangle = H_i\delta_{J,J'}c(SLS'L'J)\langle \nu_1 SL\,\|\,h_i\,\|\,\nu_2 S'L'\rangle \tag{4.8}$$

此处 $\boldsymbol{H}_i$ 为参数，$c(SLS'L'J)$ 为一数值系数，$\langle \nu_1 SL\,\|\,h_i\,\|\,\nu_2 S'L'\rangle$ 为与 J 无关的约化矩阵元。标号 ν_1，ν_2 等用来区分具有相同量子数 S，L 的不同的罗素-桑德斯态。可用 Nielson 和 Koster（见[NK63]）的表格来计算这些约化矩阵元。f^n 组态自由离子哈密顿矩阵最多可约化为 13 个独立的子矩阵，当 n 为偶数时，$J=0,\cdots,12$，当 n 为奇数时，$J=1/2,\cdots,25/2$。子矩阵的数目及它们的大小可通过表 4.1 给出的值来确定。

表 4.1 在 f^n 电子组态中每一个 J 值的多重态的数目

J	f^3，f^{11}	f^5，f^9	f^7
25/2			1
23/2		1	3
21/2		3	5
19/2		5	11
17/2	1	9	18
15/2	3	16	26
13/2	3	20	35
11/2	5	26	42
9/2	7	29	46
7/2	7	30	50
5/2	7	28	42
3/2	6	21	31
1/2	2	10	17
J	f^2，f^{12}	f^4，f^{10}	f^6，f^8
12			2
11			2
10		2	8
9		2	11
8		7	20
7		7	24
6	2	13	38
5	1	14	37
4	3	19	46
3	1	13	37
2	3	17	37
1	1	7	19
0	2	6	14

$n=2\sim12$ 的 f^n组态的 Crosswhite 文件命名为 FnMP. dat，其中给出了 20 个自由离子参数的自由离子矩阵元。作为一个例子，f^3 组态的 $J=1/2$ 子矩阵的自由离子矩阵元的参数系数在表 4.2 中给出。表 4.2 中第 5 列列出了 $c(SLS'L'J)$和

$\langle \nu_1 SL \| h_i \| \nu_2 S'L' \rangle$的乘积，第 6 列列出了相关的参数。这是一种最简单的情况，其中只有两个多重态$^4D_{1/2}$和$^2P_{1/2}$。除 T^7 和 T^8 外，其他所有的 18 个参数都在这个 2×2 的子矩阵中出现了。在这些对这两个多重态能级有贡献的相互作用项之间，只有 ζ,M^0,M^2,M^4 和 P^2,P^4,P^6 使两个 LS 多重态混合。结果，S 和 L 不再是好量子数。此外，T^i 项引起了 S,L 相同但 ν 不同的不同多重态间的混合。由于 LS-$L'S'$混合，多重态符号$^{2S+1}L_J$ 变得有名无实，这样一个符号仅仅意味着此多重态可能有一来自于$^{2S+1}L_J$ 的主导成分。由于 5f 壳层旋轨耦合较强，因此在 5f 组态中的 LS 混合较 4f 组态更为重要。对角化每一个子矩阵将产生以下形式的自由离子本征函数：

$$\Psi(^{2S+1}L_J) = \sum_{\nu SL} a_{\nu SLJ} \mid \nu SL \rangle$$

其对 J 相同的所有 LS 项求和。作为例子，我们给出了 $4f^3$ 离子 Nd^{3+} 和 $5f^3$ 离子 U^{3+} 的基态$^4I_{9/2}$的自由离子波函数，这些是用表 4.3(见[CGRR89])和表 4.4(见[Car92])中的自由离子参数产生的：

$$\Psi(4f^3, {}^4I_{9/2}) = 0.984\,{}^4I_{9/2} - 0.174\,{}^2H_{9/2} - 0.017\,{}^2G_{9/2} + \cdots$$

$$\Psi(5f^3, {}^4I_{9/2}) = 0.912\,{}^4I_{9/2} - 0.391\,{}^2H_{9/2} - 0.081\,{}^2G_{9/2} + 0.048\,{}^4G_{9/2} + 0.032\,{}^4F_{9/2} + \cdots$$

一般说来，LS-$L'S'$混合在 f^n组态的激发态中变得更加重要。

表 4.2　f^3 组态自由离子哈密顿的 $J=1/2$ 子矩阵元

子矩阵	Ψ	Ψ'	指数	系数	参数
1	1	1	1	1.0000000	E_0
1	2	2	1	1.0000000	E_0
1	1	1	2	0.17264957	F^2
1	2	2	2	−0.04957265	F^2
1	1	1	3	0.01165501	F^4
1	2	2	3	0.00155400	F^4
1	1	1	4	−0.19873289	F^6
1	2	2	4	0.07321738	F^6
1	1	1	5	−0.02446153	0.01α
1	2	2	5	−0.02846153	0.01α
1	1	1	6	−0.10256410	β
1	2	2	6	−0.26923077	β
1	1	1	7	−0.32307690	γ

续表

子矩阵	Ψ	Ψ'	指数	系数	参数
1	2	2	7	0.27692306	γ
1	1	1	8	1.11116780	T^2
1	2	2	8	−0.25253800	T^2
1	1	1	9	0.09759000	T^3
1	2	2	9	−0.58554000	T^3
1	1	1	10	−1.16700680	T^4
1	2	2	11	−1.52362350	T^6
1	1	1	14	−1.50000000	ζ
1	2	1	15	11.89 999 944	M^0
1	1	1	16	−18.09999640	M^2
1	1	1	17	−19.40908767	M^4
1	1	1	18	−0.12777776	P^2
1	1	1	19	−0.04292929	P^4
1	1	1	20	0.03399380	P^6
1	1	2	14	−1.58113883	ζ
1	1	2	15	−2.42441266	M^0
1	1	2	16	2.31900337	M^2
1	1	2	17	−0.81452561	M^4
1	1	2	18	0.06441676	P^2
1	1	2	19	0.01597110	P^4
1	1	2	20	−0.03583260	P^6
1	2	2	15	4.66666625	M^0
1	2	2	16	3.00000097	M^2
1	2	2	17	−6.36363739	M^4
1	2	2	18	−0.09629627	P^2
1	2	2	19	0.07575757	P^4
1	2	2	20	−0.04532506	P^6

第 1 列中的 1 代表 $J = 1/2$，在第 2 和第 3 列中，1 代表 ^4D，2 代表 ^2P。在第 5 列中 T^2 的系数不同于 Hansen 等使用了算符 t_2 的正交形式给出的值（见[HJC96，HJC96]）。

表 4.3　LaF_3 中三价镧系离子的能级参数(单位:cm^{-1})

	Pr^{3+}	Nd^{3+}	Tb^{3+}	Dy^{3+}	Ho^{3+}	Er^{3+}
F^2	68878	73018	88995	91903	94564	97483
F^4	50347	52789	[62919]	64372	66397	67904
F^6	32901	35757	47252	49386	52022	54010
ζ	751.7	885.3	1707	1913	2145	2376
α	16.23	21.34	18.40	18.02	17.15	17.79
β	−567	−593	−591	−633	−608	−582
γ	1371	1445	[1650]	1790	[1800]	[1800]
T^2		298	[320]	329	[400]	[400]
T^3		35	[40]	36	37	43
T^4		59	[50]	127	107	73
T^6		−285	−395	−314	−264	−271
T^7		332	303	404	316	308
T^8		305	317	315	336	299
M^0	2.08	2.11	2.39	3.39	2.54	3.86
P^2	−88.6	192(31)	373(53)	719(30)	605(24)	594(63)
B_0^2	−218(16)	−256(16)	−231(24)	−244(18)	[−240]	−238(17)
B_0^4	738(40)	496(73)	604(49)	506(43)	560(27)	453(90)
B_0^6	679(48)	641(54)	280(38)	367(40)	376(28)	373(83)
B_2^2	−120(13)	−48(12)	−99(16)	−65(12)	−107(10)	−91(14)
B_2^4	431(27)	521(39)	340(34)	305(33)	250(19)	308(60)
B_4^4	616(27)	563(41)	452(31)	523(25)	466(19)	417(56)
B_2^6	−921(32)	−839(39)	−721(29)	−590(24)	−576(18)	−489(51)
B_4^6	−348(41)	−408(35)	−204(29)	−236(27)	−227(20)	−240(51)
B_6^6	−788(38)	−831(41)	−509(33)	−556(25)	−546(22)	−536(49)
σ	16	14	12	12	10	19

圆括号中的值是指明参数的误差，方括号中的值要么在拟合参数时不允许变化，要么约束参数比例进行拟合。M^0 和 P^2 自由变化，同时 $M^2 = 0.56M^0$，$M^4 = 0.31M^0$，$P^4 = 0.5P^2$，$P^6 = 0.1P^2$。标准偏差用 σ 表示。

表 4.4 $LaCl_3$ 中的三价锕系离子的能级参数(单位:cm^{-1})

	U^{3+}	Np^{3+}	Pu^{3+}	Am^{3+}	Cm^{3+}	Cf^{3+}
F^2	39611	45382	48679	[51900]	[55055]	[60464]
F^4	32960	37242	[39333]	[41600]	43938	[48026]
F^6	23084	25644	27647	[29400]	32876	[34592]
ζ	1626	1937	2242	2564	2889	3572
α	29.26	31.78	30.00	26.71	29.42	27.36
β	−824.6	−728.0	−678.3	−426.6	−362.9	−587.5
γ	1093	840.2	1022	977.9	[500]	753.5
T^2	306	[200]	190	150	[275]	105
T^3	42	45	54	[45]	[45]	48(11)
T^4	188	50	[45]	[45]	[60]	59(21)
T^6	−242	−361	−368	−487	−289	−529
T^7	447	427	363	489	546	630
T^8	[300]	340	322	228	528	270
M^0	[0.672]	[0.773]	[0.877]	[0.985]	[1.097]	[1.334]
M^2	[0.372]	[0.428]	[0.486]	[0.546]	[0.608]	[0.738]
M^4	[0.258]	[0.297]	[0.338]	[0.379]	[0.423]	[0.514]
P^2	1216	1009	949	613	1054	820(42)
B_0^2	287(32)	164(26)	197(22)	242(34)	[280]	306(29)
B_0^4	−662(93)	−559(44)	−586(38)	−582(80)	[−884]	−1062(56)
B_0^6	−1340(89)	−1673(49)	−1723(39)	−1887(83)	[−1293]	−1441(48)
B_6^6	1070(63)	1033(34)	1011(34)	1122(49)	[990]	941(36)
σ	29	22	18	21	23	19

圆括号中的值为指明参数的误差，方括号中的值要么在参数拟合时不允许变化，要么约束为与另外一个参数有固定的比值。P^2 自由变化，P^4 和 P^6 约束为 $P^4=0.5P^2$，$P^6=0.1P^2$ 的比值限制。标准偏差用 σ 表示。

4.2.2 晶体场哈密顿矩阵元

在可视为对 $2J+1$ 度简并自由离子态微扰的晶体场作用下，每一个 $^{2S+1}L_J$ 多重态都分裂为如附录 1 所述的晶体场能级。(3.2)式中的 $3j$ 符号选择定则表明晶体场算符导致了 $M_J-M_{J'}=q$ 的不同 J 值的态混合。因此，晶体场矩阵可被约化为许多独立的子矩阵，每一子矩阵都可用一晶体量子数 μ 来表征，其对应于格位对称群的不可约表示(见附录 1,Butler 书中的第 11 章)。

包含所有的 J 多重态将产生很大的需要对角化的矩阵，尤其是对于 $4\leqslant n\leqslant 10$ 的 f^n 组态。以全部的 $LSJM_J$ 为基对有效算符哈密顿量进行对角化将会非常费时，实际上对于实验光谱分析也没有必要。在实践中，f^n 组态的能级结构经常是对一些可得到实验数据的选定能区(典型地，能量小于 50000 cm^{-1})进行计算。理论上这是合理的，因为两个自由离子多重态间的晶体场耦合随着它们的能差增加而减小。假设一自由离子多重态的晶体场分裂在 100～1000 cm^{-1} 量级，那么相隔 10^4 cm^{-1}的多重态应该没有重要的耦合了。由 Hannah Crosswhite 发展的计算机程序中，给出了一个选项让使用者截断一些自由离子态，这些态的能级与感兴趣区域相隔很远。对角化自由离子矩阵产生自由离子能级结构之后，这就可以很容易地完成了。

4.2.3　Crosswhite 计算程序结构

从 20 世纪 80 年代早期起，阿贡国家实验室的 Hannah Crosswhite 开发的一个 FORTRAN 程序，与包含用做主程序输入的矩阵元和光谱系数补充数据文件一起，在国际上进行分发。如上所述，矩阵元本身对不同的光谱分析是很有价值的数据库。然而，如果不进行改编，程序本身并不是普遍适用的。最初的程序是用 FORTRAN 77 编写的。可从网站 http://chemistry. anl. gov 下载的 FORTRAN 代码用 VAX/VMS 操作系统进行修改，也可在 Microsoft FORTRAN Powerstation 环境下进行编译和执行。使用 Crosswhite 程序的基本有用资料是它的主要程序结构。它的结构便于独立计算以及自由离子、晶体场哈密顿的非线性最小二乘拟合的输入输出。

如图 4.1 所示，主要程序包含两个部分，即自由离子计算和最小二乘拟合，它们可被单独执行。第一部分包括 XTAL91. FOR 以及一组在 XTAL91SU. FOR 中补充的子程序，它们设计为用于对角化对自由离子哈密顿和构造约化晶体场矩阵，以用来在程序的第二部分做进一步的对角化。读者必须阅读 XTAL91. FOR 首页给出的说明，以便知道如何分配控制卡片以及输入输出通道。

输入I是一格式化数据文件，其给出了自由离子参数值和控制信息，包含 f 电子个数、参数个数、晶体对称性(表示为最小的 q 值)、约化晶体场矩阵元个数(或者 μ 值个数的数目)以及选定用于截断能量态的 J 值。使用者选择在晶体场矩阵中所包含的 J 多重态的多个数目，对于偶 f^n 组态，选取的是 J 值为 0～12 中的态，对于奇 f^n组态，选取的是 J 值为 1/2～25/2 中的态。也可以构造两个或者三个独立的矩阵组，每一个可以覆盖特定的能区。这可这样完成：通过忽略包含在第一个截取矩阵中的低能级多重态，选择较高能级多重态构成每一晶体场子矩阵(以 μ 标记)

的第二和第三截取矩阵。

对于输入Ⅱ,需要指定两个矩阵元文件——系数 FnMP. dat 和单位张量约化矩阵元 FnNM. dat 文件(n 的取值为 2～7)的位置。执行自由离子程序的两个输出中的一个用做第二部分——晶体场对角化及非线性最小二乘拟合的输入,另一个输出包含了自由离子的本征值和本征函数。

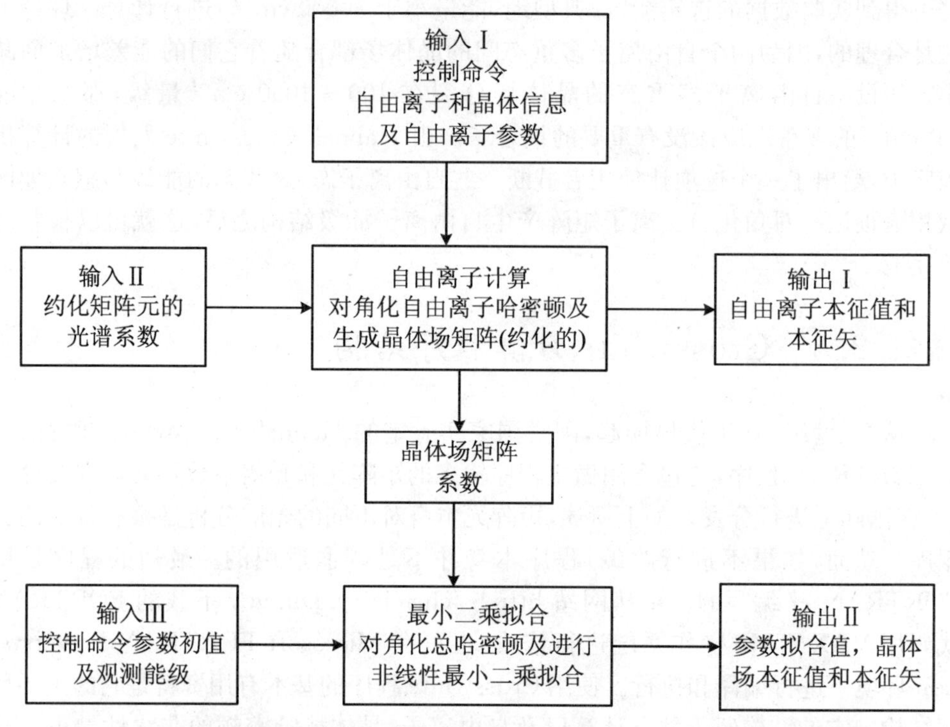

图 4.1　用于自由离子、晶体场计算和非线性最小二乘拟合的 Crosswhite 程序的结构

Crosswhite 程序的第二部分也包含了一个主要部分 FIT91. FOR 及一个子程序文件 FIT91SU. FOR。它们独立于第一部分编译和执行。主函数执行对实验上观测到的晶体场能级进行最小二乘拟合,并产生相互作用参数和晶体场本征函数。但其仍给使用者提供了一个只进行计算的选项。FIT91. FOR 代码的首页给出了用法说明,控制命令通过输入Ⅲ进行分配。除去控制命令外,输入Ⅲ还包含自由离子和晶体场参数的初始值、依照计算能级进行指认的实验观测跃迁能量。在输出Ⅱ中,每次最小二乘拟合迭代中新的和输入参数值、计算能量、观测能量、晶体场本征函数的前两个主导成分都一起给出。通过设定在输入文件中"输入Ⅲ"中的控制命令,程序会针对每一晶体场态产生一个含有完整晶体场本征函数的单独输出文件。

4.3　物理参数值的设定方法

对每一个 J 值，由于旋轨相互作用引起的 LS 基矢态的强混合，最小二乘拟合会收敛于错误的解。当有诸如塞曼分裂因子或者极化光谱等附加数据时，可辨别出错误解。但此附加信息本身并不能提供“真实”解。当最小二乘拟合过程有足够接近真实解的初始参数值时，才可能获得“真实”解。

已有的 f 元素光谱从头计算并不能精确获得和固体中 f 离子实验观测能级结构相同的结果，计算出的光谱参数值也会与拟合实验数据得到的唯象参数值大相径庭。因此，建立与实际相符合的模型哈密顿量参数主要依赖于对从头计算预言的整个 f 系列元素参数变化趋势的系统分析。

4.3.1　自由离子参数值系统趋势

现已进行了一系列的哈特里-福克计算，预测了整个镧系和锕系自由离子的参数趋向(见[CC84,CBC+83])。最重要趋势是静电相互作用参数 F^k 和旋轨参数 ς 的变化趋势，它们都随着 f 电子数目 n 的增加而增大。哈特里-福克计算的 F^k 和 ς 数值总是比拟合实验数据得到的大(见[CC84])。

相对论哈特里-福克计算的 ς 值与经验值非常吻合，但计算的 F^k 值比经验值大得多。这大概是因为，除相对论效应外，与较高能级轨道耦合的 f 电子减小了在相对论哈特里-福克近似中假设的径向积分值。此外，实验数据是从凝聚态中的离子得到的，而不是气态自由离子，这导致了 5%的变化(见[Cro77])。由于在相对论哈特里-福克模型中没有吸收这些效应机制，计算得到的 F^k 值不能够直接用做最小二乘拟合过程的初始参数。图 4.2 对比了 F^2 的相对论哈特里-福克值和实验值(见[CBC+83])。

尽管 F^k 的相对论哈特里-福克计算值较实验值大很多(见图 4.2)，但 F^k 实验值和相对论哈特里-福克计算值之差表现为近似常数，对镧系和锕系来说都是如此。利用这一特点，从一个离子到另一个离子参数值的线性插值得到的值与实际拟合过程得到的值符合得很好。

除了用相对论哈特里-福克计算确定 F^k 和 ς 外，M^k $(k=0,2,4)$ 的值也可以计算出来(见[JCC68])。整个 f 系列的参数值变化得并不十分剧烈。事实上，实验上已经表明它们可以作为一给定值，或者通过保持哈特里-福克比值 $M^2/M^0=0.56$，$M^4/M^0=0.31$(见[CGRR89])而作为一单参量。对于锕系离子，M^4/M^0 的值可能保持在 0.38 和 0.4 之间 (见表 4.4)。

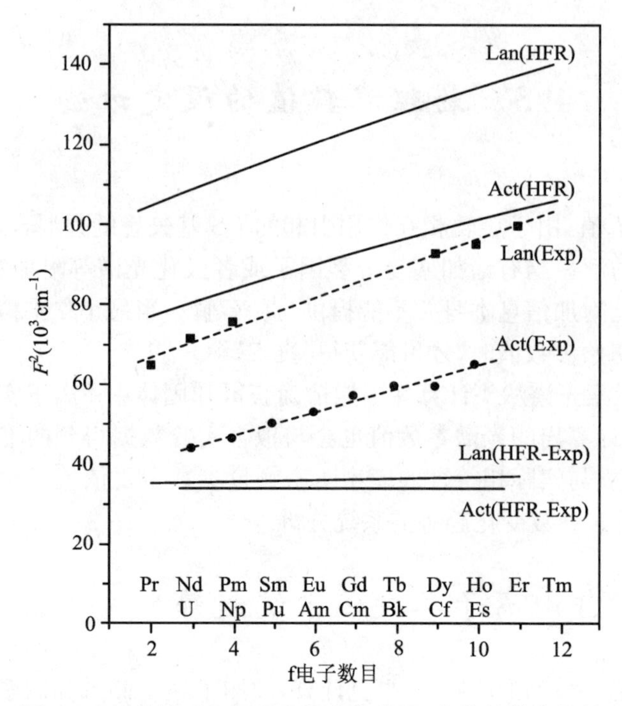

图 4.2 三价镧系和锕系离子自由离子 F^2 值的整体趋势

实线是相对论哈特里-福克计算值或相对论哈特里-福克和实验数据的差，虚线是实验数据的线性拟合。

对于其余的自由离子参数，不能够直接得到哈特里-福克计算值。已计算除了 Pr^{2+} 和 Pr^{3+} 的一些 P^k 值（见[CNT71]）。在建立替代进入 LaF_3 三价镧系离子中 P^k 值的整体趋势中，Carnall 等（见[CGRR88]）用比率 $P^4=0.5P^2$ 及 $P^6=0.1P^2$ 约束了 P^k 参数值，但 P^2 和其他参数一起自由变化。

一旦建立了自由离子参数值的整体变化趋势，那么就可以证明对已有实验数据相对不敏感的其他参数加以约束。一些参数如 T^i，M^k 和 P^k 在整个系列中变化并不是很大，作为一个很好的近似，对于同系列的近邻离子，这些参数值可固定为同样的值。事实上，大多数的自由离子参数对基质都是不敏感的。在不同晶格环境中的典型的变化平均值是 1%。表 4.3 列出的是几种三价镧系离子 LaF_3 中的参数值，表 4.4 列出的是几种三价锕系离子在 LaF_3 中的参数值。在这两个表格中给出的自由离子参数值可以作为任何晶体场中三价 f 元素离子能级结构的最小二乘拟合初始输入值。如果实验数据个数有限，那么可以只允许 F^k 和ς及晶体场参数一起自由变化，保持其他的自由离子参数值固定。在进一步的改进中，可对 α,β,γ 进行拟合。在最后的精修中，在保持 M^2，M^4 对 M^0 及 P^4，P^6 对 P^2 为固定比值时，M^0 和 P^2 可自由变化。

4.4 晶体场参数的实验确定

对于给出了非常明确格位对称性的晶体中的 f 元素离子，晶体场理论广泛地用于预言能级的数目及电子跃迁选择定则（见[Wyb65，Hüf78]）。尽管晶体场参数的数目可以由格位对称性来确定（见附录 1），但它们的值经常由观察到的晶体场分裂来确定。通常，如电偶极或磁偶极耦合允许的跃迁极化等附加的光谱信息确保了实验拟合晶体场参数的准确性（见[LCJ+94]）。另外，也可分析变温光谱来把纯电子谱线从电子振动特征中区分出来。如果多种格位存在，那么就需要格位选择光谱以区分不同格位离子的能级（见[LCJ+94，LCJW94]）。如第 3 章中所讨论的那样，正确地将观察到的能级和计算能级对应，是避免得到没有物理价值的拟合参数的关键。对于缺乏其他实验信息的光谱要做明确的指定时，可能需要重复数次计算分析过程，其需要再次推定自由离子态的晶体场分裂的要素（见[CGRR89，Car92]）。基于（3.2）式中的 $3j$ 符号的对称性质，并假设 JJ' 混合很小（这对于孤立的多重态是合理的），可使用几条标准：

（ⅰ）$J=1$（或者 3/2）态的劈裂仅与 B_q^2 有关，$J=2$（或 5/2）的态分裂也与 B_q^4 有关。

（ⅱ）B_0^k 参数支配着那些具有相同的 M_J 主导成分的晶体场能级的分裂。

（ⅲ）晶体场参数的符号决定了晶体场能级的顺序。

如第 3 章所讨论的那样，在用观察到的能级进行晶体场参数拟合时，可简单使用以前确定的、相同或相似材料中的不同 f 元素离子的值来设定初始值。Morrison 和 Leavitt（见[ML82]）、Görller-Walrand 和 Binnemans（见[GWB96]）全面总结了晶体场参数值。一些基质中的镧系和锕系晶体场参数值也可在第 2 章中查到。另外，晶体场参数的符号和大小也可用叠加模型来预测（见第 5 章）。

4.5 镧系和锕系的对比

到目前为止，我们已假定对 $4f^n$ 组态电子所做近似对于 $5f^n$ 组态的电子也是适用的。这是以光谱分析结果为基础的，分析结果表明，尽管两个系列存在很大差异，但可用相同的理论框架对它们的光谱进行解释。历史上，晶体场理论首先是因镧系而发展的，这是由于早期光学光谱实验上的发展是在晶体中的三价镧系离子中取得的。由于 5f 层电子具有延伸更宽的轨道，预期它们具有更小的静电作用、更强的旋轨耦合以及更强的晶体场相互作用（见[CC84，CLWR91，Kru87，

LCJW94,LLZ$^+$98])。突出的问题是：自由离子态的中间耦合方案和离子-配位体相互作用的微扰理论对凝聚态中的锕系是否仍然有效。

现在已有用于对比镧系和锕系光谱特性的实验结果。在图 4.3 中，对 f 电子数目绘出了相同基质材料 $LaCl_3$ 中的三价镧系和锕系离子的实验参数值比图形（见[Cro77,Car92]）。旋轨耦合参数 $\varsigma_{5f}/\varsigma_{4f}$ 的比值约为 1.8，F_{5f}^2/F_{4f}^2 的比值约为0.6。在整个系列中，这两者的比值几乎为常数。F_{5f}^4/F_{4f}^4，F_{5f}^6/F_{4f}^6 的比值和 F_{5f}^2/F_{4f}^2 的比值基本相同。旋轨耦合与静电相互作用的变化都使 $5f^n$ 组态的自由离子态的 LS 混合增加。这已在 4.2.1 节中讨论过了，那里对比了相同 LSJ 多重态中的镧系和锕系自由离子的波函数。然而，只要在能级计算中包含了 LS 项的完全集合，那么 LS-$L'S'$ 间混合的增加对于中间耦合近似几乎没有影响。在分析 5f 电子能级结构时，可以发现，用 $^{2S+1}L_J$ 标记自由离子态已经没有什么意义，这是由于在许多情况下，一些 LS 项对给定的 J 多重态具有相似的贡献。

有时，晶体场由单一参数即晶体场强度表征（见[AM83]），这用 N_ν 或者 S 表示（见 8.2 节），定义为

$$N_\nu = \left[\sum_{k,q} \frac{(B_q^k)^2}{2k+1}\right]^{1/2}$$

如图 4.3 所示，对于给定的基质晶体，锕系离子的 N_ν 值近似等于相同 f 电子数目的镧系离子的两倍。

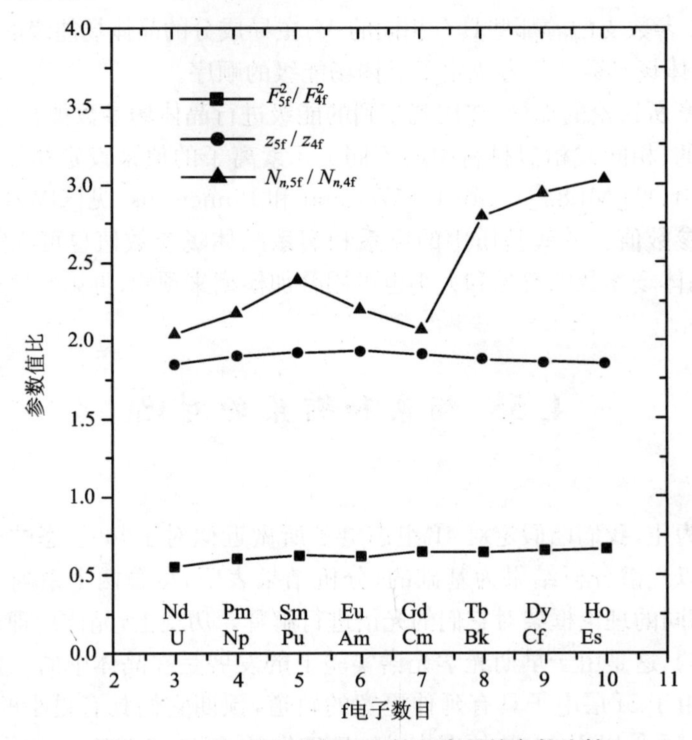

图 4.3 $LaCl_3$ 中三价镧系和锕系离子的参数比较

致谢　本工作是在美国能源部化学科学局基础能源办公室的资助下进行的(合同号:W-31-109-ENG-38)。作者十分感谢 William T. Carnall 博士,他给出了许多有价值的评论,并一丝不苟地阅读了原稿。

(刘国奎)

第5章　叠加模型

用第一性原理计算晶体场参数依赖于紧邻磁性离子晶体结构的信息。可把计算出的单个配位体的晶体场贡献(见第1章)进行结合,以估计实际系统的晶体场参数值。大多数这种类型的计算(见[New71])是基于结合过程是纯粹相加,即叠加原理成立这一假设。但在目前,叠加原理主要用于分析实验确定的晶体场参数。这种唯象的应用就是熟知的“叠加模型”。

本章与附录2中介绍的一些QBASIC程序一起,意在提供一种全面的“自己动手”(DIY)的工具,支持叠加模型在唯象晶体场参数计算和解释中的各种应用。数学上的处理相对简单,某些甚至可以通过本章中所提供的表格用手算完成。

5.1节总结了构成叠加模型基础的物理假设,并给出了描述这种模型的基本方程,列举了可以应用这种模型的不同方法,5.2节给出了有关固有或单个配位体晶体场参数经验值的全面概述,5.3节介绍了简化叠加模型分析的实际方法以及使用这种模型从固有参数估计实验晶体场参数的例子,5.4节介绍了如何从唯象晶体场参数确定固有参数,5.5节介绍了使用叠加模型研究外加应力对晶体场参数的影响,5.6节讨论了对固有参数的分析和解释,最后,5.7节评估了叠加模型的价值及其局限性。

5.1　基本考虑事项

当可得到磁性离子位置晶体结构的几何信息时,叠加原理可以用于把一组唯象晶体场参数中所包含的两种不同信息分开,它们是:

(ⅰ)格点几何。

(ⅱ)磁性离子及其周围配位体间的物理相互作用。

这种分离的有效性依赖于几个通常所谓的叠加模型假设,这种假设与晶体中的其他离子的贡献在磁性离子位置形成晶体场的途径有关。除这些基本假设外,也可能有必要对分析的系统做特定假设。例如,常常有必要假设取代离子处的格点几何性质与纯晶体中相同。当评估叠加模型分析结果时,必须考虑这些假设以及晶体场参数、晶体结构数据的准确性。

5.1.1 物理假设

叠加模型的基本假设是:磁性离子的晶体场可表示为基质晶体中其他每个离子单独贡献的简单求和。如果这些贡献源于点电荷的静电作用,这样的假设显然是正确的。然而,如我们在1.5节中分析晶体场贡献时所讨论的那样,对于更切合实际的晶体场模型来说,近邻离子重叠和共价作用占主要贡献,此时叠加原理仍是有效的。实际上,这些贡献的相对重要性让我们可做出第二个假设,就是在实际中应用叠加模型时,只需考虑来自于最近邻离子或者配位体作用的贡献。

这两种假设可用代数式形式表达,将唯象晶体场V_{CF}写为

$$V_{\mathrm{CF}} = \sum_{L} V_L \tag{5.1}$$

其中,每一项V_L都代表了以L为标记的负离子或者配位体的贡献。注意,在化学文献中,“配位体”术语也用于包含几个原子的带电复合体。如第1章中提到的,本书中的配位体仅指磁性离子近邻及与开壳层波函数具有较强共价作用的单一离子,这些离子也称配位离子。在离子晶体情形下,(6～9个)配位离子通常形成包围在磁性离子周围的一个明确负离子壳层。只有在格位对称性非常低的情形下,区分配位和非配位离子才会遇到一些实际的困难。

如第1章所说明的,单一配位体的所有主要晶体场贡献都是轴对称的。使用一个z轴指向特殊配位体L的坐标系,则(5.1)式中的贡献V_L可以表达为

$$V_L = \sum_{k} B_0^k C_0^{(k)} \tag{5.2}$$

也就是说,只用$q=0$贡献项。为了区分第2章中所定义的唯象参数和在这里用于描述单个配位体轴对称晶体场贡献的参数,将后者写为$\bar{B}_k(R_L)$,而不是B_0^k。在Stevens归一化中,单一配位体参数常写为$\bar{A}_k(R_L)$而不是$A_{k0}\langle r^k\rangle$。这些表达式中,R_L表示磁性离子中心和配位体L之间的距离。由于单个配位体的贡献依赖于它们与磁性离子的距离,所以明确地将R_L包含在内是非常有用的(见第1章)。用此符号,(5.2)式变为

$$V_L = V(R_L) = \sum_{k} \bar{B}_k(R_L) C_0^{(k)} \tag{5.3}$$

单一配位体参数$\bar{B}_k(R_L)$和$\bar{A}_k(R_L)$通常被称为固有晶体场参数,或仅称为固有参数(见[NEW71,NN89b])。如第1章讨论,固有参数中来自于负电荷配位体的主要贡献预期为正值,这对应于它们与开壳层电子的净排斥相互作用。

5.1.2 公式表示

合并单一配位体的贡献(见(5.3)式)来构造唯象晶体场参数(表达为(5.1)式)

时，有必要对所有配位体的贡献使用共同的坐标系。唯象晶体场通常取 z 轴与最高旋转对称性一致(如第 2 章及附录 1 解释)。因此，需要对每一个局域坐标系(单一配位体贡献沿着局域坐标系 z 轴是轴对称的)的 z 轴进行旋转，以便与共用 z 轴同轴。具有几个等价的高对称轴时，如在 D_2 格位，在一组给定的拟合晶体场参数中，可能并不知道这些轴中的哪一个是其所隐含的公共坐标轴，所有可能的选择都需要考虑。

考虑了旋转因子，Wybourne 和 Stevens 晶体场参数可以表达为

$$B_q^k = \sum_L \bar{B}_k(R_L) g_{k,q}(\theta_L, \phi_L) \tag{5.4}$$

$$A_{kq}\langle r^k \rangle = \sum_L \bar{A}_K(R_L) G_{k,q}(\theta_L, \phi_L)$$

其中，θ_L 和 ϕ_L 为公共坐标系下配位体 L 的角度位置。系数 $g_{k,q}(\theta_L, \phi_L)$ 和 $G_{k,q}(\theta_L, \phi_L)$ 为纯几何因子，也称为坐标因子。在表 5.1 中给出了这些因子的表达式。Rudowicz(见[Rud87])也推导出了 $k=1,3,5$ 时的 $G_{k,q}(\theta_L, \phi_L)$ 表达式。这些与叠加模型用于跃迁强度中有关(见第 10 章)。

表 5.1 本文定义的坐标因子 $g_{k,q}$ 和 G_{kq} 的球极坐标表示

k	q	$G_{k,q}/g_{k,q}$	$G_{k,q}(\theta, \phi)$
2	0	1	$(1/2)(3\cos^2\theta-1)$
2	1	$-2\sqrt{6}$	$3\sin 2\theta\cos\phi$
2	2	$\sqrt{6}$	$(3/2)\sin^2\theta\cos 2\phi$
4	0	1	$(1/8)(35\cos^4\theta-30\cos^2\theta+3)$
4	1	$-4\sqrt{5}$	$5(7\cos^3\theta-3\cos\theta)\sin\theta\cos\phi$
4	2	$2\sqrt{10}$	$(5/2)(7\cos^2\theta-1)\sin^2\theta\cos 2\phi$
4	3	$-4\sqrt{35}$	$35\cos\theta\sin^3\theta\cos 3\phi$
4	4	$\sqrt{70}$	$(35/8)\sin^4\theta\cos 4\phi$
6	0	1	$(1/16)(231\cos^6\theta-315\cos^4\theta+105\cos^2\theta-5)$
6	1	$-2\sqrt{42}$	$(21/4)(33\cos^5\theta-30\cos^3\theta+5\cos\theta)\sin\theta\cos\phi$
6	2	$\sqrt{105}$	$(105/32)(33\cos^4\theta-18\cos^2\theta+1)\sin^2\theta\cos 2\phi$
6	3	$-2\sqrt{105}$	$(105/8)(11\cos^3\theta-3\cos\theta)\sin^3\theta\cos 3\phi$
6	4	$3\sqrt{14}$	$(63/16)(11\cos^2\theta-1)\sin^4\theta\cos 4\phi$
6	5	$-6\sqrt{77}$	$(693/8)\cos\theta\sin^5\theta\cos 5\phi$
6	6	$\sqrt{231}$	$(231/32)\sin^6\theta\cos 6\phi$

5.1.3 固有参数与距离的关系

已从不同晶体场中许多磁性离子的唯象晶体场参数确定了明确的固有参数值。如前所述,离子晶体的固有参数值恒为正值。在许多情况下,已有可能确定一定配位体距离范围内固有参数与实验距离的关系。

在大多数晶体中,磁性离子和其配位体间只有几个不同但是很相近的距离。因此,对于给定的磁性离子和配位体,仅用很少数目的离子间距 R_L,便可获得可靠的固有参数值。但这并不能从实验上确定 $\bar{B}_k(R)$的函数形式。因此,文献中采用的以距离为变量的函数形式在很大程度上只是一种习惯。

在点电荷静电模型中,固有参数具有特定的幂律关系式,由于人们对这种模型一直充满兴趣,已广泛采用了一种距离关系形式

$$\bar{B}_k(R) = \bar{B}_k(R_0)(R_0/R)^{t_k} \tag{5.5}$$

这将每一个固有参数与距离的关系用单幂律指数 t_k联系起来。随着配位体距离的增加,预期固有参数值将会减小,这可由不等式 $t_k>0$ 来反映。然而,实验确定的 t_k值一般与静电幂律指数 $t_2=3, t_4=5, t_6=7$ 并不一致。

常常可由两个距离如 R_1和 R_2来得到固有参数。将(5.5)式中的 R 用 R_1, R_2代入,取等式比值,可以清楚地看出幂律指数 t_k的值与 R_0的选择无关。取(5.5)式的对数,可得到求 t_k值的简易方程

$$t_k = \frac{\log \bar{B}_k(R_1) - \log \bar{B}_k(R_2)}{\log R_2 - \log R_1} \tag{5.6}$$

Levin 和他的同事们采用另外一种距离关系用在 2 阶固有参数上(见[LC83a, LC83b, LE87]),我们将这种关系称为“双幂律模型”。由于用叠加模型分析 2 阶晶体场参数特别困难(见 5.6 节)以及 2 阶自旋哈密顿参数的特殊作用(见第 7 章),所以这特别让人感兴趣。这使得双幂律模型十分有意义。Levin 等使用了一个与第 1 章中介绍的理论分析相联系的变量,将 2 阶固有参数分解为两部分(以 s 和 p 标记),每一项都具有特定的距离关系,即

$$\bar{B}_2(R_L) = \bar{B}_2^{\mathrm{p}}(R_L) + \bar{B}_2^{\mathrm{s}}(R_L) = \bar{B}_2^{\mathrm{p}}(R_0)(R_0/R_L)^3 + \bar{B}_2^{\mathrm{s}}(R_0)(R_0/R_L)^{10} \tag{5.7}$$

其中,$\bar{B}_2^{\mathrm{p}}(R_L)$解释为配位体点电荷贡献,$\bar{B}_2^{\mathrm{s}}(R_L)$为包括共价和叠加等机制的短程贡献。

然而,完全与这种解释无关,可把双幂律模型简单地看做是一种唯象理论模型,这也可以扩展至其他 k 值情况。仅从唯象观点来看,使用 $\bar{B}_k^{\mathrm{p}}(R_L)$和 $\bar{B}_k^{\mathrm{s}}(R_L)$两个参数与使用 $\bar{B}_k(R_L)$和 t_k参数相比,既不更好也不更糟。双幂律指数模型的一个可能缺点是需选取的两个指数有任意性。尤其是(5.7)式不可以拟合唯象幂律指数 t_k大于 10 的数据。不过,(5.7)式中两个种唯象参数的线性性质在实际应用中

显然更为有利。

5.1.4 应用类型

应用叠加模型需要知道所有配位离子的角度 θ 和 ϕ 的信息。这经常由基质晶体的室温 X 射线散射结果推得。然而，在实验中可能它们并不能准确代表用于获得晶体场的磁性离子局域环境。特别地，光学光谱经常是在低温(如液氦温度)下使用稀释体系而获得，其中磁性离子只取代了基质中的一小部分正的非磁性离子。晶体中的块体热变化及取代离子周围的局域畸变效应产生了角坐标的不确定性。

在室温下，由中子散射得到的经常是浓缩晶体(磁性离子占据了晶体中的所有等效位置)的晶体场参数。当能够得到较好的 X 射线衍射数据时，就可很可靠地确定坐标角度。然而，中子散射只能确定低能级，通常局限于那些基态 J 多重态中的能级。这意味着拟合晶体场参数通常包含除单电子晶体场外由关联效应引起的不确定贡献(见第 6 章)。使用浓缩晶体的另外一个问题是交换相互作用会改变晶体场分裂。Henggeler 和 Furrer 最近经研究的分层高温超导体就是此种情况的一个清楚的例子(见[HF98])。

当磁性离子格点的坐标已知时，可以几种不同的方式使用叠加模型。如本章开始部分所述，叠加理论最初是用于对比实验结果和从头计算结果的。然而，按本书之意图，本章将专注于能把叠加模型用于预测、分析及解释唯象参数的不同途径，它们是：

(ⅰ) 通过其他基质外推所得的固有参数，估计给定基质晶体的唯象晶体场参数值。INTRTOCF. BAS 程序支持这种应用，在 5.3 节中介绍了一个例子。以这种方法得到的估计值能够给出最小二乘拟合的初始值(见第 3 章)。

(ⅱ) 分析和解释唯象晶体场参数组明确的值。程序 CFTOINTR. BAS 支持这种应用，这在 5.4 节中介绍。

(ⅲ) 用固有参数直接拟合能级，即使在已知能级非常少的情况下，也允许可靠地确定晶体场参数。在 5.5 节中讨论了一些这种类型的应用，这种应用与应变晶体相关。

(ⅳ) 检验拟合晶体场参数的合理性。第 6 章用这种方法讨论了多重态对晶体场参数的依赖性。

(ⅴ) 估计因磁性离子取代而引起的局域畸变。大多数这种类型的分析是对 S 态离子进行的(见第 7 章)。

5.2 固有参数值

在叠加模型的所有应用中，对固有参数的大小有一定的概念是有用的。本节给出列表的目的在于给出多种磁性离子和配位体在这方面的信息。将在下一节中给出这些参数的推导及使用方法的细节。

5.2.1 光谱化学系列

固有参数提供了一种排列配位体的方法，其定义为所谓的光谱化学系列。此系列最初是通过二价 3d 过渡金属离子的光谱晶体场分裂的相对大小得到的，通常是由它们的(4 阶)立方晶体场成分 D_q 所支配。因此，这一光谱化学系列直接与 3d 离子的 4 阶固有参数 $\bar{B}_4$ 值相联系。与晶体中磁性离子相关的部分系列结果常给出为(见[GS73])

$$I^- < Br^- < S^{2-} < Cl^- < F^- < O^{2-}$$

Gerloch 和 Slade(见[GS73])注意到光谱化学系列和配位体大小间是负相关的。注意到越小的配位体会产生越大的局域各向异性，这就容易解释了。由镧系和锕系的 4 阶固有参数可得到配位体相似的顺序，尽管从表 5.2 中可清楚地看出，这非常复杂，给定配位体的晶体场参数变化很大。如第 1 章所述，假如 4 阶晶体场由共价和(密切相关的)重叠贡献所支配，则可认为光谱化学系列给出了共价相对重要性的有用定性导引。

光谱化学系列还给出了一种估计固有参数值的粗略而快速的方法。然而，常常能够得到足够的信息，因而这种粗糙的工具变得不再是必需的。

表 5.2 Er^{3+} 在多种配位体 R(Å)处的固有参数

基质	配位体	R(Å)	$\bar{B}_2$(cm^{-1})	$\bar{B}_4$(cm^{-1})	$\bar{B}_6$(cm^{-1})	参考文献
YVO_4	O^{2-}	2.24	725 (25)	441	378	5.4.2 节
YGG	O^{2-}	2.34		762	378	5.4.5 节
YAG	O^{2-}	2.30		885	403	5.4.5 节
ZnS	S^{2-}	2.34	400 (200)	376 (32)	432 (96)	[NN88]
$CaWO_4$	O^{2-}	2.48	820 (80)	400 (24)	320 (96)	[NN88]
LaF_3	F^-	2.42	480 (60)	592 (40)	310 (30)	[NN88]
$LaCl_3$	Cl^-	2.42	438	264	162	[NN88]

续表

基质	配位体	R(Å)	$\bar{B}_2$(cm^{-1})	$\bar{B}_4$(cm^{-1})	$\bar{B}_6$(cm^{-1})	参考文献
ErRh	Rh			221	−118	[New83a]
ErCu	Cu			152	−94	[New83a]
ErAg	Ag			146	−66	[New83a]
ErZn	Zn			64	−112	[New83a]
ErMg	Mg			6	−67	[New83a]
$ErPd_3$	Pd			74	−3.2	[Div91]
YPd_3	Pd			100	−3.2	[Div91]
$ErNi_2$	Ni			296	−365	[Div91]
$ScAl_2$	Al			100	−77	[Div91]
YAl_2	Al			167	−67	[Div91]
$ErNi_5$	Ni			85(7)		[Div91]

括号内的值为误差。

5.2.2 三价镧系和锕系离子

表 5.2 中收集了有代表性的三价铕离子固有参数的例子。下面将要看到，这些固有参数大小的符号及顺序对三价镧系离子来说是典型的，尽管这些参数对于轻的镧系离子来说有些大。因此，表 5.2 中给出的值可以用做对所有三价镧系离子固有参数的最初近似，尤其对那些过半满壳层的离子。

可用表 5.2 阐明固有参数的一些基本性质。对于配位体带负电荷的离子晶体来说，所有阶的参数都是正的。如第 1 章所指明的那样，这可解释为由配位体和开壳层电子间的净排斥相互作用所致，这些作用被重叠、共价和静电点电荷贡献所支配。然而，非离子基质晶体中的固有参数并非一定是正值。特别地，表 5.2 表明了在很宽范围金属配位体具有负的 $\bar{B}_6$ 值。根据第 1 章的讨论，这可能是静电作用电荷贯穿占主导地位，加之重叠、共价贡献作用较小的缘故。另一个对 6 阶参数有负贡献的是 π 键(见(5.29)式)。

5.2.2.1 硅和铜配位体

Goremychkin 和他的同事们对化合物 $LnCu_2Si_2$ 进行了叠加模型分析(见[GMO92,GO93,GOM94])，其中 Ln 代表 Ce，Pr 和 Nd。在这些化合物中，四角镧系格位有 8 个铜配位体和 8 个硅配位体。确定晶体场参数中的隐含使用的坐标是不清楚的，因此叠加模型计算所使用的坐标系有两种可能的选择。基于铜的 6 阶固有参数值预期为负值进行选择(见表5.2),得到的铜和硅的固有参数值如表5.3所示。

表5.3 镧系在$LnCu_2Si_2$(晶体场参数来源于[GMO92,GO93,GOM94])中的固有参数(单位:cm^{-1})

Ln	$\bar{B}_4$(Cu)	$\bar{B}_6$(Cu)	$\bar{B}_4$(Si)	$\bar{B}_6$(Si)
Ce	−27		174	
Pr	30	−0.6	84	43
Nd	92	−148	32	136

5.2.2.2 氟配位体

如果不进行局域电荷补偿,在实验中用三价离子取代立方氟化物中的二价金属离子将会有很大的困难,并且随之会产生偏离立方对称性的畸变。不过,仍然确定了几组立方晶体场参数。叠加模型可以非常容易地用于这些参数(见5.3.1节)。表5.4总结了立方氟化物基质晶体中几种不同镧系离子的F^-固有参数$\bar{A}_k(k=4,6)$值。

表5.4 从立方氟化物基质中得到的氟固有参数$\bar{A}_4$和$\bar{A}_6$(单位:cm^{-1})

离子	级数	CaF_2	SrF_2	BaF_2	CdF_2	PbF_2	来源
Eu^{3+}	4		79.6		90.6	79.9	表2.7
	6		23.9		28.1	17.1	
Dy^{3+}	4	87.8	81.5	76.5	90.3		表2.7
	6	25.8	23.0	20.7	26.6		
Er^{3+}	4	76.6	70.5	64.4	80.6	66.9	表2.7
	6	22.9	19.9	17.8	24.3	19.0	
Gd^{3+}	4	86.8	77.0	69.7			[SN71b]
	6	27.9	23.3	19.2			
Ho^{3+}	4	83.0	70.2	59.1			[SN71b]
	6	18.7	15.5	13.3			
R=		2.366	2.512	2.685	2.333	2.567	

对应着基质晶体中的离子间距的标称配位体距离(单位Å)也列在了表中。

表5.4中所有固有参数都是正值,与上面的讨论一致。除$Eu^{3+}:PbF_2$之外,其他所有三价离子和基质晶体的比率$\rho=\bar{A}_6/\bar{A}_4$的值都在$0.28\leqslant\rho\leqslant0.32$这个很窄范围内。这表明定出的$PbF_2$中立方格位的$Eu^{3+}$晶体场参数可能是错误的。二价$Ho^{2+}$离子有一个较小的参数比值$\rho$,其基本与配位体距离无关。

对称性非常低的基质晶体 LaF_3 的一些固有参数也被确定了。例如，Yeung 和 Reid(见[YR89])得到的 Pr^{3+}：LaF_3 中的 $\bar{A}_4$(2.44 Å)＝80 cm^{-1}，$\bar{A}_6$(2.44 Å)＝32 cm^{-1}，也就是说，这些与表 5.4 给出的立方基质中的值相似。

估计固有参数值时，参数比值 ρ 的稳定性是十分有用的。参数比值对距离的依赖性也表明 4 阶和 6 阶固有参数对距离的依赖性必是十分相似的。列表给出的数值也说明两个参数都随着离子间距离的增加而减小。然而，由于不知道磁性离子近邻的晶体畸变，通过这种类型的数据把固有参数值确定为配位体距离的显式函数是困难的。这个问题将在 5.5 节中进一步讨论。

5.2.2.3 周期表中 VA 族配位体

镨和钕的立方磷族元素化合物提供了一些不常见配位体的 4 阶和 6 阶固有参数(见[New85])。表 5.5 中列出的这些数据均为正值(见[New85])，但小于那些具有离子配位体的镧系离子的固有参数值。Nd^{3+} 的 4 阶参数比 Pr^{3+} 小，6 阶参数值的情况则正好相反，这说明就像金属情况一样，存在很大的负值贡献。

表 5.5 镨和钕的磷族元素化合物的固有参数 $\bar{A}_k$ (单位：cm^{-1})

配位体	$\bar{A}_4$(Pr)	$\bar{A}_4$(Nd)	$\bar{A}_6$(Pr)	$\bar{A}_6$(Nd)
N	82		6.8	
P	30.6	25.2	3.8	7.1
As	27.3	23.5	3.7	6.1
Sb	18.4	16	1.8	4.0
Bi	15.3	14	2.5	5.5

5.2.2.4 氯配位体

许多早期关于镧系晶体场光学光谱工作是通过使用无水氯化物基质晶体来进行的。这种基质晶体结构简单，使得这种体系可用第 1 章所述的从头计算来处理，结果现已有大量氯配位体固有参数的数据。接下来将集中讨论近期的结果。

表 5.6 选出了一些取代进入 $LaCl_3$ 中的镧系和锕系离子的固有参数结果。坐标角 θ 由 6 阶晶体场参数比率确定(见[NN89b])，这个结果阐明了一般的结论(见[Ede95])：三价锕系的 4 阶和 6 阶固有参数为相应镧系参数的 2 倍。

将 Reid 和 Richardson 收集的结果(见[RR85])进行改编，得到了表 5.7。表中给出了一些具有(Cl^-)配位体的三价镧系离子的固有参数 $\bar{A}_4$ 和 $\bar{A}_6$。这些数据是对两种类型不同的基质晶体推得的，因此，获得合理一致的幂律指数非常重要。注意到 $t_4 \geqslant t_6$，这与其他唯象的分析结果一致(如参考 5.4.4 节石榴石的结果)。

表 5.6 无水氯化物基质晶体中氯配位体的三价镧系和锕系固有参数$\bar{B}_k$(单位:cm^{-1})

离子	θ(度)	$\bar{B}_2$	$\bar{B}_4$	$\bar{B}_6$
Pr^{3+}	42.2	248	319	277
Nd^{3+}	41.6	310	335	277
Pm^{3+}	42.0	306	378	267
Eu^{3+}	41.7	372	282	277
Tb^{3+}	41.8	374	284	181
Ho^{3+}	41.8	426	279	176
Er^{3+}	41.8	438	264	162
U^{3+}	42.6	688	480	605
Np^{3+}	41.4	288	648	619
Pu^{3+}	40.6	326	624	610
Cm^{3+}	42.0	518	680	552

结果是以取代进入 $LaCl_3$的离子光学光谱为基础的。θ是不共面的球极坐标角度。

表 5.7 镧离子的氯的本征参数$\bar{A}_k$(单位:cm^{-1})

离子	$\bar{A}_4(i)$	$\bar{A}_6(i)$	$\bar{A}_4(ii)$	$\bar{A}_6(ii)$	t_4	t_6
Pr^{3+}	82	22	40	17	16	6
Nd^{3+}	70	24	40	18	13	7
Sm^{3+}	58	23	32	17	14	8
Tb^{3+}	58	14	34	11	12	5
Ho^{3+}	60	15	33	11	13	6
Er^{3+}	53	15	32	10	12	9

(i)组是在 $Cs_2NaLnCl_6$ 和 Cs_2NaYCl_6 中的立方格位,(ii)组在无水氯化物中的 C_{3h}格位。幂律指数(t_4和 t_6)通过考虑在两种基质中配位体距离的差异来确定。

5.2.2.5 氧和硫配位体

表 5.8 收集了一些现有的氧或硫配位三价铕的 4 阶和 6 阶固有参数。本章后面将解释为什么没有花费太多精力确定 2 阶固有参数的原因。相对氧配位体,硫配位体具有更小的固有参数,反映出它们的电子结构更加弥散。4 阶和 6 阶参数的比值也很不相同。

假设 O^{2-}具有和 F^-一样的电子结构,那么预期它们的固有参数值也将很相似。虽然对一些晶态基质来说这是真的,但氧离子的固有参数具有很大可变性,这被认为反映了这种名义上的二价离子的实际离子性变化。

表 5.8 氧或硫配位 Eu^{3+} 在各种基质中距离为 R 时的 4 阶和 6 阶固有参数(单位:cm^{-1})

基质	离子	R(Å)	$\bar{B}_4$	$\bar{B}_6$	参考文献
La_2O_2S	O^{2-}	2.42	706	302	[MN73]
La_2O_2S	S^{2-}	3.04	150	82	[MN73]
Gd_2O_2S	O^{2-}	2.27	713	315	[NS71]
Gd_2O_2S	S^{2-}	2.95	389	87	[NS71]
YVO_4	O^{2-}	2.24	400	432	[NS71]
YGG	O^{2-}	2.34	475	493	[NS69]
$LaAlO_3$	O^{2-}	2.68	280	262	[LL75]

第一列中 YGG 指钇镓石榴石。

5.2.3 四价锕离子

Newman 和 Ng 已经详细分析了立方或 D_{2d} 格位中具有氧和氯配位的四价锕系离子晶体场(见[NN89a])。表 5.9 选出了他们工作中得到的一些固有参数。发现溴的固有参数值与氯的相似,并且对于这两种配位体的幂律指数(非常接近的)值为 $t_2=7$,$t_4=11$ 和 $t_6=8$。

最近,Carnall、Liu 和同事们(见[CLWR91, LCJW94])已经确定了四氟化物中较宽范围的锕系离子晶体场参数。不幸的是并没有进行详细的叠加模型计算,但是在[CLWR91]中由叠加模型对晶体场参数的预测表明,表 5.9 中引用的所有四价锕系离子的 4 阶和 6 阶参数与实验晶体场参数符合得很好。

表 5.9 配位体中四价锕离子 Pa^{4+},U^{4+} 和 Np^{4+} 的固有参数 $\bar{A}_k$ (见[NN89a])

配位体	R(Å)	$\bar{A}_2$(cm^{-1})	$\bar{A}_4$(cm^{-1})	$\bar{A}_6$(cm^{-1})
氯	2.7	1500(500)	190(30)	120(15)
氧	2.45	1500(1000)	190(30)	160(30)
氧	2.3	2500(500)	320(40)	250(50)
氟	—	2200(500)	300(30)	150(30)

R 为内部原子之间的距离。

5.2.4 过渡金属

相对来说,几乎没有确定过过渡金属离子的 4 阶和 2 阶固有参数,尽管通过文献引用的许多实验确定的参数 Dq(如[GS73],第 126 页)可以推得 4 阶固有参数值。在最常见的六重立方配位下,$\bar{B}_4=6Dq=8\bar{A}_4$。

其他配位的相应表达式可由表 5.10 中的关系式确定。过渡金属离子情形下,额外的复杂性是趋向于和配位体形成紧束缚的“复合体”。对一给定磁性离子,固有参数值依赖于这些化合物的离子性,差别可多达两倍。因此,不可能像我们对镧系和锕系那样给出过渡金属离子固有参数的典型值。

大多数情况下,3d 过渡金属离子立方配位是近似的。很少有足够的实验能级用来确定由对称性破坏引起的所有附加唯象晶体场参数。因此,直接用能级拟合固有参数值是合适的。确定下面引用的 3 个固有参数时,均采用了这种方法。

用估计值(以 cm^{-1}为单位)直接对 Chang 等(见[CYYR93])给出的 $LiNbO_3$ 中 Cr^{3+} 离子的能级分裂拟合固有参数,对于 Li 格位:

$$\bar{A}_2=14184,\quad \bar{A}_4=1450$$

对于 Nb 格位:

$$\bar{A}_2=7063,\quad \bar{A}_4=989$$

这些材料中,Cr^{3+} 离子附近的晶体结构具有很大的不确定性。因此,如 Chang 等所解释的,上面所引用的结果有很大的不确定性,也不能确定幂律指数的稳定值。

Newman 等使用叠加模型对天然形成的石榴石基质中的 Fe^{2+} 进行了分析(见[NPR78])。此工作使用叠加模型作为一种辅助手段确定了观测到的能级,确定了 $\bar{B}_4=8\bar{A}_4=4770\ cm^{-1}$,并假定 $t_2=3.5(5)$,$\bar{B}_2=2\bar{A}_2=12600(1600)\ cm^{-1}$。

Wildner 和 Audrut(见[WA99])用自由离子及叠加模型参数直接对 $Li_2Co_3(SeO_3)_4$ 中的 Co^{2+} 离子能级进行了拟合。取金属-配位体(Co-O)的基准距离为 $R_0=2.1115$ Å,他们得到了

$$\bar{B}_2(R_0)=7000\ (cm^{-1})$$

$$\bar{B}_4=4740\ (cm^{-1})$$

$$t_2=5.5$$

$$t_4=3.1$$

他们分析得到的 4 阶固有参数值与相同离子和配位体中(见[Wil96])从拟合 Dq 参数推得的值相一致。例如,与 O 配位体平均距离为 2.09 Å 时,$Dq=826\ cm^{-1}$,相应的 $\bar{B}_4=4956\ cm^{-1}$。

5.3 组合坐标因子

大多数晶体中,磁性离子具有多于一组的配位离子或配位体,给定的一组中的

所有配位体都位于相同距离处，其中每一组（至少）都显示了全部的格位对称性。使用叠加模型过程时，对给定距离处配位体的坐标因子求和常常会更方便，以至于形成了每一组的组合坐标因子。下面将给出此过程的一些例子。

5.3.1 立方配位

在立方和四角格位中，所有配位体都位于相同距离处，因此对于每一阶都可以确定组合坐标因子，这考虑了所有的配位体。表 5.10 中给出了一些 $q=0$ 的组合坐标因子（Stevens 归一化）。

表 5.10 采用 Stevens 归一化的对四方和立方体晶体场中 $q=0$ 的组合坐标因子

同等位置	$G^{c}_{4,0}$	$G^{c}_{6,0}$	z 轴
12 配位	−7/4	−39/16	[100]
8 配位	−28/9	16/9	[100]
	7/9	−26/9	[110]
	70/27	256/81	[111]
6 配位	7/2	3/4	[100]
	−7/8	−39/32	[110]
	−7/3	4/3	[111]
4 配位	−14/9	8/9	[100]
	28/7	128/81	[111]

表中的值与所选定的 z 轴方向有关。

在立方对称性下，依赖于 z 轴的选取，有非零的 6 阶和 4 阶晶体场参数存在（也就是 $q\neq 0$ 那些参数）。例如，在表 5.10 中计算表达式的值时，表明 8 配位及以[100]方向为 z 轴时（具有四重对称性），有两个非零的 $q=4$ 的参数，由下式给出：

$$A_{44}\langle r^4\rangle = -140\bar{A}_4/9 = 5A_{40}\langle r^4\rangle$$

及

$$A_{64}\langle r^6\rangle = -112\bar{A}_6/3 = -21A_{60}\langle r^6\rangle$$

在上面的式子中，符号依赖于选择 x 轴与立方体边相平行，在 x-y 面内旋转 45°，符号将会改变。表 5.10 中的结果用于联系固有参数与 $q=0$ 的晶体场参数。

另一方面，如果选择[111]方向为 z 轴（具有三次对称性），对立方八配位对称系统中 $q=4$ 的参数将会是 0，尽管 $q=3,6$ 的参数不为 0。很显然，晶体场本身不会随着 z 轴方向的选择而发生变化，通过构造合适的晶体场不变量可以很容易地证明这一点（见第 8 章）。

萤石是八配位体系，表 2.7 中列出了 z 轴沿[100]方向的相应晶体场参数。因此，使用表 5.10 中给出的八配位系统组合坐标因子，可以得到 F^- 的固有参数。表

5.4 中已包括了这一计算结果。

5.3.2 锆石结构晶体

本书中所讨论的一些例子涉及了锆石结构晶体如钒酸盐、磷酸盐和砷酸盐等中的镧系离子。表 2.8 选出了一些实验晶体场参数。这些参数有一个令人迷惑的特征，从表 5.11 中可以看出，尽管它们格位结构非常相似，但钒酸盐和磷酸盐的 2 阶晶体场参数却具有不同符号。看看叠加模型是否能对此做出一些解释，这是很有趣的。

5.3.2.1 组合坐标因子计算

表 5.11 中以球极坐标的形式列出了 9 种锆石结构晶体中 D_{2d} 格位处三价离子的局域几何。每一坐标(R_i,θ_i)确定了处于四面体顶点处的 4 个氧配位体的位置。取表 5.11 中标明的两个氧位置的 $\phi_i=0$，则由 4 个氧配位体坐标定义的每一个四面体的顶点是(θ_i,0)，(θ_i,180°)，(180°$-\theta_i$,90°)和(180°$-\theta_i$,270°)。在 Löhmuller 等(见[LSD+73])，及 Newman 和 Urban(见[NU72])文献中可以查到包括结构图等更加详细的内容。

在文件 C_YVO4. DAT 等中能够查到锆石结构晶体中给定三价离子最近的 8 个氧离子的角度坐标。这些文件的格式(见附录 2)适合于程序 CORFACS. BAS 和 CORFACW. BAS 输入，这两个程序可以分别计算出 Stevens 和 Wybourne 归一化的组合坐标因子。使用程序 CORFACW. BAS 得到的示例坐标因子文件被称为 W_YVO4. DAT 等，而由程序 CORFACS. BAS 得到的示例坐标因子文件被称为 S_YVO4. DAT 等。将这些文件整理为合适格式后，就可以作为下面讲到的叠加模型程序的输入文件。通过使用程序 CORFACW. BAS，由角度坐标文件采用 Wybourne 归一化确定了表 5.11 中所列的组合坐标因子。有关下载程序和文件的信息见附录 2。

表 5.11 9 个锆石结构基质晶体的配位坐标和组合坐标因子

化合物	R_i(Å)	θ_i	g_{20}^c	g_{40}^c	g_{44}^c	g_{60}^c	g_{64}^c
YVO_4	2.29 2.43	101.9° 32.8°	−1.745 2.239	0.894 −0.362	1.918 0.180	−0.272 −1.645	−0.685 0.818
$LuVO_4$	2.24 2.41	101.8° 33.2°	−1.749 2.201	0.903 −0.423	1.920 0.188	−0.286 −1.654	−0.696 0.845
$ScVO_4$	2.12 2.37	101.8° 33.8°	−1.749 2.143	0.903 −0.513	1.920 0.200	−0.286 −1.659	−0.696 0.886
YPO_4	2.31 2.37	103.7° 30.2°	−1.663 2.482	0.714 0.060	1.864 0.134	−0.015 −1.513	−0.479 0.648

续表

化合物	R_i(Å)	θ_i	g_{20}^c	g_{40}^c	g_{44}^c	g_{60}^c	g_{64}^c
$LuPO_4$	2.26 2.35	103.5° 31.0°	−1.673 2.408	0.735 −0.074	1.870 0.147	−0.044 −1.570	−0.502 0.699
$ScPO_4$	2.15 2.28	103.2° 31.6°	−1.687 2.353	0.765 −0.172	1.879 0.158	−0.087 −1.603	−0.538 0.738
$YAsO_4$	2.30 2.41	102.2° 31.9°	−1.732 2.324	0.865 −0.220	1.909 0.163	−0.230 −1.617	−0.652 0.758
$LuAsO_4$	2.25 2.39	102.0° 32.3°	−1.741 2.287	0.884 −0.284	1.915 0.171	−0.258 −1.632	−0.674 0.785
$ScAsO_4$	2.13 2.34	101.7° 33.0°	−1.753 2.220	0.913 −0.393	1.923 0.184	−0.300 −1.651	−0.707 0.832

组合坐标因子对应于氧四面体,用 $i=1,2$ 标记。坐标因子在 W_YVO4. DAT 等文件中已列出。

运行程序 CORFACW. BAS 在屏幕上将产生下列输出:

```
THIS PROGRAM GENERATE COORDINATION
FACTORS FOR WYBOURNE PARAMETERS
FROM INPUT VALUES OF LIGAND DISTANCE LABELS AND
ANGULAR POSITIONS FOR UP TO 16 LIGANDS
NO. OF LIGANDS=? 8
DO UPI WANT TO INPUT LIGAND POSITIONS FROM A FILE?
TYPE IN Y/y (FOR YES), N/n (FOR NO) y
NAME OF INPUT FILE=?
12 CHARACTERS MAXIMUM (INCLUDING EXTENSION) c_yvo4. dat
NAME OF OUT FILE=?
12 CHARACTERS MAXIMUM (INCLUDING EXTENSION) w_yvo4. dat
COORDINATION FACTORS FOR WYBOURANE PARAMETERS ARE
OUTPUT TO FILE:          w_yvo4. dat
PROGRAM RUN IS COMPLETED SUCCESSFULLY
```

5.3.2.2 组合坐标因子的代数表达

假设处于四面体中的氧配位体与镧系离子(在它的中心)的距离都相同,角度 ϕ 为 90°的倍数,则可以确定两个氧四面体中的任一个组合因子的代数表达式,其仅为 θ 的函数。只有 $q=0$,$q=4$ 的组合坐标因子不会消失。在 Stevens 归一化下,它们可用代数表示为

$$\left.\begin{aligned}
G_{20}^{c}(\theta) &= 2(3\cos^2\theta - 1)\\
G_{40}^{c}(\theta) &= (1/2)(35\cos^4\theta - 30\cos^2\theta + 3)\\
G_{44}^{c}(\theta) &= (35/2)\sin^4\theta\\
G_{60}^{c}(\theta) &= (1/4)(231\cos^6\theta - 315\cos^4\theta + 105\cos^2\theta - 5)\\
G_{64}^{c}(\theta) &= (63/4)(11\cos^2\theta - 1)\sin^4\theta
\end{aligned}\right\} \tag{5.8}$$

有意思的是:如果表 5.11 中指明的氧配位体坐标定义为 $\phi=45°$,上面的表达式在 $q=4$ 时将会引入因子 $\cos(4\phi)=-1$。这表明有效坐标的选择不仅仅由格位对称性决定,这导致了在拟合空间中有两个等价的最小值存在。因此已发表的参数或许(对于所有阶数)在 $q=4$ 时有不同符号,但是 $k=4$ 和 $k=6$ 的这些晶体场参数的相对符号应该保持一致。这明显反映出由一些作者附加在这些参数上的不确定符号(见表 2.8)。当有效坐标系的方向不能由格位对称性唯一确定时,此情形下唯象晶体场参数没有"正确"符号。

给出了上面组合坐标因子 $G_{kq}^{c}(\theta)$ 的表达式,则由已知固有参数,使用下面方程通过手算就可以确定 5 个非零的晶体场参数值:

$$\left.\begin{aligned}
A_{20}\langle r^2\rangle &= \bar{A}_2(R_1)G_{20}^{c}(\theta_1) + \bar{A}_2(R_2)G_{20}^{c}(\theta_2)\\
A_{40}\langle r^4\rangle &= \bar{A}_4(R_1)G_{40}^{c}(\theta_1) + \bar{A}_4(R_2)G_{40}^{c}(\theta_2)\\
A_{44}\langle r^4\rangle &= \bar{A}_4(R_1)G_{44}^{c}(\theta_1) + \bar{A}_4(R_2)G_{44}^{c}(\theta_2)\\
A_{60}\langle r^6\rangle &= \bar{A}_6(R_1)G_{60}^{c}(\theta_1) + \bar{A}_6(R_2)G_{60}^{c}(\theta_2)\\
A_{64}\langle r^6\rangle &= \bar{A}_6(R_1)G_{64}^{c}(\theta_1) + \bar{A}_6(R_2)G_{64}^{c}(\theta_2)
\end{aligned}\right\} \tag{5.9}$$

在定性理解晶体场参数的符号及相对大小时,这种类型的计算是相当有用的。

5.3.2.3 定性结果

可以从表 5.11 中的组合坐标因子来理解锆石结构晶体中的三价镧系离子晶体场参数的几个定性的特点。如 5.2.1 节论述,对于所有结构,固有参数为正值,B_0^6 的两个组合坐标因子均为负值,负的 B_0^6 实验值可反映这一点(见表 2.8)。

B_0^4 参数的正实验值反映了固有参数 $\bar{B}_4$ 为正的最近邻配位体贡献的主要部分。在所有锆石结构基质晶体中,所有镧系 $k=4,q=4$ 的组合坐标因子均为正值。从表 5.11 中 g_{44}^{c} 值可以看出,最近邻配位体对参数 B_4^4 的贡献占主导。因此,固有参数值可以通过由以下假设得到的这两个值进行分类:(1) 假设最近邻体及次近邻体的固有参数相等;(2) 假设次近邻体的贡献可以忽略。例如,表 2.8 中给出的晶体场参数及表 5.11 中给出的 $Er^{3+}:YVO_4$ 和 $Er^{3+}:YPO_4$ 的组合坐标因子使我们可以确定最近邻体固有参数上下限分别为 $483\ \text{cm}^{-1}\geqslant\bar{B}_4\geqslant 441\ \text{cm}^{-1}$,$406\ \text{cm}^{-1}\geqslant\bar{B}_4\geqslant 378\ \text{cm}^{-1}$。

对于表 5.11 中给出的所有晶体结构,$g_{20}^{c}(\theta_1)$ 比 $g_{20}^{c}(\theta_2)$ 小,并且符号相反。假

设 $R_1 < R_2$，这两种作用倾向相消。磷酸盐具有比钒酸盐相对大的 $g_{20}^{c}(\theta_2)$ 值，这至少可以定性地解释在两种系统中观测到的 B_0^2 符号的差异（见表 2.8）。下面讨论，这种符号的变化限制了固有参数 $\bar{B}_2$ 距离变化的可能范围。

5.4 由唯象晶体场参数确定固有参数

常可以使用(5.4)式从唯象晶体场参数确定固有参数。这类计算先要确定组合坐标因子，对每一阶 k 建立如(5.9)式的联立方程。如果未知固有参数和晶体场参数的数目相同，如(5.9)式中 $k=2$ 和 $k=4$ 的情况，那么就可以简单地通过解联立方程确定固有参数。下节将给出这样的一个例子。接下来的一节将处理此方法的扩展情况，此时单一系统的固有参数是欠定或超定的。

联立方程可以方便地以矩阵形式表示为

$$\boldsymbol{y} = \boldsymbol{G}\boldsymbol{x} \tag{5.10}$$

其中，$\boldsymbol{y}$ 为一给定数据的列向量，$\boldsymbol{G}$ 为一已知系数的矩阵，$\boldsymbol{x}$ 为需要确定的向量。应用叠加模型时，$\boldsymbol{y}$ 对应给定 k 阶的测量晶体场参数，$\boldsymbol{G}$ 为组合坐标因子的矩阵，$\boldsymbol{x}$ 为不同配位体距离下固有参数的向量。$\boldsymbol{G}$ 为一方阵时，$\boldsymbol{x}$ 可由 $\boldsymbol{y}$ 通过对 $\boldsymbol{G}$ 矩阵取逆得到，如下列形式所示：

$$\boldsymbol{x} = \boldsymbol{G}^{-1}\boldsymbol{y} \tag{5.11}$$

这种方法的成功依赖于(5.10)式的“良态条件”。

可以由标准程序来求 $\boldsymbol{G}$ 的数值逆矩阵，如[PFTV86]中提供的程序。然而，采用如 Mathematica 的高级程序包会更加方便。

5.4.1 锆石结构晶体的 4 阶和 6 阶固有参数的计算

结合表 5.11 中的 θ 值，使用(5.8)式给出的组合坐标因子，YVO_4 中镧系离子的 4 阶和 6 阶参数方程(5.10)取为如下形式：

$$\begin{bmatrix} A_{40}\langle r^4\rangle \\ A_{44}\langle r^4\rangle \end{bmatrix} = \begin{pmatrix} 0.89 & -0.37 \\ 16.0 & 1.5 \end{pmatrix} \begin{bmatrix} \bar{A}_4(R_1) \\ \bar{A}_4(R_2) \end{bmatrix} \tag{5.12}$$

及

$$\begin{bmatrix} A_{60}\langle r^6\rangle \\ A_{64}\langle r^6\rangle \end{bmatrix} = \begin{pmatrix} -0.27 & -1.65 \\ -7.69 & 9.21 \end{pmatrix} \begin{bmatrix} \bar{A}_6(R_1) \\ \bar{A}_6(R_2) \end{bmatrix} \tag{5.13}$$

YPO_4 的相应方程为

$$\begin{bmatrix} A_{40}\langle r^4\rangle \\ A_{44}\langle r^4\rangle \end{bmatrix} = \begin{pmatrix} 0.72 & 0.06 \\ 15.6 & 1.1 \end{pmatrix} \begin{bmatrix} \bar{A}_4(R_1) \\ \bar{A}_4(R_2) \end{bmatrix} \tag{5.14}$$

及

$$\begin{bmatrix} A_{60}\langle r^6\rangle \\ A_{64}\langle r^6\rangle \end{bmatrix} = \begin{pmatrix} -0.02 & -1.51 \\ -5.41 & 7.29 \end{pmatrix} \begin{bmatrix} \bar{A}_6(R_1) \\ \bar{A}_6(R_2) \end{bmatrix} \tag{5.15}$$

YVO_4的逆矩阵$\boldsymbol{G}^{-1}$为

$$\boldsymbol{G}_4^{-1}(YVO_4) = \begin{pmatrix} 0.21 & 0.05 \\ -2.21 & 0.12 \end{pmatrix} \tag{5.16}$$

及

$$\boldsymbol{G}_6^{-1}(YVO_4) = \begin{pmatrix} -0.61 & -0.11 \\ -0.51 & 0.02 \end{pmatrix} \tag{5.17}$$

YPO_4的逆矩阵为

$$\boldsymbol{G}_4^{-1}(YPO_4) = \begin{pmatrix} -7.6 & 0.42 \\ 108.3 & -5.0 \end{pmatrix} \tag{5.18}$$

及

$$\boldsymbol{G}_6^{-1}(YPO_4) = \begin{pmatrix} -0.88 & -0.18 \\ -0.65 & 0.00 \end{pmatrix} \tag{5.19}$$

(注意,为了计算精确,在这些矩阵中的数字需要更多的重要位数。)

虽然上面的数值表达式使用的是 Stevens 归一化,但可以看出,Wybourne 归一化的晶体场参数(表 2.8 中给出的)也是如此。表 2.2 中给出了联系这两种归一化晶体场参数的因子。使用这些转换因子,Er^{3+}:YVO_4 的 Stevens 晶体场参数是

$$\left.\begin{aligned} A_{20}\langle r^2\rangle &= -103\ (\mathrm{cm}^{-1}) \\ A_{40}\langle r^4\rangle &= 45.5\ (\mathrm{cm}^{-1}) \\ A_{44}\langle r^4\rangle &= -968\ (\mathrm{cm}^{-1}) \\ A_{60}\langle r^6\rangle &= -43\ (\mathrm{cm}^{-1}) \\ A_{64}\langle r^6\rangle &= -23\ (\mathrm{cm}^{-1}) \end{aligned}\right\} \tag{5.20}$$

与此相似,Er^{3+}:YPO_4 的 Stevens 晶体场参数为

$$\left.\begin{aligned} A_{20}\langle r^2\rangle &= -140\ (\mathrm{cm}^{-1}) \\ A_{40}\langle r^4\rangle &= 19.4\ (\mathrm{cm}^{-1}) \\ A_{44}\langle r^4\rangle &= -791\ (\mathrm{cm}^{-1}) \\ A_{60}\langle r^6\rangle &= -33.6\ (\mathrm{cm}^{-1}) \\ A_{64}\langle r^6\rangle &= -99\ (\mathrm{cm}^{-1}) \end{aligned}\right\} \tag{5.21}$$

使用逆矩阵,并改变 $q=4$ 的参数的符号,得到了下列 Er^{3+}:YVO_4 的固有参数

(Stevens 归一化)：

$$\left.\begin{aligned}\bar{A}_4(R_1) &= 58.8\ (\text{cm}^{-1})\\ \bar{A}_4(R_2) &= 18.7\ (\text{cm}^{-1})\\ \bar{A}_6(R_1) &= 23.7\ (\text{cm}^{-1})\\ \bar{A}_6(R_2) &= 22.3\ (\text{cm}^{-1})\end{aligned}\right\} \qquad (5.22)$$

这些参数与一般预计的值一致，预计中它们为正值，并随配位体距离增加而减小。对比固有参数的实验值(见表 5.2)，表明它们的大小是合理的，并且 $\bar{A}_4(R_1)$的数值非常接近于 5.3 节末尾处的粗略估计值 58±3 cm^{-1}。然而，由一组单纯的唯象晶体场参数值推导固有参数对距离的依赖关系时，需要十分小心，这是因为晶体结构具有不确定性，观测到的参数值也可能有误差。

使用(5.18)式和(5.19)式中的逆矩阵来计算 Er^{3+}：YPO_4的固有参数时，这种不确定性的影响变得非常明显，如下所示：

$$\left.\begin{aligned}\bar{A}_4(R_1) &= 185\ (\text{cm}^{-1})\\ \bar{A}_4(R_2) &= -1854\ (\text{cm}^{-1})\\ \bar{A}_6(R_1) &= 11.7\ (\text{cm}^{-1})\\ \bar{A}_6(R_2) &= 21.8\ (\text{cm}^{-1})\end{aligned}\right\} \qquad (5.23)$$

这些结果与钒酸盐基质中得到的结果有很大的不同，与预计值也有很大差别，这是病态方程求逆的结果。事实上，在 5.3 节末得到的 $\bar{A}_4=51\pm2\ \text{cm}^{-1}$比上面的结果精确很多。

5.4.2 锆石结构晶体的 2 阶固有参数的计算

对一给定系统，由单一的 2 阶晶体场参数有可能确定两个固有参数(对应于两组氧配位体)。然而，如果进一步假设所有钒酸盐的 2 阶固有参数对距离的依赖相同，那么就可以通过不同基质晶体得到的晶体场参数来确定这种距离的依赖关系。更进一步的假设是：相同的依赖关系适用于所有锆石结构的基质。

程序 CFTOINTR. BAS(见附录 2)可以用于做这种类型的研究。例如，为了确定与替代进入 YVO_4和 YPO_4中的 Er^{3+}唯象参数相一致的幂律指数和固有参数，可按如下说明运行两次这个程序。YVO_4 情况下，屏幕的输出与输入读取为

```
THIS PROGRAM CONVERTS A SET OF CRYSTAL FIELD
PARAMETERS TO A SET OF INTRINSIC PARAMETERS
IT ASSUMES THAT THE HIGHEST RANK IS 6
FILENAME OF CRYSTAL FIELD PARAMETERS = ? ER_YV1. WDT
IF THEY ARE WYBOURNE PARAMETERS, INPUT W/w? W
```

```
FILENAME OF COORDINATION FACTORS = ? W_YVO4.DAT
NO. OF DISTINCT DISTANCES = ? 2
OUTPUT FILE NAME OF INTRINSIC PARAMETERS = ? ER_011.DAT
FOR RANK   2
NO. OF INTRINSIC PARAMETERS > NO. OF CFPS
THERE ARE 2 DISTINCT LIGAND DISTANCES
PLEASE INPUT 1 INVERSE RATIOS OF THESE DISTANCES
RELATIVE TO THE NEAREST NEIGHBOUR DISTANCE
I.E. R1/Ri WHERE R1 IS THE NEAREST NEIGHBOUR
DISTANCE AND Ri IS THE iTH DISTANCE
R1/Ri = ? 1.061
HOW MANY tk VALUES (MAX. =6) DO YOU WANT TO TRY? 6
PLEASE PUT IN THE tk VALUES
tk = ? 3
tk = ? 6
tk = ? 7
tk = ? 7.1
tk = ? 7.3
tk = ? 8
INTRINSIC PARAMETERS ARE OUTPUT IN ORDER
OF INCREASING DISTANCE RI
PROGRAM RUN IS COMPLETE
```

对于 Er:YVO_4 和 Er:YPO_4，运行这个程序两次，产生如表 5.12 所示的 2 阶固有参数值。假如幂律指数大于 5，最重要的结果是叠加模型解释了两种基质中参数 B_0^2 符号的不同。如果假设两种系统中的固有参数是相同的，那么就可以估计出更加精确的幂律指数 $t_2=7.3$。然而，输入数据并不足够稳健以致有这样的精度。对其他 2 阶参数的分析表明，$t_2=7\pm1$ 更切合实际。不过，仍可确定锆石结构晶体中三价镧系离子明确的 2 阶固有参数值，也就是 $\bar{B}_2=725\pm25\ \mathrm{cm}^{-1}$。

表 5.12　在两个锆石结构的晶体中，以 t_2 为函数计算的 2 阶固有参数(单位:cm^{-1})

	R_1/R_2	$t_2=3$	6	7	7.1	7.3	8
YVO_4	1.061	−1590	1174	775	750	706	587
YPO_4	1.026	446	609	689	698	717	790

5.4.3 拟合固有参数

在对称性很低的格位,如 D_{2h},4 阶和 6 阶晶体场参数的数目多于不同的固有参数(或不同配位体距离)。因此,在(5.10)式中的矢量 $\boldsymbol{y}$ 比矢量 $\boldsymbol{x}$ 的元素多,矩阵 $\boldsymbol{G}$ 不为方阵。因此为了确定固有参数,有必要使用线性最小二乘拟合方法。

在线性最小二乘拟合中,要最小化原始数据和晶体场参数间的加权均方差之和。从[MN87]中可以看到,这可以通过在(5.10)式左侧乘以 $\boldsymbol{G}^{\mathrm{T}}$ 来实现,即

$$\boldsymbol{G}^{\mathrm{T}}\boldsymbol{G}\boldsymbol{y} = \boldsymbol{G}^{\mathrm{T}}\boldsymbol{x} \tag{5.24}$$

其具有如下形式解:

$$\boldsymbol{y} = (\boldsymbol{G}^{\mathrm{T}}\boldsymbol{G})^{-1}\boldsymbol{G}^{\mathrm{T}}\boldsymbol{x} \tag{5.25}$$

已知晶体场参数误差(平均方差)情况下,可以在计算中加入一"权重"矩阵 $\boldsymbol{W}$。$\boldsymbol{W}$ 具有对角矩阵元

$$W_{ii} = \frac{1}{\sigma_i^2} \tag{5.26}$$

其中,σ_i 为相应晶体场参数的平均方差。拟合的固有参数则可以由如下形式给出:

$$\boldsymbol{y} = (\boldsymbol{G}^{\mathrm{T}}\boldsymbol{W}\boldsymbol{G})^{-1}\boldsymbol{W}\boldsymbol{G}^{\mathrm{T}}\boldsymbol{x} \tag{5.27}$$

在单一晶体场参数中,拟合晶体场参数很少确定误差,因此,通常选取 $\boldsymbol{W}$ 以顾及参数归一化。Wybourne 归一化是充分一致的,因此可以取 $\boldsymbol{W}$ 等于单位矩阵。另一方面,Stevens 归一化则非常不规律。考虑到与此相容,应该将 σ_i(用于确定矩阵 $\boldsymbol{W}$)取做表 5.1 中给出的比率 $G_{k,q}/g_{k,q}$。

5.4.4 确定 YAG 和 YGG 中镧系离子固有参数

石榴石基质晶体中的格位对称性是 D_2,但只是稍微偏离了立方对称性。8 个配位体位于扭曲立方体顶点,形成了两组四配位体。已经准确确定了一些镧系离子在这些晶体中的 9 个晶体场参数(见表 2.9),还对其中的一些石榴石基质晶体进行了 X 射线结构测定。由于具有 3 个 4 阶和 4 个 6 阶晶体场参数,石榴石提供了一个很好的例子,以阐明确定固有参数中使用的最小二乘拟合。

石榴石与其他具有正交格位对称性系统一样复杂,与隐含的不同坐标系的可能选择相对应(见[RUD91]中讨论),总是具有 6 组等价但不相同的唯象晶体场参数。在应用叠加模型时,需要一个明确选择的坐标系。为了使结果有意义,有必要确保晶体场参数隐含的和明确选择的坐标是一致的。一旦找到了与一组唯象晶体场参数相对应的坐标,则另外一组晶体场参数是否与相同选择的隐含坐标相对应通常会变得很明显。因此,叠加模型提供了一种标准化方法,以选择与局域坐标相关的隐含坐标系。[Rud91]中包含了另外一种可选的标准化方法,附录 4 中介绍

了这方面的内容，并介绍了晶体场参数在不同隐含坐标系间变换的方法。

表5.13中给出了钇镓石榴石（YGG）和钇铝石榴石（YAG）中氧配位体的位置。确定固有参数时只需要角坐标，文件C_YGG.DAT和C_YAG.DAT中给出了这些值，文件使用了适合于应用程序CORFACS.BAS（Stevens归一化）和CORFACW.BAS（Wybourne归一化）确定组合坐标因子时所需要的格式。使用这些程序所得到的组合坐标因子的文件称为S_YGG.DAT，W_YGG.DAT，S_YAG.DAT和W_YAG.DAT。附录2中给出了这些文件和程序的细节以及是如何得到这些内容的。

表5.13　石榴石基质中氧配位体的位置

晶体	R_1(Å)	θ_1	φ_1	R_2(Å)	θ_2	φ_2
YAG	2.303	123.86°	−192.52°	2.432	125.94°	81.24°
YGG	2.338	125.33°	−191.59°	2.428	126.69°	80.90°

在每一组中，其他三个配位体的位置通过对称操作确定。角坐标在文本C_YGG.DAT和C_YAG.DAT中给出，取自[NS69]，其给出了主要参考文献。

如同锆石结构晶体情况，由晶体场参数和组合坐标因子，使用程序CFTOINTR.BAS可以从晶体场参数和组合坐标因子得到石榴石固有参数。这种情况下，唯一不同的是程序CFTOINTR.BAS使用了线性最小二乘方法来确定4阶和6阶固有参数。用输入文件ND_YAG.DAT及S_YAG.DAT，按如下所示运行程序CFTOINTR.BAS，则可以由晶体场参数确定钕在钇铝石榴石中的固有参数。这个过程中使用了Stevens归一化。所有的程序及数据文件都可以从附录2中给出的网址下载。

运行程序CFTOINTR.BAS，产生屏幕输出如下：

```
THIS PROGRAM CONVERTS A SET OF CRYSTAL FIELD
PARAMETERS TO A SET OF INTRINSIC PARAMETERS
IT ASSUMES THAT THE HIGHEST RANK IS 6
FILENAME OF CRYSTAL FIELD PARAMETERS = ? nd_yag. dat
IF THEY ARE WYBOURNE PARAMETERS, INPUT W/w?
FILENAME OF COORDINATION FACTORS = ? s_yag. dat
NO. OF DISTINCT DISTANCES = ? 2
OUTPUT FILE NAME OF INTRINSIC PARAMETERS   = ? nd_o5. dat
INTRINSIC PARAMETERS ARE OUTPUT IN THE SAME
ORDER AS THE DISTANCES USED IN CONSTRUCTING
THE COORDINATION FACTORS
PROGRAME RUN IS COMPLETE
```

现在，固有参数已经在文件ND_O5.DAT内。它们应该和5.14中列出的

Nd^{3+}:YAG 固有参数具有相同的顺序和数值。当有足够多的参数可使用线性最小二乘拟合过程时,那么结果通常会更加可靠。

表 5.14 一些三价镧系离子在石榴石基质中的固有参数值$\bar{A}_k$(单位:cm^{-1})

k	i	Nd:YAG	ErGG	Er:YGG	Er:YAG	Dy:YGG	Dy:YAG
2	1	2901.7	−350.8	−75.5	2167.5	−118.3	2474.7
2	2	2820.4	−371.4	−100.0	2096.3	−157.1	2395.3
4	1	144.6	90.9	95.2	110.6	104.9	119.4
4	2	74.1	54.6	57.3	67.0	74.1	70.0
6	1	47.0	24.1	23.6	25.2	28.4	29.2
6	2	33.6	20.5	21.1	18.6	21.5	22.6

离配位体最近的原子用 $i=1$ 表示,次邻近的用 $i=2$ 表示,表中格式与 CFTOINTR. BAS 程序产生的数据文件一样,并被用做程序 INTRTOCF. BAS 的输入。

如表 5.14 所示,此分析中的一些结果是没有物理意义的。特别是所有 2 阶参数或是负值(如在钇镓石榴石中)或在数值上大得不合理(如在钇铝石榴石中)。如此大的误差应归因于使用了不准确的坐标因子,或出现了足够大的长程贡献使得对 $k=2$ 的叠加模型变得无效。Newman 和 Edgar 研究过这个问题(见[NE76]),表明考虑替代离子附近的很小畸变后,就能够估计 2 阶(最近邻)固有参数为:YAG 中,Nd^{3+} 的 $\bar{A}_2=573\ cm^{-1}$, Er^{3+} 的 $\bar{A}_2=451\ cm^{-1}$。

所有的 4 阶和 6 阶参数都是正值,满足预期状况,也就是 $i=1$ 的参数大于$i=2$ 的参数。由(5.6)式可以推得幂律指数。例如,Nd^{3+}:YAG 情况下,$t_4=12.2$,$t_6=6.2$。这些值例证了一般的实验结果,即 $t_4>t_6$,这与点电荷静电模型是不一致的。

在超导铜酸盐中的镧系离子格位与石榴石中的格位非常相似。这两种情况下,镧系离子都是由 8 个氧离子包围,有两种间距,都位于稍微畸变的立方体的顶点。然而,在超导铜酸盐情况下,如第 3 章所述,其格点对称性为 D_{2h} 或者 D_{4h}。镧系离子也位于一长方体的中心,顶点由 8 个等价的铜离子定义。可以想到,由于氧离子比铜离子靠近镧系离子很多,它们提供了晶体场参数的主要贡献。然而,这也需要通过叠加模型分析来进一步说明。值得注意的是超导铜酸盐和石榴石晶体中氧的固有参数是相近的,这表明了氧配位体在这两种材料中的电子结构是相似的。

5.5 应力引起的晶体结构变化

叠加模型提供了一种预测晶格畸变时晶体场参数变化的方法,它把晶体场分解为各配位体的贡献，这种贡献依赖于它们在以磁性离子为中心的坐标系中的位置。静态畸变可以由外部施加的应力产生，动态畸变由晶格振动产生。实际上，这两种畸变的主要不同之处在于晶格振动与所有可能的畸变模相耦合，而外部应力只与少量的畸变模相耦合。这些类型的应用的例子在下面将会给出，作为文献的入门。

5.5.1 由晶格振动引起的立方格位畸变

立方格位给出了叠加模型应用到晶格振动耦合中的最简单应用。这种情况下，畸变模的数量相对很少。如果只包括配位体在内，那么就可以(几乎)唯一地由模的对称符号来表达畸变模。一种简化的特点就是畸变程度很小，因此就可以通过对静态晶体场组合坐标因子的表达式微分来得到动态晶体场参数的叠加模型表达式。

这种方法发展出的公式已有一系列的论文报道，进一步的细节应该参考这些论文。[New80，CN81]给出立方系统的基本结果；在[CN83]和[CN84b]中可分别找到对 Dy^{3+}：CaF_2 和 Er^{3+}：MgO 的实验结果分析；在[CN84a]中讨论了与点电荷模型的关系。

5.5.2 对无水氯化物的压力效应

当对晶体样品施加高压时，可以发现镧系光学光谱的尖锐谱线表现出明显的位置移动。可证明这些移动对应着自由离子和晶体场参数的变化。如果通过 X 射线可以确定晶体结构与压力间的依赖关系，那么用这种移动来对叠加模型进行检验。Chen 和 Newman(见[CN82])已经给出了在这些晶体中的轨道-晶格相互作用的一般公式。

Gregorian、Holzapfel 和同事们(见[GdSH89，TGH93])研究了当晶体受到的压力达到 8 GPa 时，$LaCl_3$ 中 Pr^{3+} 和 Nd^{3+} 的晶体场变化。相应的基质晶体结构变化由 X 射线衍射获得，这使得有可能用来估计组合坐标因子相应的变化。然而，即使使用 X 射线衍射的结果，仍不能够精确地确定替代离子 Pr^{3+} 的坐标变化，因为它们的离子半径不同于基质晶体中的那些 La^{3+} 的半径。

在 Gregorian 等(见[GdSH89])对 Pr^{3+}：$LaCl_3$ 加压的实验中，4 阶和 6 阶固有参数表现出对配位体距离的线性依赖关系，可以表示为

$$\bar{A}_k(R) = \bar{A}_k(R_0) + (R - R_0)d_k \tag{5.28}$$

考虑到局域畸变效应，测得的 6 阶晶体场参数确定了 $d_6 = -47(9)\ \mathrm{cm^{-1}\,Å^{-1}}$，$\bar{A}_6(R_0) = 16(2)\ \mathrm{cm^{-1}}$，其中 $R_0 = 2.95$ Å。可证明(见[GdSH89])这种距离依赖关系相应的幂律指数 $t_6 = 7.5(1.5)$。由于具有 C_{3h} 对称性的格位只有一个 4 阶晶体场参数，因此距离对 4 阶固有参数的依赖性确定得不是很好。没有校正局域畸变，

Gregorian 等还获得 $\bar{A}_4(R_0)=38(2)\ \mathrm{cm}^{-1}$，$t_4=7(2)$，相应（5.28）式中的 $d_4=-110(10)\ \mathrm{cm}^{-1}\mathrm{\AA}^{-1}$。Tröster 等（见[TGH93]）最近确定了 Pr^{3+}：$LaCl_3$ 和 Nd^{3+}：$LaCl_3$ 的固有参数和幂律关系，对于这两种体系，$\bar{A}_4(R_0)=30(4)\ \mathrm{cm}^{-1}$，$t_4=6(2)$，$\bar{A}_6(R_0)=18(2)\ \mathrm{cm}^{-1}$，$t_6=5.5(2)$。

Gregorian 等（见[GdSH89]）发现在压力变化过程中，Pr^{3+}：$LaCl_3$ 的 $A_{20}\langle r^2\rangle$ 有一个最小值。这个最小值很难用叠加模型来解释。他们认为，这种情况下叠加模型的失效是由于 2 阶贡献的长程性质造成的。通过与第 7 章中讨论的 2 阶自旋哈密顿参数对比而提出的另外一种解释是用关联晶体场贡献间的竞争来解释最小值（见第 6 章）。

5.6 固有参数的分析与解释

对确定较好的唯象晶体场参数的叠加模型分析具有几个作用。首先，它们对叠加模型本身的准确性提供了有效的测试。与其他的实验证据一起，可评估忽略长程贡献的合理性。其次，可分析固有参数的推定值来确定它们对距离和配位体的依赖性。它们提供了有用的输入数据，用于验证其他模型如角重叠模型（见 5.6.2 节）的合理性。

为了对固有参数做进一步的分析，将它们与单个开壳层电子能量 e_m（m 是磁量子数）联系起来常常很有用，f 和 d 电子所需要的方程已在 1.7.1 节中给出，将 B_k 全部替换为 $\bar{B}_k$，则可得到固有参数表达式。

5.6.1 用 2 阶晶体场参数分离静电贡献

在 f 壳层电子情况下，静电作用对离子晶体中的 4 阶和 6 阶（即 $k=4,6$）晶体场参数的贡献是很小的（见第 1 章）。在这些贡献都被忽略的近似下，（1.29）式可以用来估计静电作用对 2 阶晶体场参数的贡献。这种方法是基于注意到共价、重叠及交换作用对 e_2 和 e_3 贡献的消失，如第 1 章所述。因此，忽略了静电作用对应于（1.29）式中 $e_2=e_3=0$。

由这种简化，用固有参数取代顶部带有“-”的符号，则（1.29）式可以写为

$$\left.\begin{aligned}\bar{B}_0^{\mathrm{c}}&=(1/7)(e_0+2e_1)\\\bar{B}_2^{\mathrm{c}}&=(5/14)(2e_0+3e_1)\\\bar{B}_4&=(3/7)(3e_0+e_1)\\\bar{B}_6&=(13/70)(10e_0-15e_1)\end{aligned}\right\}\tag{5.29}$$

其中,上角标"c"(表示"contact")表明被忽略的静电贡献预期对0阶和2阶参数有重要贡献。

从(5.29)式中的固有参数表达式中消去 e_0 和 e_1,将得到下面的表达式,其综合了共价、重叠和交换作用对2阶固有参数的贡献:

$$\left.\begin{aligned}\bar{B}_2^c &= \frac{5}{11}\left(2\bar{B}_4 - \frac{7}{13}\bar{B}_6\right)\\ \bar{A}_2^c &= \frac{40}{11}\left(\bar{A}_4 - \frac{7}{13}\bar{A}_6\right)\end{aligned}\right\} \tag{5.30}$$

如第1章所述,由共价、重叠及交换作用对固有参数的纯贡献是正值。表5.6表明至少在无水氯化物中 $\bar{B}_4$ 和 $\bar{B}_6$ 均为正值,大小的数量级也相似。这样,预期 $\bar{B}_2^c$ 小于 $\bar{B}_4$ 的3/4。实际上,表5.6中大多数 $\bar{B}_2$ 值都大于这个值。因此2阶晶体场参数的确包含重要的静电贡献。一般地,这种贡献比共价、重叠和交换贡献具有更长的距离范围,因此将不满足叠加模型中只有配位体对晶体场贡献的假设。

给出可靠的4阶和6阶固有参数值,则静电对唯象晶体场参数的贡献可以用下式估计:

$$B_q^2(\text{静电}) = B_q^2(\text{观测}) - \sum_L \bar{B}_2^c(R_L)g_{2g}(\theta_L,\varphi_L) \tag{5.31}$$

对 Stevens 参数也有一个相似的方程。在(5.31)式中,固有参数 $\bar{B}_2^c$ 是使用由唯象晶体场参数确定的 $\bar{B}_4$ 和 $\bar{B}_6$ 的值通过(5.30)式来计算的。

5.6.2　角叠加模型

化学家(如 Urland[Url78])常以 σ 和 π 键的形式来表述前面章节的分析,各自键能被确定为

$$e_\sigma = e_0,\quad e_\pi = e_1$$

从(5.29)式中消去 $\bar{B}_2^c$ 和 $\bar{B}_0^c$,则对f电子

$$\left.\begin{aligned}e_\sigma &= (7/143)(13\bar{B}_4 + 2\bar{B}_6)\\ e_\pi &= (14/249)(13\bar{B}_4 - 9\bar{B}_6)\end{aligned}\right\} \tag{5.32}$$

这给出了另外一种叠加模型的途径,其中只包含两个参数,并且全部忽略了静电贡献。

这种方法的一个特别版本被称为角叠加模型,这是由于参数 e_σ,e_π 对距离的依赖性与磁性离子开壳层态和配位体外部闭壳层s,p轨道间的计算重叠积分的距离依赖有关。这导致了方程[NSC70]

$$\left.\begin{aligned}e_\sigma &= a_0\langle f_0 \mid p_\sigma\rangle^2 + a_s\langle f_0 \mid s\rangle^2\\ e_\pi &= a_1\langle f_1 \mid p_\pi\rangle^2\end{aligned}\right\} \tag{5.33}$$

其中,下脚标 σ 和 π 区分了配位体外壳层p轨道的方向,a_0,a_s 和 a_1 为数值系数。

角叠加模型较点电荷模型提供了一种更加实际的处理配位体距离依赖效应的方法(见[NSC70])。然而,为了估计 a_0,a_s 和 a_1 3 个系数值,实际上必须进行额外的理论假设。计算重叠积分的引入意味着表明单纯使用唯象模型的优点已经丧失。

5.6.3 核四极矩场和 2 阶晶体场间的关系

把静电作用从 2 阶晶体场参数中分离出来的另外一种方法是基于核四极矩分裂参数观测值,常用 Q_2^q 表示。核子的四极矩场不受共价和重叠效应的影响,因此其起源可以认为是单纯的静电作用。然而,它受屏蔽效应影响,这与那些改变开壳层电子附近静电场的作用完全不同。这种差异可通过引入一个屏蔽比率 α 而考虑进来,α 定义为

$$\alpha = \frac{-\langle r^2 \rangle (1-\sigma_2)}{2Q_N(1-\gamma_\infty)} \tag{5.34}$$

其中,γ_∞ 被认为是斯特恩海默核反屏蔽因子,σ_2 为对开壳层电子的静电屏蔽因子。Q_N 为核四极矩动量,$\langle r^2 \rangle$ 为开壳层电子 r^2 的期望值。σ_2 的范围是 0~1,具有减小开壳层电子所能看到的净电场的作用。另一方面,斯特恩海默因子 γ_∞ 较大并且为负值,具有放大核子处静电场核四极矩的作用。镧系离子所有的这些因子及 $\langle r^2 \rangle$ 都由第一性原理计算过了(见[SBP68,AN78,AN80]),但是这种计算有很大的不确定性,给出的 α 确定值也是很差的。

观测到的第 2 阶晶体场参数可写为

$$B_q^2 = B_q^2(\text{共价,重叠和交换}) + B_q^2(\text{静电}) = \sum_L \bar{B}_2^c(R_L) g_{2q}(\theta_L, \varphi_L) + \alpha Q_2^q \tag{5.35}$$

给出计算 $\langle r^2 \rangle$,γ_∞ 和 σ_2 的不确定度,最恰当地,可认为(5.30)式、(5.34)式和(5.35)式一起,给出验证这种计算的一种方法。

5.7 叠加模型的价值及其局限性评估

固有参数的稳定性及它们对距离的依赖性为叠加模型的有效性提供了重要检验。忽略来自于远距离离子对晶体场参数的贡献的部分原因是基于这种贡献值随着距离(增加)而很快减小的假设,这由实验确定的幂律指数值得到了验证。

本章中总结的结果充分证明了叠加模型在分析 4 阶和 6 阶晶体场参数时的有效性。已经确定了很多磁性离子和配位体的固有参数和幂律指数,还发现一些配位体的这些数值与特定基质晶体无关。离子配位体如 F^-,Cl^-,Br^-,O^{2-} 和 S^{2-} 的一般的结果是固有参数值总是正值。当使用 Wybourne 归一化时,给定的离子配

位体的所有阶固有参数的大小是相似的。通常的情况是:对一给定系统,4 阶幂律指数大于 6 阶幂律指数。

虽然得到了一些 2 阶固有参数值,用叠加模型分析 2 阶晶体场参数通常比较困难。其中一个问题是除了对称性很低的情况外,仅有一个 2 阶参数(即 B_0^2)。克服这个问题的最好办法就是使用一给定磁性离子在多于一种基质中所确定的晶体场参数,如 5.4.2 节所述。

另外一个问题就是近邻对 2 阶参数的贡献常表现出强烈的相消,因此即使是在角坐标中较小的不确定性也会对组合坐标因子造成很大的影响。另外,晶格求和计算(如由 Hutchings 和 Ray[HR63]所完成的)间接表明了长程静电贡献很可能对 2 阶参数是很重要的。然而,要想做出有足够精度的计算,以用于补充标准的叠加模型分析,这是几乎没有希望的。

当不能获得 2 阶固有参数的实验值时,对处于离子晶体中的镧系和锕系离子最有效的方法就是使用(5.30)式,这从相关的 4 阶和 6 阶固有参数给出了估计的较低界限值,还给出了一种粗略和快速估计静电作用对 2 阶唯象参数贡献的方法。

(道格拉斯·约翰·纽曼　贝蒂·吴·道格)

第6章　电子关联对晶体场分裂的影响

如第2章所指出，从1960年以来，已收集了大量离子基质晶体中镧系离子的高精度光学吸收和发射谱。如第4章所述，对镧系离子一百多个最低能级的晶体场拟合通常较好。然而，对一些特别难以处理的多重态拟合却一直不佳，如Ho^{3+}的$^3K_8$多重态，Pr^{3+}的$^1D_2$多重态，及Nd^{3+}的$^2H_{11/2}$多重态。另外，一些晶体场参数拟合值在整个镧系系列中的变化不能从离子大小差异或格位畸变的离子依赖性来获得理解。

在对锕系及3d过渡金属离子能级拟合中也出现了单电子晶体场参数化中所出现的问题。然而，对于这些离子，表征这些问题并不像在镧系离子中那样简单。由于这个原因，本章主要集中分析镧系晶体场中单电子模型的特殊不足，但应将这种分析的概念理解为与所有磁性离子光谱有关。

拟合单电子晶体场参数中发现的一些困难会与使用不准确的自由离子基矢态相联系，这些态源于不完全的参数化自由离子哈密顿。这种不准确性产生了算符$C_q^{(k)}$（定义见3.1.1节）的中间耦合矩阵元数值的误差。在这些情况下，合适的方法是在自由离子哈密顿中包含更多的操作算符，如第4章所述。

然而，事实证明，在拟合单电子晶体场参数中的许多问题，包括本章开始提到的特殊例子，不能够与完全自由离子模型的不足联系在一起。因此，尽管标准的单电子晶体场参数化是成功的，但也必然存在一些基本错误。因此，将晶体场相互作用的单电子模型看成晶体中磁性离子开壳层能级晶体场分裂的一级近似是比较合适的。

6.1　单电子晶体场模型的一般化

单电子近似的不足说明观测到的磁性离子能级包含的信息比前面章节所述的方法所能提取的要多。一种不依赖于单电子晶体场模型的方法是延伸第1章介绍的公式进行从头计算。然而，导致的计算相当复杂，并包含许多近似（见[NN86a，NN87b，NN87a]），其仅能够通过与唯象分析的结果进行直接对比而被检验。因此，用从头计算替换唯象晶体场分析是行不通的。需要设法直接深入了解引起单电子晶体场模型不适用的物理过程，从而发展改进的唯象模型。

已提出了概念不同的两种方法：

(1) 在保留单电子晶体场概念的同时，在拟合中使用的基矢组扩展至包含激发组态，其中空壳层里有电子，基态满壳层中有空穴。每一类型的壳层内和壳层间的单电子矩阵元都引入了一组新的晶体场参数。原理上，以这种方式引入的附加组态(和参数)数目没有限制。然而，由于能级拟合的实际限制，经常通过对原始和附加晶体场参数组间关系进行从头计算，试图严格限制附加参数的数目。

(2) 保持相同的(开壳层)基矢组，在唯象晶体场中引入了附加有效算符，其线性独立于单电子算符。在这种情况下，对算符可能的阶数进行限制，保证所需附加算符的数目是有限的，但可能非常大。

6.1.1　选择最好的方法

Faucher 和 Moune 关于 $LiYF_4$:Pr^{3+} 的 4f6p 组态在基态 $4f^2$ 组态中混合效应的工作(见[FM97])给出了方法(1)的一个例子。哈特里-福克计算用来确定两种组态的相对能量，并对库仑积分的相对值进行约束。Faucher 和 Moune 证明，通过包括三个可能的 4f/6p 单电子晶体场参数，并允许两个库仑部分值自由变化，自由离子和晶体场参数拟合的均方差根可以减小两倍多，他们还提到对 U^{4+} 和 Nd^{3+} 能级的拟合也有类似的改进。

尽管 Faucher 和 Moune 的结果在形式上很好，但是他们并没有排除其他组态相互作用过程也可能有重要贡献。例如，从填充壳层激发 5p 电子至 4f 壳层产生的组态混合也有相似权重的贡献。由方法(1)的另外一个例子可进一步说明这个问题。Garcia 和 Faucher 已经研究了 Pr^{3+} 离子中允许 4f5d 组态混入到基态 $4f^2$ 组态的影响(见[GF89])，表明对多重态 $^1D_2$ 的拟合有了很大改善。

上面讨论的分析缺点是在每种情况下只考虑了一种可能的激发组态。实际上，许多激发组态可对单电子晶体场参数化的失效有贡献。试图通过包括许多其他激发组态来使分析更切实际，需要引入大量新的参数。

尽管这些考虑使我们对使用方法(1)的信心大打折扣，还有更一般的原因来否决它，这就是它是以从头计算约束和唯象参数化的混合。在第 1 章已经讨论过，这种杂化理论不可能清楚地给出关于物理过程本质假设的检验。

因此，本章剩余内容就仅集中于方法(2)，也就是寻找可能的办法，扩展用于作用在开壳层组态上的有效哈密顿的参数组。问题在于，寻找一个一般化的有效哈密顿，其在显著提高实验能级拟合的同时，还应只引入了切合实际数目的附加参数。如果引入的新参数太多，它们确定得可能很糟糕，以至于不可能对不同系统间得到的值进行有效的对比。而另一方面，过少的参数可能不允许正确表示物理上的重要的效应。

扩展参数组时,尽可能选择与原算符组正交的附加算符(见 A1.1.5 节)(见[New81, New82, JC84, JS84, Rei87a, Jnn89])很重要,这不仅保证了参数的线性独立性,也确保了扩展过程中单电子晶体场参数的原值不变。

6.1.2 多重态对晶体场的依赖性

处理拟合很糟的多重态参数化的一种简单方法是使用不同的,也就是依赖于多重态的晶体场参数。在多重态间隔较好且 LS 耦合是较好的近似时,与基于 6.2.4 节中所引入公式的更复杂方法相比,这种方法给出了完全相同的结果。它需要获得一些有足够多的子能级的多重态能级来确定晶体场参数。在应用依赖于多重态的晶体场方法时,存在几个可能的陷阱:

(1) 并不一定知道特别准确的自由离子哈密顿,其用于确定观测到的多重态 LS 耦合态的混合。结果是:确定的中间耦合约化矩阵元较差,以至于需缩放拟合晶体场参数值来补偿。

(2) 当不能很大地超定晶体场参数时(也就是晶体场参数数目与能级差别数目相近时),如拟合单个多重态常遇到的那种情况一样,在拟合空间中可能会发现伪最小值,进而导致伪参数值,拟合单一多重态时常常出现这种情况。

(3) 在格位对称性中,拟合空间存在多个真实最小值,多重态间的参数变化可能反映了隐含着选择不同的坐标系(见第 2 和第 4 章),而不是不同的晶体场分裂机制。

(4) 如 6.2.4 节讨论,可能有附加的阶数 k 达到 $4l$ 的有效晶体场参数。但在依赖于多重态的晶体场拟合中,迄今还没有考虑过阶数 $2l<k\leqslant 4l$ 的参数。

单个多重态拟合的主要优点是可以使用非常简单的程序如 ENGYFIT.BAS(见第 3 章和附录 2)。叠加模型(见第 5 章)可用来对是否已经得到和物理实际相符的参数进行后期检验。尤其是:叠加模型导致了预期相同阶数的晶体场参数比例对于所有的多重态都应该是相似的,不同基质晶体中配位体相同的磁性离子,它的同一多重态的固有参数值也应该相似。然而,虽然单个多重态拟合可对单电子模型在一特定磁性离子中达到失效的程度做出一些解释,但并没有给出预言其他磁性离子多重态行为如何的方法。

多重态依赖方法的主要实际应用是确定哪些阶数的唯象参数导致了特殊多重态拟合的困难。这将减少扩展唯象参数化所需参数的数目,如 6.2.4 节所述。

6.1.2.1 Ho^{3+} 离子

多重态依赖晶体场参数法已由 Pilawa(见[Pil91a, Pil91b])用在 5 种不同基质晶体中的 Ho^{3+} 晶体场分裂中,此项工作对可能遇到的问题以及通过拟合多重态依赖性参数所能获得的信息给出了一个很好的说明,尤其应注意 $^3K_8$ 和 $^5G_6$ 多重态。

对比 Pilawa 的关于锆石结构的 YVO_4 和 $YAsO_4$ 基质中多重态^5G_J，^5F_J 和^3K_J 的结果（见[Pil91b]）可以给人以很大的启发。Pilawa 注意到（$k=4,q=4$）、（$k=6,q=0$）的拟合参数通常是很好地限定的，而其他晶体场参数却可变化很大，但却不产生大的拟合差别。

（$k=4,q=4$）的参数对所有低^5F_J 多重态明显是常数，但对所有的^5G_J 和^3K_J 多重态却具有十分不同的值。（$k=6,q=0$）的参数在所有的^5F_J 和^5G_J 多重态内变化很小，但在多重态$^3K_8$ 和$^3K_7$ 中却有大得多的值。因此 Pilawa 的分析证实了阶数为 4 和 6 的晶体场参数具有重要的反常晶体场贡献。进一步说，6 阶贡献只对^3K_J 多重态能级具有重要影响，这表明 6 阶贡献对总自旋比较敏感。

Pilawa 得出了多重态$^5G_6$（$k=2,q=0$）参数的高反常值（见[Pil91b]）。这可以归因于^5G_J 多重态非常小的 LS 耦合约化矩阵元，导致了它们对自由离子波函数中的误差非常敏感。结果是：Pilawa 的分析并没有对反常晶体场的 2 阶重要贡献提供结论性依据。

6.2　晶体场概念的一般化

在引入形成后续章节的数学处理基础的基本唯象方法前，这节我们讨论一些似是而非的关联效应物理模型。从纯形式观点看，仅有两种方法来一般化自旋无关各向异性单电子算符：引进单电子算符的自旋依赖性，或者引进双电子相互作用的各向异性成分。

6.2.1　相对论晶体场

晶体场自旋依赖的一种可能起因是配位体对各向同性的自由离子旋-轨耦合的影响。这种类型的自旋依赖性可以用各向异性旋-轨耦合来表述。就像旋-轨耦合本身一样，这是一种相对论效应，因此称其为相对论晶体场是合适的（见[Wyb65b,CNT73]），而不是各向异性旋-轨耦合。然而，除了对轨道角动量为 0 的基态分裂有重要贡献外（在第 7 章中讨论），其影响经常可以忽略。

6.2.2　自旋关联

依赖自旋的单电子算符的另外一种形式与电子自旋间的有效相互作用类似，这种有效相互作用出现在固体中磁性离子间的所谓的“交换作用”理论中。可证明，形式为 $\mathbf{s}_i \cdot \mathbf{s}_j$ 的相互作用等价于考虑不同磁性离子间未配对电子 i 和 j 间的库仑交换作用。类似地,可证明各向异性交换作用对给定开壳层内电子间库仑交换作用的贡献等价于下列形式的有效操作算符:$\boldsymbol{s}_i \cdot \boldsymbol{s}_j (V_i + V_j)$,其中 V_i,V_j 是单电子势函数。

所得的"自旋关联晶体场"可以用依赖于磁性离子上各个电子自旋的相对方向以及总自旋方向的单电子晶体场来表述(见 6.3.3 节和[New70, New71, Jud77a])。可证明,自旋关联晶体场也等价于 6.2.4 节介绍的特殊类型各向异性双电子相互作用(见(6.9)式及[SN83])。

除各向异性交换作用外,电子自旋沿磁性离子总自旋方向排列还能够以其他两种方式影响配位体和开壳层电子间的相互作用:

(1) 自旋方向与总自旋方向相反的开壳层电子波函数可以用自旋与总自旋方向平行的电子波函数展开。

(2) 在(1.9)式中的能量分母依赖于单电子态的相对自旋排列。

事实证明(见[NSF82]),半填满情况下,6 阶晶体场参数急剧变化时,(1)可能会给出错误符号(表 2.6 显示了对固有参数的相应影响)。然而,观测到的变化大小及符号都可以用能量分母的变化来解释,证明可能性(2)为主要物理机制。在 6.3.3 节中将进一步深入讨论自旋关联晶体场。

6.2.3 配位体极化效应

众所周知,库仑作用对磁性离子光学光谱总分裂起主要作用,但在磁性离子替代进入离子晶体时,库仑相互作用就减小了。此外,这些减小的幅度依赖于配位体类型。无论涉及什么类型的磁性离子,减小量定义了所谓的电子云重排系列。在镧系和锕系情况下,则通过观测与自由离子值相关的 2 阶 Slater 参数 $F^{(2)}$(见[Jor62, GS73, New77a, NNP84])的减少量来定义此系列。这些减小量与观测光谱的"红移"相对应,满足下面的不等式:

$$0 < F^- < O^{2-} < Cl^- < Br^- < I^- < S^{2-} \tag{6.1}$$

已用电子云重排术语(电子云膨胀)来描述这些减小量,这是基于下面的假设:由真实开壳层波函数定义的"电荷云"的共价依赖性膨胀引起的电子-电子(或库仑)排斥作用的减小。然而,这种假设与光谱化学系列的表达的共价大小次序显然是矛盾的(见 5.2.1 节)。实际上,最可能的是观测到的库仑相互作用减小量主要是由配位体电荷云的屏蔽引起(见[New73c, New74])。此与这些减小的幅度和配位体极化性间在实验上的相关性是一致的(见[New77a])。

与晶体场分裂值相比,所观测到的因电子云重排而引起的镧系和锕系离子光谱收缩是很大的,这本身并不意味着配位体极化对晶体场有很大贡献,因为这种收缩是由于各向同性参数的变化而引起的。然而,产生这种极化配位体环境是各向异性的,因此必然诱导出一些各向异性电子-电子相互作用。配位体极化性和 4 阶自旋哈密顿参数间的实验关联，提供了重要的各向异性配位体极化贡献的间接证据，如7.4.2节所讨论。

Denning等的工作(见[DBM98])提供了配位体极化贡献对关联晶体场很重要的直接证据。在对钾冰晶石晶体中配位体为卤化物的铽进行单电子晶体场参数拟合时，发现百分比偏差按F<Cl<Br的顺序递增。此顺序与配位体极化性的增加相对应(如上所指出)，但对应降序的重叠和共价贡献，如Denning等得到的参数值所证明的那样(见[DBM98])，光谱化学系列也是这样(见5.2.1节)。因此对[DBM98]中给出的结果，唯一合理解释就是配位体极化对关联晶体场做了很大的贡献。这没有在现有的从头计算(见[NN87b])中反映出来，因为它们所根据的公式(见[NN87a])并没有包含全部的配位体极化效应。

Newman等已经阐明了配位体极化对库仑相互作用各向异性屏蔽贡献的简化唯象模型(见[New77c])。尽管还必须对这种模型进行检验，但仍可清晰看出必须把任何贡献都看做是对自旋关联晶体场的附加作用。

6.2.4　关联晶体场

已提出对单电子晶体场模型的几种扩充，包括轨道关联晶体场(见[YN87])和Judd的δ函数模型(见[Jud78])，在6.3.4节将对此做更加详细的讨论。然而，已可清楚地看出，也就是没有一个基于特殊机制的模型可解释所有已知的单电子自旋无关晶体场势不足的情况。

由于并不清楚对反常晶体场贡献的主要机制，所以有必要引入各向异性双电子相互作用的全参数化，这将被称为关联晶体场。既可将它视为单电子晶体场的一般化，也可将它视为开壳层电子间各向同性库仑作用一般化。

两个电子相互作用必然是“电荷结合不变性”，也就是对于两个电子或者两个空穴相互作用的符号相同。相反，当一个电子被一个空穴替代时，单电子相互作用将会改变符号。这种相对符号差异说明，两个电子相互作用会在诸如具有f^N和$f^{(14-N)}$开壳层组态的磁性离子的晶体场分裂中产生系统差异。

关联晶体场一般表达式的主要问题是描述它需要大量的参数——远远超出了由拟合光谱所能确定的参数数目。为了给出关于这个问题的一些思想，图6.1给出了f^N(镧系或者锕系)组态下各种唯象晶体场间的关系以及每种类型参数化所需的参数数目。

在没有对称操作的格位，有637个关联晶体场参数，也就是单电子参数数目的20多倍。对于任意位置对称性，单电子晶体场参数和关联晶体场参数数目间的比例大致相同。当前，并没有通过拟合光学光谱来确定完整的唯象关联晶体场参数的实用方法，必须做出一些近似。减少拟合参数最明显的方法是使用叠加模型。然后，相应于$C_{\infty v}$对称性，需要43个关联晶体场固有参数(包括三个单电子固有参数)。甚至用现有的实验光谱来拟合这 40 个附加参数也是行不通的。况且,假如每一个固有参数与不确定的距离依赖关系相关,那么实际上将需要比 40 还多的参数。正是由于这个原因,迄今对确定关联晶体场参数的工作是使用物理论证或者仅通过"以往经验"来减少拟合参数的数目。

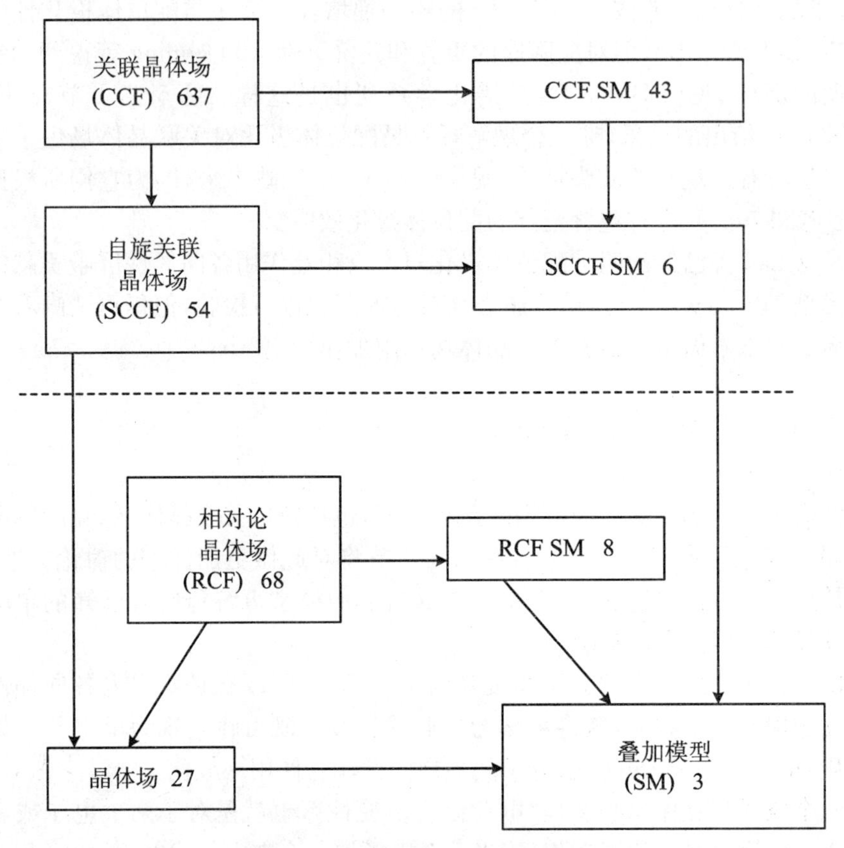

图 6.1 唯象晶体场参数化体系

每一个方框内给出的参数数目与没有对称性限制的情况相对应,方括号内的数目与立方对称性下的参数数目相对应。各种形式的叠加模型情况下,对称性必然是轴对称的(不包括幂律指数)。注意,自旋关联晶体场仅是一个减少唯象参数数目的可能模型的例子,可代入配位体极化、δ 函数模型或其他模型。

6.3 全参数化

虽然在概念上还没有理解产生关联晶体场主要贡献的物理机制,但还是可以直接用公式来表述其完全的唯象参数化,仅需要得到一个完整的厄米、时间反演不变的双算符(见[New71])。要做到这一点,最明显的办法就是构建两个单位张量

算符 $\boldsymbol{U}_q^{(k)}$(由附录 1 定义)的乘积,其中每一个都作用在不同电子上。通过这种方法构建得到的关联晶体场哈密顿为

$$H_{\mathrm{CCF}} = \sum_{k_1 k_2 q_1 q_2} B_{q_1 q_2}^{k_1 k_2} \sum_{i>j} \boldsymbol{U}_{q_1}^{(k_1)}(i) \boldsymbol{U}_{q_2}^{(k_2)}(j) \tag{6.2}$$

单位张量可被耦合以给出明确的总角动量操作算符,如下所示:

$$H_{\mathrm{CCF}} = \sum_{k_1 k_2 k q} B_q^k(k_1 k_2) \sum_{i>j} (\boldsymbol{U}^{(k_1)}(i) \boldsymbol{U}^{(k_2)}(j))_q^{(k)} \tag{6.3}$$

相对于 $\boldsymbol{U}_{q_1}^{(k_1)} \boldsymbol{U}_{q_2}^{(k_2)}$ 算符乘积,(6.3)式具有耦合操作算符选择定则更加明显的优点。对 q 的限制与单电子晶体场参数化中相似,在第 2 章和附录 1 中将对此讨论。Newman(见[New71])、Wang 和 Stedman(见[WS94])等详细讨论了对 k_1,k_2 和 k 的相关限制。简单地说,k_1 和 k_2 必须小于或等于 $2l$,k 小于或等于 $4l$,k_1+k_2 必须为偶数,当 $k_1=k_2$ 时,k 也必须为偶数。k 并非总要求为偶数,但是其他限制排除了 $k=1$ 的任何操作算符。注意在 f^N 组态下,k 值可以达到 12。

(6.2)式和(6.3)式中给出的参数化具有算符不正交的缺点(见 A1.1.5 节)。然而,这个问题可以通过改变自旋单态和自旋三重态的双电子矩阵元的相对权重来克服。在计算矩阵元时,使用 Racah 的"母群" Sp_{14},SO_7 和 G_2 等(见[Jud63,CO80])的群论特点非常有用。Judd(见[Jud77b])给出了与整个完备 f^N 基矢组正交的关联晶体场算符的计算规则,其利用了 Racah 群。可用 Judd 的算符 $\boldsymbol{g}_{iq}^{(k)}$ 将关联晶体场哈密顿改写为

$$H_{\mathrm{CCF}} = \sum_{ikq} G_{iq}^k \boldsymbol{g}_{iq}^{(k)} \tag{6.4}$$

(6.3)式和(6.4)式具有相同数目的参数,我们可以在两个参数组 $\{B_q^k(k_1 k_2)\}$ 和 $\{G_{iq}^k\}$ 间进行变换。可通过 A3.2 节中介绍的程序进行这种转换。

注意到 $\boldsymbol{g}_1^{(k)}$ 为单电子算符,正比于单位张量算符 $\boldsymbol{U}^{(k)}$。Reid(见[Rei87a])提出了对算符 $\boldsymbol{g}_2^{(k)}$ 做小的改动以使它们与传统的单电子晶体场算符正交。本章中将使用这些改进的操作算符,表示为 $\boldsymbol{g}_2'^{(k)}$。

6.3.1　叠加模型的局限性

叠加模型或许可应用于关联晶体场的参数化。与单电子情况类似(见第 5 章),在 z 轴上 R_0 处,单配位体的 $q=0$ 的参数称为固有参数($\bar{B}^k(k_1 k_2)$ 或者 $\bar{G}_i^k$)。那么这个参数可以写为

$$B_q^k(k_1 k_2) = \sum_L \bar{B}^k(k_1 k_2)(-1)^q C_{-q}^{(k)}(L) \left(\frac{R_0}{R_L}\right)^{t_{k_1 k_2 k}} \tag{6.5}$$

或者

$$G_{iq}^k = \sum_L \bar{G}_i^k (-1)^q C_{-q}^{(k)}(L) \left(\frac{R_0}{R_L}\right)^{t_{ik}} \tag{6.6}$$

在写这些表达式中，我们没有假设幂律指数 $t_{k_1k_2k}$ 或 t_{ik} 与单电子指数 t_k 相同，也没有假设对给定 k 它们是确定的。

只有当 $C_{\infty v}$ 的恒等不可约表示包含在 O_3 不可约表示 k^+ 中时，固有参数值才是非零值(因为关联晶体场哈密顿具有偶宇称)。在 k 为偶数时，这是唯一的情况。因此，与单电子晶体场情况相反，叠加模型具有比厄米和时间反演联合对称性更加严格的限制条件。

6.3.2 第一性原理计算和模型

假如关联晶体场参数数目很大，那么在拟合观测光谱过程中，就必须采取一定的步骤来极大地减少所使用的参数数目。除在 6.2 节中描述的模型外，从头计算在减少拟合参数数目中提供了有用的指导。

从第一性原理计算关联晶体场效应方面已经做了一些不同尝试。Ng 和 Newman已进行了最全面的计算(见[NN87b])。这些计算假设叠加模型是合理的，因此没有给出奇数阶参数的信息。[NN87b]中表 XIV 表明：

(1) $k>6$ 的参数预计很小。

(2) 预计其中一些参数较其他参数大很多。

尽管这些从头计算的结果是有用的，但它们自身并不能减少晶体场参数数目到以至于可以操作的程度。到此结尾，我们来考虑自旋关联晶体场和 δ 函数模型。

6.3.3 自旋关联晶体场

在 6.2.2 节中已经讨论了自旋与总自旋平行和反平行电子的晶体场参数间能量差的起源。这可以用唯象自旋关联晶体场(SCCF)哈密顿表示为

$$H_{\mathrm{SCCF}}=\sum_i \boldsymbol{S}\cdot\boldsymbol{s}_i V_s(i) \tag{6.7}$$

其中，$V_s(i)$为作用在第 i 个电子上的势，可以用与晶体场势 V_{CF} 完全一样的方法用张量算符展开，即

$$V_s(i)=\sum_{k,q} a_{kq} C_q^{(k)}(i) \tag{6.8}$$

在 8.3.3 节中给出了一种计算算符 $\sum_i \boldsymbol{S}\cdot\boldsymbol{s}_i C_q^{(k)}(i)$ 的矩阵元的方法。

在(6.7)式中出现的自旋关联晶体场算符也可以用较小子集 $\boldsymbol{g}_{iq}^{(k)}$ 算符来写出(见[Rei87a])，即

$$\sum_i \boldsymbol{S}\cdot\boldsymbol{s}_i C_q^{(k)}(i)=\left(\frac{7-N}{8}\right)\boldsymbol{g}_1^{(k)}-\frac{\sqrt{30}}{8}\boldsymbol{g}_2'^{(k)}+\frac{\sqrt{330}}{8}\boldsymbol{g}_3^{(k)} \tag{6.9}$$

其中，$k=2,4,6$，N 为 f 电子数。然后就可以使用标准的方法来计算算符 $\boldsymbol{g}_{iq}^{(k)}$ 的矩阵元(见 A3.2 节)。

与用于确定单电子晶体场参数数目一样，同样的格位对称性考虑也可以用于自旋关联晶体场。因此，自旋关联的引入使得非零的唯象参数数目增加了一倍。假设相关坐标因子相同，预计自旋关联晶体场相同阶数间的参数比值应和单电子晶体场一样，是完全相同的。当然，这种预计的准确度依赖于自旋关联晶体场固有参数对距离的依赖性，这与晶体场固有参数非常相似。如果这种近似正确，那么就允许自旋关联晶体场以参数比率形式表示为

$$c_k = a_{kq}/B_q^k \tag{6.10}$$

对镧系和锕系，$k=2,4,6$，对于 3d 过渡金属离子 $k=2,4$。拟合参数数目增加较少，使得对光学光谱的大多数晶体场拟合中包括 c_k 是实际可行的。Judd（见[Jud77a]）验明了几种考虑 c_k 可以改善拟合的情况，并提出这些参数应该一般地包含在由光学光谱确定的能级拟合中。Crosswhite 和 Newman（见[CN84c]）说明了 c_6 值约为 0.15，可解释 $Ho^{3+}:LaCl_3$ 的 $^3K_8$ 多重态的异常晶体场分裂以及半填满下三价镧系离子 6 阶参数值的突变（见表 2.6）。这相对 6.1.2 节的多重态依赖参数化是一个很大的提高，加入一个单参数消除了晶体场拟合过程中的大多数异常情况。

6.3.4　f 电子的 δ 函数模型

Judd（见[Jud78]）引进了一种模型，这种模型较自旋关联晶体场引入了稍多数量的 $\boldsymbol{g}_i^{(k)}$ 算符。这种模型被称为 δ 函数模型，其基于这样的假设：两个 f 电子与给定配位体在表示为 $\boldsymbol{R}'_L$ 的单一点（这个点位于磁性离子和配位体之间）处相互作用，这种相互作用可以写为

$$H_\delta = -A\delta(\boldsymbol{r}_i - \boldsymbol{R}'_L)\delta(\boldsymbol{r}_j - \boldsymbol{R}'_L) \tag{6.11}$$

其中，A 为待拟合参数，$\boldsymbol{r}_i$ 和 $\boldsymbol{r}_j$ 为 f 电子位置。重视这种模型的理由是：屏蔽效应趋向于减小库仑作用范围。（6.11）式中的算符可以用子集的 $\boldsymbol{g}_i^{(k)}$ 算符写出，$i=1$，2，3，10。Lo 和 Reid（见[LR93]）及 McAven 等（见[MRB96]）已详细讨论了这个问题。从头计算（见[NN87b]表 XIV）预计与这些算符相联系的参数十分大。

如果所有的半径部分都处理为参数，模型哈密顿可以写为

$$H_\delta = \sum_{kq} D_q^k \delta_q^{(k)} \tag{6.12}$$

其中，k 为 2～12 间的所有偶数。算符 $\boldsymbol{\delta}_q^{(k)}$ 可以从 McAven 等的表中得到（见[MRB96]）。例如，$k=4$ 的算符给出为

$$\boldsymbol{\delta}_q^{(4)} = -\frac{21\sqrt{105}}{2\sqrt{11}}\boldsymbol{g}'^{(4)}_{2q} + \frac{63\sqrt{105}}{22}\boldsymbol{g}^{(4)}_{3q} + \frac{84\sqrt{42}}{\sqrt{715}}\boldsymbol{g}^{(4)}_{10Aq} + \frac{8232\sqrt{3}}{11\sqrt{1105}}\boldsymbol{g}^{(4)}_{10Bq} \tag{6.13}$$

这里我们忽略了单粒子部分（$\boldsymbol{g}^{(4)}_{1q}$），因为它被单电子晶体场吸收了。

6.3.5　d电子强晶体场参数化

已经从一种完全不同的角度研究了处理部分填充3d壳层磁性离子的关联晶体场效应，并仅考虑了具有立方位置对称性的体系。Griffith(见[Gri61])给出了一个公式，区分开了由立方对称性中 e_g 和 t_{2g} d轨道所构成的10种库仑积分。由于它明确地用各向异性库仑积分表达，故被认为是强晶体场参数化。

强晶体场参数化不依赖于所包含的物理机制的任何假设，因此可以与上面所发展的关联晶体场参数化相联系。Ng和Newman(见[NN84])列出了这两种参数化的变换系数，并给出了适合于自旋关联晶体场和配位体偶极子极化模型的参数约束。他们还说明了双电子对立方(单电子)晶体场参数($\Delta=10D_q$)的贡献可以表示为6个各向异性库仑积分的线性叠加。

事实上，对于3d过渡金属离子，可确定的能级相当少，不可能用这些能级拟合10个附加参数。因此，Ng和Newman(见[NN86b])尝试着用一些氟化物 $MnCl_2$、$MnBr_2$、MnI_2 中的 Mn^{2+} 离子光学光谱来拟合单一自旋关联晶体场参数 c_4(见6.3.3节定义)。然而，得到的结果并不能充分确定在d电子系统中自旋关联效应是否重要。

6.4　参数拟合

为了完全地验证关联晶体场模型，需要使用大的数据组(最好超过100个观测能级)进行拟合，并且也要对自由离子哈密顿进行完善处理，以使得拟合不会由于原子间相互作用(见第4章)的表示很差而被歪曲。一些特殊情况下，对较小的数据组进行拟合也有一定价值，但通常它们是没有意义的。如果仅用少量能级进行拟合，那么算符 $\boldsymbol{g}_i^{(k)}$ 在数据组内将不会正交，甚至还可能是线性相关的。这导致很差的收敛拟合，拟合出的参数也几乎没有价值，因为发现使用很多不同参数组可以对数据拟合得同样好。

Nd^{3+} 光谱的拟合特别有趣，因为很容易观测达到40000 cm^{-1} 的能级，但仅缺少包括16个Kramer双重谱线的4个多重态。因此一些研究，如Carnall对 Nd^{3+} : $LaCl_3$(见[CGRR89])、Burdick对 Nd^{3+} : YAG(见[BJRR94])，对 $4f^3$ 组态的160多个可能的能级的拟合超过了140个。

大多参数化工作集中于试图提高对 Ho^{3+}，Nd^{3+}，Pr^{3+} 和 Er^{3+} 等光谱中一些有特定“问题”的多重态(如本章开始部分所提及的)的拟合。这已给出了哪些算符是重要的几个线索。

自旋关联晶体场模型(见[CN84c])对 $LaCl_3$ 中的 Ho^{3+} 和 Gd^{3+} 离子一些特定能级的拟合有了显著的改善。Reid(见[Rie87a])辨别了在自旋关联晶体场参数化中由(6.7)式～(6.9)式定义算符中哪些算符对这些改进是有用的。在这些可能的算符中,发现 $g_{3q}^{(6)}$ 最重要。

已经对 Nd^{3+} 进行了大量研究。Faucher 和它的同事们(见[FGC+89, FGP89])指出,按照 6.1.2 节中多重态依赖于晶体场方法的精神,可以通过(任意地)修改单电子晶体场算符 $C^{(4)}$ 的约化矩阵元来提高大约在 16000 cm^{-1} 处的 $^2H_{11/2}$ 多重态的较差拟合。Nd^{3+} 的 $^2H_{11/2}$ 多重态的 $C^{(4)}$ 算符约化矩阵元非常小,因此对自由离子拟合的好坏非常敏感。

Li 和 Reid(见[LR90])指出, Nd^{3+} 的 $^2H_{11/2}$ 多重态的算符 $\boldsymbol{g}_{10A}^{(4)}$ 和 $\boldsymbol{g}_{10B}^{(4)}$ 的约化矩阵元较大,并且使用这些算符进行了拟合。他们还发现 $\boldsymbol{g}_2^{(4)}$ 算符对改善其他一些多重态的拟合很有效。在拟合过程中,Li 和 Reid 固定了具有不同 q 值的关联晶体场参数比值作为单电子晶体场参数。因此,

$$H_{\mathrm{CCF}} = \sum_{ik} G_i^k \left(\boldsymbol{g}_{i0}^{(k)} + \sum_{q \neq 0} \boldsymbol{g}_{iq}^{(k)} \frac{B_q^k}{B_0^k} \right) \tag{6.14}$$

其中,B_q^k/B_0^k 取自于前面的拟合。这是基于叠加模型的思想,用来减少自由变化参数的数目,还应认为是一种近似,如果可能应放宽这种约束。

表 6.1 对比了 Burdick 等(见[BJRR94])对 Nd^{3+}:YAG 光谱在包含和不包含额外关联晶体场参数 G_2^4,G_{10A}^4 和 G_{10B}^4 下的拟合。表 6.2 对一些选定的多重态进行了观测与拟合能级的对比。通过包括关联晶体场参数,$^2H_{11/2}$ 多重态的拟合有了很大改善,然而对 $^4G_{5/2}$ 能级拟合改善很小。通常,附加算符改善了"问题"多重态的拟合,而不扰乱光谱其他部分的拟合。

表 6.1　从 Nd:YAG 能级数据(见[BJRR49])的晶体场和关联晶体场分析得到的参数(单位:cm^{-1})

参数^a	CF		CF + CCF	
E_0	24097	±11	24095	±6
F^2	70845	±156	70809	±78
F^4	51235	±338	51132	±175
F^6	34717	±145	34819	±71
α	21.1	±0.4	20.8	±0.2
β	−645	±19	−629	±10
γ	1660	±43	1656	±22
T^2	345	±57	366	±29
T^3	46	±7	46	±3
T^4	61	±9	66	±5

续表

参数[a]	CF		CF + CCF	
T^6	−272	±17	−270	±8
T^7	318	±30	324	±15
T^8	271	±38	307	±18
ζ	876	±4	873	±2
M^0	1.62	±0.41	1.76	±0.22
M^2	$0.558M_0$		$0.558M_0$	
M^4	$0.377M_0$		$0.377M_0$	
P^2	107	±85	209	±44
P^4	$0.75P_2$		$0.75P_2$	
P^6	$0.50P_2$		$0.50P_2$	
B_0^2	−405	±29	−387	±15
B_2^2	179	±25	172	±12
B_0^4	−2823	±84	−2766	±45
B_2^4	540	±93	529	±45
B_4^4	1239	±67	1275	±36
B_0^6	955	±101	972	±51
B_2^6	−390	±87	−333	±45
B_4^6	1610	±56	1611	±27
B_6^6	−281	±78	−229	±39
G_2^4[b]	—		−804	±135
G_{10A}^4[b]	—		1290	±80
G_{10B}^4[b]	—		609	±108
N[c]	144		144	
n[d]	25		28	
σ[e]	31.1		15.3	

a 参数符号依照第 4 章；

b 关联晶体场参数，其参数比值受约束情况与(6.14)式一样；

c 在参数数据分析中使用能级的总数目；

d 自由变化参数的总数目；

e 最小二乘法能级拟合中计算的标准偏差(单位：cm^{-1})。

表 6.2　Nd^{3+}:YAG 实验能级与表 6.1(见[BJRR94])中给定的拟合参数计算能级的比较

多重态	实验值	仅 CF	Δ	CF+CCF	Δ
$^2H_{11/2}$	15741	15862	−121	15757	−16
	15831	15882	−51	15842	−11
	15865	15909	−44	15864	1
	15950	15920	30	15945	5
	16088	16005	83	16087	1
	16104	16022	82	16119	−15
σ			75		10
$^4G_{5/2}$	16842	16864	−22	16848	−6
	16982	16982	0	16984	−2
	17038	17057	−19	17071	−33
σ			17		19

能级偏差用 Δ 表示,对于多重态的均方差根用 σ 表示。所有量的单位都为 cm^{-1}。

注意到关联晶体场参数与单电子晶体场参数的比值看起来很大。然而,关联晶体场算符是不同的归一化。为了合理地比较,B_q^k 应该乘以约 $14\times(12/77)^{1/2}$ (≈5),这表明关联晶体场比单电子晶体场小很多。

表 6.3 总结了 $k=4$ 时单电子和双电子晶体场参数的比值。所有的比值都接近于 Ng 和 Newman(见[NN86a])由从头计算得到的值。它们也与 Judd 的 δ 函数模型(见(6.13)式)预计的结果相似。对各种化合物中 Nd^{3+} 光谱的其他拟合也得到了相似的比值(见[LR90])。

表 6.3　选列的 Nd^{3+} 参数比值,它们相对于 $-G_{10A}^4$ 计算

	B_0^4	G_2^4	G_{10A}^4	G_{10B}^4
实验值(见表 6.1)	2.14	0.62	−1	−0.47
计算值(见[NN87b])	2.00	0.58	−1	−0.30
Delta 模型(见(6.13)式)	—	1.59	−1	−1.90

Burdick 和 Richardson(见[BR98b, BR98c])使用 δ 函数模型去固定相同阶数(见(6.12)式～(6.14)式)的关联晶体场参数比值,每一个 k 值只用一个附加参数来进行拟合。只包含两个 δ 函数关联晶体场参数的拟合对 Pr^{3+}(见[BR98b, BR98c])和 Nd^{3+}(见[QBGFR95])系统都是十分成功的。因此值得用其他离子来验证这个模型。

Jayasankar 和他的同事们(见[JRTH93])研究了压力对 Nd^{3+}:$LaCL_3$ 单电子

和关联晶体场参数的影响。当施加压力时，关联晶体场参数与单电子参数的比值变化很大。以叠加模型为基础的可能解释是：幂律定律对 CCF 参数的依赖性不同于对单电子参数的依赖性。如果是这样，很清楚本章中所描述的其他拟合可以非常简化，这些拟合中假设了单电子和双电子参数在不同 q 成分中具有相同比率。

6.5 发展趋势

已经说明了通过加入相对少的参数就可在很大程度上改善实验数据的参数拟合。这个领域的工作者应总是考虑把这些参数加进来的可能性，并尝试一些其他参数。在第 4 章和附录 3 中描述的程序可以用于这方面的工作。

然而，尽管在过去的 20 多年来已取得了很大进展，关联晶体场的表征仍旧不是很好。庞大数量的关联晶体场参数使得其很难通过拟合实验数据来对这个理论进行满意的检验。在不能得到大量的数据组前，想取得进一步的进展将是很困难的。通过使用如激发态吸收和紫外同步加速研究的实验手段（见[WDM+ 97]），将成为可能。

也应该有更多的思想来辨别关联晶体场参数贡献中的主要机制，并对现有模型进行彻底的检验。例如，尽管已经表明配位体极化模型很重要（见 6.2.3 节和 7.4.2 节），但也只做了很少的工作来检验它。沿着 Ng 和 Newman 的工作（见[NN86a]）路线，改进的从头计算也能有助于辨别重要机制，还可以提供更加精确的参数估计值。

（迈克尔·瑞德　道格拉斯·约翰·纽曼）

第7章 S态离子基态分裂

半满开壳层磁性离子基态的总轨道角动量 L 为 0,因此常称它们为"S态离子"。研究最多的具有半满 f 壳层的 S 态离子是镧系离子 Gd^{3+},Eu^{2+},Tb^{4+} 和锕系离子 Cm^{3+},Bk^{4+},所有这些离子都具有自旋八重基态 $^8S_{7/2}$(也就是总自旋 $S=7/2$)。过渡金属系列中,重要的 S 态离子是 Fe^{3+} 和 Mn^{2+},它们都具有一个半满的 d 壳层,具有自旋六重基态 $^6S_{5/2}$(即总自旋 $S=5/2$)。

假如 $L=0$ 的纯态不具有空间各向异性,或许会出现晶体场不能够将基态分裂的情况。然而,实际上观测到了能级分裂,但这些分裂较高多重态的晶体场分裂小了很多。由于它们甚至在没有外磁场情况下也会发生,因此常将这些基态分裂称为"零场分裂"。零场分裂是由其他 L,S 值的态与 $L=0$ 的基态的微小混合产生的,因此 J 给出了对基态的准确描述,而不是 L 或者 S。

虽然单电子晶体场对基态分裂通常有重要贡献,但发现只有考虑了两种附加类型的晶体场贡献才能够解释观测到的分裂。它们是相对论晶体场和关联晶体场,在第6章中已对此做了介绍。在 7.5.1 节中概述了引起相对论晶体场的机制,7.5.2 节讨论了对零场分裂不同贡献的相对重要性。

7.1 自旋哈密顿

给出了合适的(中间耦合)约化矩阵元,可以像激发多重态那样,用相同的单电子晶体场哈密顿来拟合 S 态离子基态多重态。然而,关联晶体场和相对论晶体场对基态分裂有很重要的贡献,故对激发态多重态拟合得很好的晶体场参数,并不一定能同时对基态多重态能级进行好的拟合。另外,可以确定基态多重态能级的实验方法通常不适于确定较高的多重态分裂,反之亦然。因此习惯上对基态多重态分裂进行单独的参数化。

相应的零场分裂能量矩阵可以由所谓的"自旋哈密顿"H_S 的矩阵元 $\langle S,M_S|H_S|S,M_S'\rangle$ 来构建,它以总自旋算符 $\boldsymbol{S}$ 来表示。在有磁场 $\boldsymbol{H}$ 时,忽略所有不确定的与磁性离子核自旋之间的耦合或者与其他磁性离子自旋之间的耦合,此哈密顿可以写为下面的形式:

$$H_S = \beta \boldsymbol{S} \cdot \boldsymbol{g} \cdot \boldsymbol{H} + \sum_{k,q} B_k^q O_k^q(\boldsymbol{S}) \tag{7.1}$$

其中，$\beta = e/(mc)$是玻尔磁子。注意必须区分开自旋哈密顿符号 B_k^q 与用来定义 Wybourne 归一化下的晶体场参数(B_q^k)。(7.1)式的第一项表示与外部磁场耦合的能量贡献，第二项表示自旋和晶体场环境耦合产生的能量。3×3 矩阵或张量 $\boldsymbol{g}$ 允许可能的总自旋和磁场间的各向异性耦合。这种各向异性较小，很少能观测到(见[AB70，New77b])。

习惯上常用自旋算符的形式来表达算符 $O_k^q(\boldsymbol{S})$。在 Abragam 和 Bleaney(见[AB70])、Newman 和 Urban(见[NU75])及 Newman 和 Ng(见[NN89b])中可以找到明确的表达式。这些表达式与单电子晶体场 Stevens 算符等价方法中所用的算符具有相同的形式，只是将 $\boldsymbol{J}$ 换为 $\boldsymbol{S}$。接下来用和 Stevens 参数一样的方法，将参数 B_k^q 归一化，相应的算符等价因子取为单位 1。在 LS 耦合下，这些算符的等价因子将恒为 0。按如下引入缩放参数 b_k^q 是很方便的：

$$b_2^q = 3B_2^q, \quad b_4^q = 60B_4^q, \quad b_6^q = 1260B_6^q$$

这些在文献中常用的参数在本书中将作为标准。使用小写字母 b 参数具有可避免自旋哈密顿参数(B_k^q)和 Wybourne 归一化的晶体场参数(B_q^k)间可能混淆的优点。Rudowicz(见附录 4 和[Rud87a])已讨论过各种符号和自旋哈密顿和晶体场参数归一化。

在任意格位对称性下，非零自旋哈密顿参数 b_k^q 具有和非零晶体场参数 B_q^k 相同的 k,q 符号。然而，与零场分裂相对应的能量矩阵具有$(2S+1)\times(2S+1)$(其中 $S=(2l+1)/2$)维，然而单电子晶体场能量矩阵具有$(2l+1)\times(2l+1)$维。

过渡金属离子(具有 d^5 半满壳层)情况下，6 阶(也就是 $k=6$)自旋哈密顿参数完全消失。在立方对称性下，仅存在的参数是

$$a = \frac{2}{5} b_4^4 \tag{7.2}$$

3d 离子的大多数基质晶体接近立方，因此这个参数常常主导着零场分裂。仍保留二重轴的立方对称性偏离习惯上用如上所定义的 a 以及下面定义的参数来参数化：

$$\left.\begin{aligned} F &= 3(b_4^0 - b_4^4/5) \\ D &= b_2^0 \\ E &= b_2^2/3 \end{aligned}\right\} \tag{7.3}$$

当保留了三重轴时，$E=0$，并且上面对 a 和 F 的定义将由下面的式子取代：

$$\left.\begin{aligned} a &= -3b_4^3/(20\sqrt{2}) \\ F &= 3(b_4^0 - b_4^3/(20\sqrt{2})) \end{aligned}\right\} \tag{7.4}$$

注意到形如(7.1)式的自旋哈密顿也可正式用于分析任意孤立能级组的分裂(见[AB70])。然而在本书中，它们仅被用为作用于 S 态离子的完全基态多重态上的

算符。这种特殊情况下,自旋算符在任意旋转下,像矢量一样变换。这是应用叠加模型的必要条件(见第5章和7.4节)。

7.2　实验结果

在镧系和3d过渡金属情况下,通常不可能用光学光谱手段来确定S态离子的基态分裂。标准方法是使用一种磁共振技术,确定能级和自旋哈密顿参数的方法和第3章中介绍的(晶体场参数拟合)方法有很大的不同。没有必要在这里对此进行详细介绍,因为在文献中已经对这些方法进行了全面的描述。例如,对于由传统(固定频率)顺磁共振实验确定自旋哈密顿参数的方法,可参考Abragam和Bleaney的[AB70]的第3章,对于使用变化频率的方法确定自旋哈密顿参数,参考Newman和Urban的[NU75]。

7.2.1　$4f^7$ 组态离子

镧系自旋哈密顿参数通常比相应晶体场参数小很多。它们的大小也随着 k 值的增加而快速减小。因此,除去对称性使得2阶自旋哈密顿参数为0外,其他情况下它们都支配着镧系的零场分裂,如表7.1所示(选自[VP74])。忽略一些或者全部的高阶参数常常是可行的。结果,现有的 Gd^{3+} 和 Eu^{2+} 的2阶自旋哈密顿参数实验值比更高阶参数要更多。现在只确定了很少的6阶参数。

表7.1　Gd^{3+} 在一些白钨砂基质晶体中的自旋哈密顿参数(单位:$10^{-4}\,cm^{-1}$)

体系	b_2^0	b_4^0	b_4^4	b_6^0	b_6^4
$CaMoO_4$	−855	−16.9	−92	0.0	3.2
$SrMoO_4$	−807	−13	−67(15)	0	0
$CaWO_4$	−894	−22.8	−140	0.25(3)	0.2
$SrWO_4$	−868	−17	−119	0	0

7.2.2　$5f^7$ 组态离子

近年来三价锔引起了很大的关注。它所有基态分裂都在2~50 cm^{-1} 间(见[IMEK97]),也就是比 Gd^{3+} 和 Eu^{2+} 基态分裂值大一个量级。近来一些论文(见[LBH93, KEAB93, THE94, MEBA96, IMEK97, LLZ^+98])表明用光学光谱确定基态分裂是最容易的。

仅包含单电子晶体场贡献，对完整实验能级组进行参数拟合表明，基态多重态能级通常难以很好地拟合。然而，表 7.2 中的对比表明立方 ThO_2 基质是这个规律的例外。非立方基质中的全部分裂的实验值和拟合值之间存在着 2 倍的差异。

表 7.2 Cm^{3+} 在 ThO_2（见[THE94]）立方格位、$LuPO_4$（见[MEBA96]）D_{2d} 格位和 $LaCl_3$（见[LBH93]）C_{3h} 格位的拟合和实验基态能级值比较（单位：cm^{-1}）

体系	参数数目	拟合能级	实验能级	对称标志
ThO_2	2	−1.7	0	Γ_6
		10.8	15	Γ_8
		40.8	36	Γ_7
$LaCl_3$	4	−2.25	0.00	5/2
		0.49	0.50	1/2
		0.93	1.55	5/2
		2.99	1.97	3/2
$LuPO_4$	5	−8.2	0.00	Γ_7
		−4.1	3.49	Γ_6
		7.8	9.52	Γ_7
		8.7	8.13	Γ_6

附录 1 给出了对称符号的定义。

当然，总是可能用自旋哈密顿参数来拟合基态分裂。如表 7.2 所示，这种方法存在的问题是：至多只有 4 个双重简并能级，也就是说仅够用来确定 3 个参数。在立方（ThO_2）情况下，也仅有 3 个能级，但这足以用来确定 2 个立方参数。在大多数的其他系统中，如 $LaCl_3$ 和 $LuPO_4$，只有约束了一些参数值后，才能用自旋哈密顿参数进行拟合。在镧系情况下，由于 2 阶自旋参数占主导作用，这个问题没有这么重要。然而，如 7.3.2 节中所解释的原因，对锔而言，6 阶参数也不可忽略。只有对相同阶数的参数比值进行如叠加模型（见 7.4 节）所给出的约束时，才有可能对锔自旋哈密顿参数进行拟合。

Liu 等（见[LBH93]）已经对比了用 $LaCl_3$ 中锔的基态多重态和用它的整个光谱的晶体场参数拟合，他们的结果总结在表 7.3 中（见[LBH93]），表明当 2 阶的参数减小至 1/4 倍时，4 阶和 6 阶参数几乎减小至 1/2。拟合晶体场参数的差异如表 7.3 所示，表明锔基态分裂提供了一个用于研究锕系离子中相对论晶体场和关联晶体场相对重要性的有用手段。

表 7.3　仅用 Cm^{3+}:$LaCl_3$ 基态多重态能级和用完整光谱拟合晶体场参数的比较(单位:cm^{-1})

	所有的多重态	基态多重态
B_0^2	153	36
B_0^4	−721	−385
B_0^6	−1488	−770

在基态多重态的拟合中,B_6^6 被约束为 $-0.42B_0^6$。

对 Bk^{4+} 实验结果的分析(见[LCJW94])表明对 $^8S_{7/2}$ 能级拟合与对高多重态能级拟合完全一样好,这大概是由于 Bk^{4+} 的激发态自由离子波函数在基态中的混合比 Cm^{3+} 中大很多。这些情况下,预计相对论晶体场和关联晶体场的贡献在确定零场分裂时并没有扮演特别重要的角色。因此 Bk^{4+} 基态分裂没有特别的重要性。

7.2.3　$3d^5$ 组态离子

三价锰或者二价锰离子(离子半径 0.80 Å)及三价铁离子(离子半径 0.64 Å)比它们所取代的晶体中的离子小很多。例如,二价钙和二价锶半径分别为 0.99 Å 和 1.12 Å。因此,当取代这些离子时,锰离子将会很松散地进入到它们的基质晶体如白钨矿中。松散的填充导致替代在一个格位(可能具有更低的对称性)的离子从它替代的离子的位置发生偏移。然而,已经清楚地证明这一点的唯一实例是局域空位提供了电荷补偿的体系(见[SM79b])。

Biederbick 等(见[BHS78,BHSB80])全面概述了白钨矿(也就是钨酸盐和钼酸盐)基质晶体中 Mn^{2+} 离子自旋哈密顿参数对温度和结构的依赖性。表 7.4 给出了一些典型的参数值(见[BHSB80])。钨酸盐和钼酸盐参数间的重要差别是明显的。尤其是 2 阶参数符号不同。在 Gd^{3+} 离子取代进入相同基质晶体中时,符号并没有发生改变(见表 7.1)。

表 7.4　Mn^{2+} 在一些白钨砂基质晶体中的自旋哈密顿参数(单位:10^{-4} cm^{-1})

体系	b_2^0	b_4^0	b_4^4
$CaMoO_4$	33.0	−0.5	−4.9
$SrMoO_4$	23.4	−0.4	−4.8
$CaWO_4$	−134.8	−1.5	−11.5
$SrWO_4$	−108.9	−1.2	−5.3

7.3 晶体场和自旋哈密顿参数间的关系

在试图理解除单电子晶体场外产生S态离子基态分裂贡献的物理机制方面，已经做出了很大的努力。由于大多数工作专注于2阶Gd^{3+}自旋哈密顿参数，将我们的注意力集中于这种情况是合适的。

7.3.1 Gd^{3+}自旋哈密顿的2阶贡献

获得对自旋哈密顿参数理解的一种途径是去寻找它们的值和关联晶体场参数值间的唯象关系。基于这种思想，Malhotra和Buckmaster（见[MB82]）对比了不同基质晶体中具有氧配位体的Gd^{3+}离子的2阶晶体场参数和自旋哈密顿参数的比值。它们不能够解释得到的正负比值范围。近来Levin和Gorlov的工作（见[LG92]）使用了一种更加彻底的方法，其独立地研究了每种类型配位体下的实验结果，并且检验了更一般的线性相关性。他们的工作还研究了两组参数和核四极矩相互作用间的关联性（见5.6.3节）。

Levin和Gorlov工作中列出了大量的实验确定参数，使用其中的一小部分就可以很好地解释他们得到地结果（见[LG92]）。他们关于氧配位体的列表对比了Gd^{3+}离子的自旋哈密顿参数b_2^0和相应的多种半径相似的三价镧系离子的2阶晶体场参数，表7.5摘录了他们的表的一部分。表中的每行按b_2^0的降序排列，这清楚地显示出这个顺序与$A_2^0\langle r^2\rangle$增加顺序很好地关联，尽管它们的比值变化很大。事实上，可绘出一条相当好的直线，$A_2^0\langle r^2\rangle$对b_2^0作图的所有点都靠近这条直线。Levin和Gorlov（见[LG92]）运用了5.1.3节中介绍的双幂律模型分析了这些结果。

表7.5 从[LG92]的表1中选出的Gd^{3+}的2阶自旋哈密顿（单位：10^{-4} cm^{-1}）和晶体场参数（单位：cm^{-1}）

基质晶体	b_2^0	$A_2^0\langle r^2\rangle$
Y_2O_3	1604	−850
$LiNbO_3$	1260	−417
$LaAlO_3$	479	−110
YVO_4	−479	−54
YPO_4	−728	181

续表

基质晶体	b_2^0	$A_2^0\langle r^2\rangle$
$CaMoO_4$	−855	247
$CaWO_4$	−920	233

7.3.2 基态形式

晶体场对 $L=0$ 基态分裂的贡献起因在于，由于纯 LS 耦合的破坏，导致(大部分是由自旋轨道耦合诱导)$L\neq0$ 多重态的混入。因为最低激发态($L\neq0$)所处能量相对于旋轨耦合值很大，所以混合趋向于变小，在镧系尤其如此。在 7.5.2 节中将会清楚地看到，$^6P_{7/2}$ 混合通过相对论晶体场和关联晶体场对基态分裂起主要贡献，而不是通过单电子晶体场。

按照 Wybourne(见[Wyb66])，具有 f^7 组态的离子基态可以由具有准确 L，S 和 $J=7/2$ 量子数的态来按如下构造：

$$|S_{\frac{7}{2}}\rangle = s\,|^8S_{\frac{7}{2}}\rangle + p\,|^6P_{\frac{7}{2}}\rangle + d\,|^6D_{\frac{7}{2}}\rangle + f\,|^6F_{\frac{7}{2}}\rangle + g\,|^6G_{\frac{7}{2}}\rangle + \cdots \quad (7.5)$$

对由光学光谱(如第 4 章详述)得到的能级进行拟合，可确定此方程中的系数，且这些系数在很大程度上与基质晶体无关，这是由于第一激发态多重态能量比晶体场能量大很多。在 Gd^{3+} 情况下，使用下列值就是一个很好的近似(见[Wyb66，NU75])：

$$s=0.9866,\ p=0.162,\ d=-0.0123,\ f=0.0010,\ g=-0.00014 \quad (7.6)$$

Eu^{2+} 基态没有这么精确的定义。对主要贡献的一个合理的估计就是(见[NU75])

$$s=0.991,\quad p=0.134,\quad d=-0.0102 \quad (7.7)$$

锕系离子表现出基态多重态中有大得多的激发多重态混合，说明观测到的基态分裂更大这一事实。Liu、Beitz 和 Huang(见[LBH93])已经报道了取代进入 $LaCl_3$ 中的 Cm^{3+} 基态中这种混合程度。他们得到的由上面所定义的系数结果是

$$s=0.8866,\ p=0.4222,\ d=-0.0922,\ f=0.0226,\ g=-0.0084 \quad (7.8)$$

这些结果与 Edelsteun(见[Ede95])给出的自由离子值很相近，即

$$s=0.8859,\quad p=0.4232,\quad d=-0.0926,\quad f=0.0227 \quad (7.9)$$

其中，我们对相对符号做了一些修正。这两组系数很好地吻合，因此我们预计由 Liu 等(见[LBH93])给出的系数能相当准确地描述处于任意弱场中的三价锔的基态。然而，不能够期望对强晶场它们也是准确的，如处于 ThO_4 中的 Cm^{3+} 情况。Liu 等(见[LBH93])还给出了更多的 11 个系数，它们可能在精确计算中需要顾及。

对镧系和锕系，(7.5)式中的系数随着 L 值的增加而减小。这种减小在镧系中更加突出，并说明了对零场分裂的 4 阶和 6 阶贡献很小。

7.4 叠 加 模 型

产生 S 态离子基态分裂的物理机制远比产生单电子晶体场的物理机制要复杂。由于这些附加机制都可以与单个配位体和磁性离子间的相互作用联系起来，把叠加模型应用到自旋哈密顿参数的理论证明与晶体场参数情况下在很多方面是相同的。况且，正在积累的实验表明叠加模型能很好地应用于自旋哈密顿参数，并且提供了一个有用的工具，以确定不同贡献对基态分裂的相对重要性。

7.4.1 公式表述与解释

应用叠加模型的唯一基本要求是：将它应用到作用于构成全旋转群 SO_3 的不可约表示各态的哈密顿量上(见附录 1)，这保证了任意旋转下态集合的闭合性，其中任意旋转对于表达公共坐标系中各个配位体的贡献也是必需的。在晶体场理论中使用的 $2J+1$ 维基矢和相应的自旋哈密顿作用的 $2l+2=2S+1$ 维基矢都满足这一标准。

假如自旋张量算符和轨道张量算符变换性质相同，那么，相应地，自旋哈密顿的叠加模型与第 5 章介绍的晶体场叠加模型在形式上是一样的。因此，没有必要重复第 5 章中的讨论，而仅仅是用自旋哈密顿参数重写(5.4)式：

$$b_k^q = \sum_L \bar{b}_k(R_L) G_{k,q}(\theta_L, \phi_L) \tag{7.10}$$

这里的系数 $G_{k,q}$ 就是表 5.1 中所列的所谓坐标因子(Stevens 归一化)。固有自旋哈密顿参数 $\bar{b}_k(R_L)$ 代表了配位体 L 轴向对称性的贡献(对于每一个 k)。

可以进一步接着模仿晶体场，以幂律表示出固有参数 $\bar{b}_k(R_L)$ 与距离的依赖关系

$$\bar{b}_k(R) = \bar{b}_k(R_0)\left(\frac{R_0}{R}\right)^{t'_k} \tag{7.11}$$

“$'$”用于把自旋哈密顿与晶体场幂律指数区分开来。然而，事实证明了 2 阶和 4 阶固有自旋哈密顿参数的距离变化常没有简单的幂律指数关系。还有证据表明，固有参数 $\bar{b}_k$ 可以具有不同的符号，即使对于给定的配位体。如我们将要看到的，这些符号变化及这些参数对配位体距离的幂律方程依赖关系的破坏，并不表示叠加模型的破坏。这些特殊性质是对基态分裂有贡献的几种不同机制之间强烈相消的直接结果。

对于镧系，可以得到最准确的关于 2 阶自旋哈密顿参数的信息。然而，如第 5 章指出的，对 2 阶晶体场参数应用叠加模型时遇到几个困难。部分原因是通常发

生在不同配位体贡献间的强烈相消作用,部分原因是因为非局域静电作用贡献可能很重要。相似的问题预计也可能出现在2阶自旋哈密顿参数中。毫无疑问地,假如在这两种分析中用相同的坐标因子,很清楚,在两个单个离子贡献间的强烈相消作用也会出现在此情形下。

已经表明,尤其在Mn^{2+}情形下,在晶体场参数中存在着对二次自旋哈密顿的重要贡献。当晶体场引起(自由离子)激发态混入基态时,确实可以预计这会发生。在这些情况下,叠加模型将不会提供可靠的用于分析实验结果的方法。然而,由于在定量估计对自旋哈密顿参数的各种贡献中的内在不确定性,所以当把叠加模型应用到自旋哈密顿参数中时,似乎最好把叠加模型视为自己本身在经验上是可检验的模型。如果表明这是正确的,就像应用于晶体场时,那么它将提供一个将晶体结构信息从电子结构信息分离出来的有效手段。

7.4.2　对Gd^{3+}零场分裂的应用

叠加模型至少可以半定量解释由实验确定的很宽范围基质晶体中Gd^{3+}的2阶自旋哈密顿参数值(见[NU75, NN89b]),这意味着对这些参数的纯粹非局域贡献不是很大。由于对一给定体系经常仅有2阶自旋哈密顿参数,因此检验叠加模型能否适用于2阶参数主要是看不同基质是否产生相似的2阶固有参数$\bar{b}_2$值。表7.6中收集的结果表明,对Gd^{3+}离子这种预计是满足的:2阶固有自旋哈密顿参数恒为负,量级为$10^{-1}\ cm^{-1}$。如下面所要说明的,用4阶自旋哈密顿参数可以对叠加模型进行更加精确的检验。

表7.6　选出的Gd^{3+}在各种基质中的导出固有自旋哈密顿参数$\bar{b}_k$(单位:cm^{-1})和幂律指数t_2'

基质	配位体	$\bar{b}_2$	t_2'	$\bar{b}_4\times10^{-4}$	来源
CaF_2	F^-	−0.065		15.0	[NU75]
$LiYF_4$	F^-	−0.13	−0.6		[VBG83]
YAG	O^{2-}	−0.26	0	17.5	[New75,NE76]
$CaWO_4$	O^{2-}	−0.18		11(2)	[New75]
$CaMoO_4$	O^{2-}	−0.16		8(3)	[New75]
CaO	O^{2-}	−0.20	0.4	−3.5	[SN74,NU75]
SrO	O^{2-}	−0.20	0.8	−1.4	[SN74,NU75]
YVO_4	O^{2-}	−0.10	1.0	−2.5	[New75]
$LaCl_3$	Cl^-	0.0		−1.6	[New75]
$LaBr_3$	Br^-			−8.5	[New75]
CdS	S^{2-}	−0.13			[USH74]

前面一节的讨论表明，虽然参数 B_0^2 和 b_2^0 间出现了一些规律，但这种关系的物理基础远没有被理解。$\bar{b}_2$ 和 $\bar{B}_2$ 值间的关系是否可以用基本的物理机制来理解呢？对于一些具有氧配位体基质晶体中的 Gd^{3+} 离子，已经得到了最近邻配位体固有参数间的比例(见[NU75])为以下量级：

$$\bar{b}_2/\bar{B}_2 = \bar{b}_2/2\bar{A}_2 = -1.4 \times 10^{-4} \tag{7.12}$$

然而，对 $\bar{b}_2$ 和 $\bar{B}_2$ 却有不同的幂律，这意味着必须将这种比例看做近似值。

表 7.6 中所列的 t'_2 值较低，有时还为负值，提出的解释是：来自于晶体场和相对论晶体场的贡献两者均为负值，它们与关联晶体场的正贡献有一个相近的抵消(见 7.5.2 节)，这导致函数 $\bar{b}_2(R)$ 在最近邻配位体附近存在一个最小值（见[NU75]中图 9)。

与 2 阶自旋哈密顿参数相比，确定 4 阶固有参数和幂律指数更让人感到意外。主要的困惑是得到的这些参数值范围很大，如表 7.6 所列。总而言之，出现了系统变化，其中越易极化的离子将会给出越负的参数值。氧的固有参数 $\bar{b}_4$ 既可以取正值也可以取负值，这取决于基质晶体。这大概是因为众所周知的 O^{2-} 在不同晶态环境中极化性的变化引起的，意味着 $\bar{b}_4$ 可以用于测量配位体的极化性，尽管这种方法的定量框架还有待编制。

假如高度极化的配位体产生了负的 $\bar{b}_4$ 值，那么由于配位体极化而有很大的负值贡献就显而易见了。这最有可能是关联晶体场贡献，起因于一些库仑积分对屏蔽效应的依赖性(见 6.2.3 节)。4 阶自旋哈密顿参数对这种贡献的敏感性表明 4 阶关联晶体场可能在很大程度上是因为配位体的极化。

7.4.3 具有氧配位体的 Gd^{3+}

最初将叠加模型应用于自旋哈密顿参数(见[NU72, NU75])是为了理解表 7.7中的实验事实，也就是在不同锆石结构基质中 2 阶晶体场参数比自旋哈密顿参数表现出更多的变化(这个对比采用的是 Er^{3+} 离子的晶体场参数，因为这个离子已有较好的结果，并且它的大小和 Gd^{3+} 相近)。5.4.2 节中提到的叠加模型的分析表明，这些基质晶体中的 2 阶晶体场参数的大小和符号的变化(见表 7.7)可以根据合理的固有晶体场参数 $\bar{B}_2$ 和相应的幂律指数 t_2 的值来理解，也就是

$$\bar{B}_2 = 725\,(\mathrm{cm}^{-1}), \quad t_2 = 7 \tag{7.13}$$

对所有的 9 种基质，表 7.7 中引用的自旋哈密顿参数均为负值。Newman 和 Urban(见[NU72])说明这些小的变化可以用有效幂律指数 $t'_2 \leqslant 1$ 和一个约为 $-0.1\ \mathrm{cm}^{-1}$ 的固有参数 $\bar{b}_2$ 来理解。如果真正可以忽略更远距离离子的贡献，那么如此小的幂律指数只可能在某个非常小的离子间距离范围有效。最可能的解释是

有两种抵消作用具有不同的距离依赖性，这引起了 $\bar{b}_2$ 在锆石结构基质中的氧离子距离附近有一最小值。在这些环境中，幂律近似很差，且必须认为有效幂律指数随氧距离变化而变化。

表7.7　选出的锆石结构晶体的2阶 Gd^{3+} 自旋哈密顿参数和 Er^{3+} 晶体场参数(单位：cm^{-1})

化合物	$b_2^0 \times 10^4$	B_0^2
YVO_4	−445	−102.8
$ScVO_4$	−381	−238.6
YPO_4	−729	141.4
$YAsO_4$	−319	−30.6

表5.11给出了坐标角和组合坐标因子。

对比钇铝石榴石YAG和钇镓石榴石YGG基质晶体中 Gd^{3+} 离子的自旋哈密顿固有参数和幂律指数是很有意义的(见[New75，NE76])。有4个4阶自旋哈密顿参数，可以确定出YAG中 $t'_4=4.2$，YGG中 $t'_4=3.5$(见[New75])。对特定的氧距离，如果假定两种石榴石基质中的 Gd^{3+} 具有完全相同的固有参数，那么也可以使用两个4阶固有参数值来得到幂律指数的第3个估计值，得到的 $t'_4=5.9$，与两个单独系统获得的两个值较为一致。

7.4.4　二价铕

Levin和Eriksonas(见[LE87])对替代进入 $LaCl_3$、氟石(CaF_2，SrF_2，BaF_2)、CaFCl、SrFCl和BaFCl的 Eu^{2+} 离子的2阶自旋哈密顿参数进行了详细的叠加模型分析。考虑氟石中局域畸变的影响，他们得到了与氟固有参数和幂律指数相一致的值，也就是 $\bar{b}_2=-0.0483\ cm^{-1}$，$t'_2=-2.0$。这些值与非轴向应力实验中得到的值较接近(见[EN75])，也就是 $\bar{b}_2=-0.0616(30)\ cm^{-1}$，$t'_2=-0.8(2)$。对 Eu^{2+}：$LaCl_3$ 进行了相当复杂的数据分析，给出了均为正值的2阶氯固有参数 $\bar{b}_2=0.0955\ cm^{-1}$ 和幂律指数 $t'_2=2.0$。使用这些值，Levin和Eriksonas(见[LE87])能够得到 BaF_2、CaFCl、SrFCl和BaFCl中替换碱土金属的 Eu^{2+} 离子的十分一致的2阶实验自旋哈密顿参数。

7.4.5　Mn^{2+} 和 Fe^{3+} 基态分裂

叠加模型成功用于 $4f^7$ 组态的自旋哈密顿参数(见[NU75])使人们产生了一种想法，也就是相似的方法对 $3d^5$ 组态离子也是有效的(见[NS76])。这种想法至少部分被 Novák 和 Veltruský 的理论分析所支持，他们证明通过使用他们的“独立键合方法”确实可以计算出重叠和共价对 2 阶自旋哈密顿参数的重要贡献。然而，他们计算的数值结果较差，反映出一些对固有参数的重要贡献已经被他们忽略了。先前对 $3d^5$ 组态离子基态晶体场分裂的理论推导已预知，对自旋哈密顿参数的重要贡献在晶体场参数中是非线性的，这使得叠加模型线性假设成为问题。然而，叠加模型在实际中却使用得很好，给出了 Mn^{2+} 和 Fe^{3+} 的较为一致的固有参数和幂律指数值。表 7.8 总结了由 Newman 和 Siegel 得到的最初结果(见[NS76])及 Seigel 和 Muller 做的扩展和修正(见[SM79b])。

表 7.8　从[NS76]和[SM79b]中选出的 Mn^{2+} 和 Fe^{3+} 的固有自旋哈密顿参数 $\bar{b}_k$ 和幂律指数 t'_k

离子	基质	R(Å)	$\bar{b}_2$(cm^{-1})	t'_2	$\bar{b}_4\times10^4$(cm^{-1})	t'_4
Mn^{2+}	MgO	2.101	−0.157(5)	7(1)	2.72	8(1)
Mn^{2+}	CaO	2.398	−0.050(10)	7(1)	0.84	8(1)
Mn^{2+}	$Ca(WO)_4$	2.438	−0.0241	[7]	0.7(3)	
Mn^{2+}	$Sr(WO)_4$	2.59	0.0185	[7]		
Mn^{2+}	$Ca(CO)_3$	2.398	−0.026(20)		0.8(1)	8(1)
Mn^{2+}	ZnS				1.13	
Fe^{3+}	CaO	2.398	−0.225(20)	5(1)		
Fe^{3+}	MgO	2.101	−0.412(25)	8(1)		
Fe^{3+}	$SrTiO_3$	1.952	−0.63(6)	[8]		
Fe^{3+}	$KNbO_3$	1.883			16.0(3)	[8]
Fe^{3+}	$TlCdF_3$	2.198	−0.095(30)	[8]		
Fe^{3+}	$RbCdF_3$	2.198	−0.084(32)	[8]		
Fe^{3+}	$RbCaF_3$	2.229	−0.076(18)	[8]		

R 是配位体的距离，方括号表示的是分析中使应用的假设值。

表 7.8 中数据的规律性证明了叠加模型在联系不同体系中实验结果中的价值。由 Siegel 和 Müller 研究了这些规律(见[SM97a])，表明替代铁离子不会引起 $BaTiO_4$ 中钛离子的合作铁电位移。然而，几乎没有对配位体为氧之外的 $3d^5$ 离子开展过工作，因此我们的解释必须限于这种配位体的固有参数和幂律指数。总之，Mn^{2+} 和 Fe^{3+} 离子的 2 阶固有参数均是负的，并且 Fe^{3+} 的比 Mn^{2+} 的大很多。此符号与 Gd^{3+} 和 Eu^{2+} 的 $\bar{b}_2$ 相一致，表明相同的机制起着主导作用。具有氟配位体的 Fe^{3+} 的 2 阶固有参数值比具有氧配位体的 Fe^{3+} 的 2 阶固有参数值小很多。Mn^{2+} 和 Fe^{3+} 离子的 2 阶参数的幂律指数接近 7，4 阶参数的幂律指数接近 8。

已知镧系情形下，固有参数对配位体距离的依赖关系很复杂，因此，对于磁离子和配位体的相对位置间大的位移，如果 $3d^5$ 离子固有参数对距离依赖关系仍然服从简单幂律距离依赖关系，这是让人觉得意外的。这个问题已经由 Donnerberg 等（见[DEC93]）对钙钛矿中 Fe^{3+} 的情况进行了较为详细的研究。他们使用壳层模型分析确定了取代 $KTaO_3$ 中钾格位的 Fe^{3+} 附近的局域畸变，对 2 阶固有参数的情况进行了检验，这使他们提出了关于 $\bar{b}_2(R)$ 的"勒纳德-琼斯型"距离依赖关系，这和已经提出的 Gd^{3+}（见 7.3 节）和 Eu^{2+} 中的 $\bar{b}_2$ 与距离的依赖关系形式上相似（见[NU72, NU75]）。尽管还需要进一步的实验证据，但现在可以认为已经建立起了一般形式的 $\bar{b}_2$ 参数距离依赖关系。

Donnerberg（见[Don94]）也使用叠加模型对取代 $KNbO_3$ 中铌的 Fe^{3+} 的自旋哈密顿参数进行了分析。由于相关的氧空位产生了大的局域畸变。通过结合壳层模型计算和叠加模型分析得到了一致结果。$\bar{b}_2$ 对距离的依赖关系再次表明其取勒纳德-琼斯势的形式。因此，很清楚的信息是：叠加模型能成功应用于具有较大局域畸变的系统依赖于固有参数对实际距离依赖性的使用。考虑到这点，由 Donnerberg 等（见[DEC93,Don94]）得到的结果说明，叠加模型是一种用于确定取代位置附近晶体原子结构有很大变化的有用工具。

7.5　零场分裂机制

对 Gd^{3+} 离子已经进行了最为详细的分析（见[NU75]），因此考虑这种情况下的各种零场分裂机制是相当有意义的。类似的讨论肯定也可以用于 Eu^{2+} 的零场分裂，也可能用于锕系和具有半满壳层的 3d 过渡金属离子的零场分裂。

7.5.1　相对论晶体场

相对论晶体场（6.2.1 节中已介绍）是由 5f，6f 等单电子态通过旋轨耦合混合到 4f 开壳层态而产生的。因此，开壳层单电子态的径向波函数依赖于 $j=5/2$ 或 $j=7/2$。引起的晶体场分裂中差异很小，只有镧系单电子晶体场参数的 5%量级，在锕系和过渡金属离子中甚至更小。通常不能够将这么小的贡献从单电子晶体场中分离出来。然而，在 Gd^{3+} 离子 S 基态中，2 阶相对论晶体场在 $^6P_{7/2}$ 态和 $^8S_{7/2}$ 态间有非零矩阵元。由于 $^6P_{7/2}$ 态是混入基态多重态的主要高能级多重态，这产生了对基态分裂的相对论晶体场贡献，大小与由单电子晶体场产生的贡献值相近。

7.5.2 对 Gd^{3+} 基态分裂的贡献

除刚才所说的相对论晶体场(RCF)贡献外,对 2 阶自旋哈密顿参数的重要贡献还起因于晶体场(CF)对$^6P_{7/2}$和$^6D_{7/2}$间交叉矩阵元的贡献以及关联晶体场(CCF)对$^6P_{7/2}$对角矩阵元的贡献(见第 6 章和[NU75])。将 2 阶固有自旋哈密顿参数表达为这 3 种贡献之和是很方便的,即

$$\bar{b}_2 = \bar{b}_2(\mathrm{CF}) + \bar{b}_2(\mathrm{RCF}) + \bar{b}_2(\mathrm{CCF}) \tag{7.14}$$

如[NU75]中所示,等式中的第一项贡献可用晶体场 2 阶固有参数 $\bar{B}_2$ 直接表达出来,如下所示:

$$\bar{b}_2(\mathrm{CF}) = \frac{2\sqrt{5}}{105} pd\bar{B}_2 \tag{7.15}$$

在[LBH93]中给出了由于其他激发多重态混入 f^7 基态多重态而引起的附加贡献的公式,但是这些对于 Gd^{3+} 情况并不重要。将 Gd^{3+} 的系数 p,d 值(在(7.6)式给出)代入(7.15)式得到了数值结果

$$\bar{b}_2(\mathrm{CF}) = -1.70 \times 10^{-4} \bar{B}_2 \tag{7.16}$$

这与(7.12)式中给出的实验结果很接近。然而,不需对此解释太多,因为用它并不能解释对于 2 阶自旋哈密顿和晶体场参数确定的幂律指数存在的较大差异。

相对论晶体场的贡献计算为(见[NU75])

$$\bar{b}_2(\mathrm{RCF}) = \frac{4}{35\sqrt{14}} sp\{\bar{B}_2(j=7/2) - \bar{B}_2(j=5/2)\} \tag{7.17}$$

其中,用标注相应波函数的 j 值来区分固有晶体场参数。使用由 Newman 和 Urban推导出来的差值估计(见[NU75]),则由(7.17)式可以得到

$$\bar{b}_2(\mathrm{RCF}) = -(5.3 \times 10^{-4}) \bar{B}_2 \tag{7.18}$$

其中,$\bar{B}_2$ 是从所有多重态中推导出来的固有参数。注意到这和晶体场贡献具有相同的符号,但数值上大得多。由于它用同样的固有参数表达,其对配位体距离的依赖应几乎与 $\bar{b}_2(\mathrm{CF})$相同。

很难得到关联晶体场对基态分裂贡献的理论估计值。然而,实验测定表明 $\bar{b}_2/\bar{B}_2$ 比值为负值,这与上面的计算一致,但其值比晶体场和相对论晶体场贡献之和小很多。这导致了下面的假设,也就是关联晶体场的贡献与晶体场和相对论晶体场贡献的符号相反。使用一些具有氧配位体系统的实验测定结果,即 $\bar{b}_2 = -(1.4\times10^{-4})\bar{B}_2$以及上面所引用的晶体场及修正晶体场贡献,则可以估计关联晶体场贡献为

$$\bar{b}_2(\mathrm{CCF}) = (5.6 \times 10^{-4}) \bar{B}_2 \tag{7.19}$$

应把这看做是对关联晶体场在最近邻配位体距离处贡献的估计值，它不应该被认为隐含了关联晶体场的距离依赖与晶体场和关联晶体场相同。

不同贡献间如此强的抵消作用与7.4.3节中实验依据所启发的相一致，即两种符号相反及较大幂律指数的贡献间的抵消作用，使得自旋哈密顿固有参数 $\bar{b}_2$ 对距离的依赖性很低。进一步说，对距离依赖性的双幂律指数模型（见[NU75]）表明正贡献的幂律指数较负贡献的幂律指数小，其中正贡献由关联晶体场引起，负贡献由晶体场和相对论晶体场引起。

7.6　展　望

使用叠加模型分析自旋哈密顿参数提供了一种确定替代磁性离子近邻晶体结构的有用工具，尤其是与壳层模型计算相结合的时候。虽然可以清楚地看到，自旋哈密顿参数还包含着关于配位体极化和关联晶体场的有用信息，但更好地理解磁性离子和它们配位体的电子结构的潜在的应用仍需要发展。

（道格拉斯·约翰·纽曼　贝蒂·吴·道格）

第 8 章　不变量和矩量

传统晶体场参数 B_q^k 依赖于坐标系，这使得差异很大的几组 B_q^k 数值有可能代表相同的晶体场。这在低对称格位情况下尤为重要，此时有几种可选择的主轴方向。为了直接比较不是同一组的参数，有必要在（所隐含的）不同坐标系间进行变换（见附录 4）。

在低对称性格位情形下，最小二乘拟合过程经常是病态的，其允许很多甚至是连续的等价最小值。因此，不能明显地看出对于给定的唯象参数组究竟对应着什么坐标系。一种对晶体场进行分析的常用方法是使用近似的更高对称性。例如，在 LaF_3 基质晶体中，La^{3+} 格位对称性是 C_2。如第 2 章中所示，C_2 轴可能沿 z 方向或者 y 方向，这分别确定了奇数 q 和负 q 参数恒等于 0。任一种情况都需要 15 个非 0 晶体场参数（见表 2.3）。众所周知，对多达 15 个参数进行非线性最小二乘拟合是很不可靠的，除非知道好的近似值来用于开始拟合过程。在光谱研究中已经使用了两个更高的对称性 D_{3h} 和 C_{2v}（见[SN71a，CCC77，ML79，CC83，CGRR89]）。表 8.1 对比了对 Er^{3+}：LaF_3 的 5 种独立拟合，表明由于参数对坐标的依赖性，使已得参数的一致性非常差，尽管值的符号和量级粗略吻合。因此迫切需要寻找一种对晶体场或旋转不变量的晶体场特性描述（见[Lea82，YN85a，YN86a]），它与坐标系和格位对称性无关。

表 8.1　采用 C_2，C_{2v} 和 D_{3h} 对称格位时 Er^{3+}：LaF_3 的拟合晶体场参数（单位：cm^{-1}）

	C_2	C_2	C_{2v}	C_{2v}	D_{3h}
B_0^2	−66	−228	−209	−238(17)	282
B_2^2	−149	−119	−99	−91(14)	[0]
B_{-2}^2	20	[0]	[0]	[0]	[0]
B_0^4	232	545	492	453(90)	1160
B_2^4	195	301	380	308(60)	[0]
B_{-2}^4	−188	108	[0]	[0]	[0]
B_4^4	675	358	404	417(56)	[0]
B_{-4}^4	158	219	[0]	[0]	[0]
B_0^6	80	275	423	373(83)	773

续表

	C_2	C_2	C_{2v}	C_{2v}	D_{3h}
B_2^6	−642	−520	−473	−489(51)	[0]
B_{-2}^6	[0]	−73	[0]	[0]	[0]
B_4^6	−23	56	−238	−240(51)	[0]
B_{-4}^6	122	−305	[0]	[0]	[0]
B_6^6	−403	−307	−529	−536(49)	[0]
B_{-6}^6	−52	−368	[0]	[0]	453
来源	[SN71a]	[ML79]	[CC83]	[CGRR89]	[CCC77]

方括号中的值表示是误差，[0]表示参数设为零。这个表的部分值是从[YN85a]中的表 I 复制而来的（得到美国物理研究所的同意）。

Leavitt（见[Lea82]）得到了一个晶体场参数和晶体场不变量间的关系，它是参数的二次函数。他还证明了这些不变量值可以通过所谓的“二次晶体场分裂矩量”方法直接由实验光谱得到。在 8.1 节中，我们给出了二次及更高阶矩量与它们相应的旋转不变量间的一般关系；在 8.2 节中通过将二次不变量和叠加模型的固有参数（如第 5 章所述）联系起来，以进一步发展这种方法。

在 8.3 节中研究了在立方和低对称性系统中，使用与叠加模型相联系的二次不变量来确定晶体场参数的可能性。此节表明，旋转不变量还提供了一种确定自旋关联晶体场参数（在第 6 章中介绍）的可行办法（见[YN86b]）。

8.1　矩量和转动不变量间的关系

除了分析单独的 J 多重态的分裂能级外，还可以通过下列统计方法来扩展 J 多重态能级研究，如它们的平均值（1 阶矩量）、标准偏差（2 次或 2 阶矩量）、立方（3 阶）矩量和 4 阶矩量等。很明显，这些矩量对用于以参数 B_q^k 来描述晶体场的（隐含的）坐标系的旋转是不变的。

8.1.1　晶体场分裂矩的定义

αLSJ 多重态中的能级 Γ_i 的晶体场能量可用相应本征态 $|(\alpha LSJ)\ \Gamma_i\rangle$ 写为

$$E_i(\alpha LSJ) = E^0(\alpha LSJ) + \langle(\alpha LSJ)\Gamma_i|V_{\mathrm{CF}}|(\alpha LSJ)\Gamma_i\rangle \tag{8.1}$$

其中，E^0 是多重态的平均能量。n 阶矩量（$\sigma_n(\alpha LSJ)$）定义为

$$(\sigma_n(\alpha LSJ))^n = \frac{1}{2J+1}\sum_i [E_i(\alpha LSJ) - E^0(\alpha LSJ)]^n \tag{8.2}$$

如果 H_{CF} 表示晶体场算符 V_{CF} 的矩阵，按任意基矢张开多重态 αLSJ，则第 n 阶矩量也可以表示为

$$(\sigma_n(\alpha LSJ))^n = \frac{1}{2J+1}\mathrm{Tr}\,(H_{\mathrm{CF}})^n \tag{8.3}$$

其中，迹操作 Tr 遍及 αLSJ 基。(8.3)式的右边可以通过使用图解角动量理论进行计算(见[LM86]或者[BS68])。

将晶体场展开(2.1)式

$$H_{\mathrm{CF}} = \sum_{k,q}\hat{B}_q^k C_q^{(k)}(\alpha LSJ)$$

代入(8.3)式，其中 $C_q^{(k)}(\alpha LSJ)$ 将被解释为 αLSJ 基矢的张量算符 $C_q^{(k)}$ 矩阵，可用复参数 $\hat{B}_q^k$ 表达 n 阶矩量。将这应用于 $n=2,3,4$ 的结果将在下面讨论。

8.1.2 用晶体场参数表示的矩

二次或者 $n=2$ 的旋转不变量可用晶体场参数定义为

$$s_k^2 = \frac{1}{2k+1}\sum_{q=-k}^{k}|\hat{B}_q^k|^2 \tag{8.4}$$

镧系和锕系中有 3 个这样的不变量，对应着阶数 $k=2$，$k=4$ 和 $k=6$。多重态的 2 次或 2 阶($n=2$)矩量可用旋转不变量表示为

$$(\sigma_2(\alpha LSJ))^2 = \frac{1}{2J+1}\sum_{k=2,4,6} s_k^2\langle\alpha LSJ \| C^{(k)} \| \alpha LSJ\rangle^2 \tag{8.5}$$

其中，$\langle\alpha LSJ \| C^{(k)} \| \alpha LSJ\rangle$是一约化矩阵元(见第 3 章和附录 1)。

立方或者 $n=3$ 旋转不变量的定义如下：

$$\nu_3(k_1k_2k_3) = \sum_{q_1,q_2,q_3}\begin{pmatrix} k_1 & k_2 & k_3 \\ q_1 & q_2 & q_3 \end{pmatrix}\hat{B}_{q_1}^{k_1}\hat{B}_{q_2}^{k_2}\hat{B}_{q_3}^{k_3} \tag{8.6}$$

在附录 1 中可以查到(带括号的)$3j$ 符号的定义。镧系和锕系中有 9 种这样的不变量，它们与 k 值的 9 种不等价组相对应，即

$$(k_1k_2k_3) = (222),\ (224),\ (246),\ (244),\ (444),\ (446),\ (266),\ (466),\ (666) \tag{8.7}$$

高对称系统中，不变量 $\nu_3(k_1k_2k_3)$ 可能并不完全独立。通过它们与(8.6)式中晶体场参数间的关系可以确定它们的内部依赖性。

3 阶($n=3$)矩量可用三次旋转不变量表示为

$$(\sigma_3(\alpha LSJ))^3 = \frac{1}{2J+1}\sum_{k_1,k_2,k_3=2,4,6}(-1)^{2J}\nu_3(k_1,k_2,k_3)\begin{Bmatrix} k_1 & k_2 & k_3 \\ J & J & J \end{Bmatrix} \times \prod_{k_i;i=1,2,3}\langle\alpha LSJ \| C^{(k_i)} \| \alpha LSJ\rangle \tag{8.8}$$

4 阶($n=4$)矩量可以最为简便地写为

$$(\sigma_4(\alpha LSJ))^4=\frac{1}{2J+1}\sum_{k_1,k_2,k_3,k_4}\prod_j\langle\alpha LSJ\parallel C^{(k_j)}\parallel\alpha LSJ\rangle\times\sum_k(-1)^k(2k+1)$$
$$\times\begin{Bmatrix}k_1&k_2&k\\J&J&J\end{Bmatrix}\begin{Bmatrix}k&k_3&k_4\\J&J&J\end{Bmatrix}\nu_4(k_1k_2k_3k_4;k)\tag{8.9}$$

其中,四次旋转不变量由下式给出:

$$\nu_4(k_1k_2k_3k_4;k)=\sum_{q,q_1,q_2,q_3,q_4}(-1)^{k+q}\begin{pmatrix}k_2&k_1&k\\q_2&q_1&-q\end{pmatrix}\begin{pmatrix}k&k_4&k_3\\q&q_4&q_3\end{pmatrix}\prod_j B_{q_j}^{k_j}\tag{8.10}$$

通常有 21 个这样的不变量不等价组,对应于对 k_1,k_2,k_3,k_4 无序赋值 2,4,6 的不同式相关。

8.1.3　特殊结果

对于只有数个参数不会消去的格位对称性,上面推导出来的旋转不变量的一般表达式将会大为简化,下面以 Wybourne 归一化的实参数 B_q^k 形式给出推导的六角和立方格位表达式。

8.1.3.1　六角格位旋转不变量

f 电子系统中,如镧系和锕系,六角对称格位(也就是具有 $C_6,C_{3h},C_{6h},D_6,C_{6v}$,$D_{3h}$ 和 D_{6h} 对称性)的二次旋转不变量取下面的形式:

$$(s_2)^2=\frac{(B_0^2)^2}{5},\quad(s_4)^2=\frac{(B_0^4)^2}{9},\quad(s_6)^2=\frac{[(B_0^6)^2+2(B_6^6)^2]}{13}\tag{8.11}$$

六角格位的立方旋转不变量可用晶体场参数表示为

$$\nu_3(222)=-\sqrt{\frac{2}{35}}(B_0^2)^3$$

$$\nu_3(224)=\sqrt{\frac{2}{35}}(B_0^2)^2B_0^4$$

$$\nu_3(244)=-\frac{2}{3}\sqrt{\frac{5}{77}}B_0^2(B_0^4)^2$$

$$\nu_3(246)=\sqrt{\frac{5}{143}}B_0^2B_0^4B_0^6$$

$$\nu_3(444)=3\sqrt{\frac{2}{1001}}(B_0^4)^3$$

$$\nu_3(446)=-\frac{2}{3}\sqrt{\frac{5}{143}}(B_0^4)^2B_0^6$$

$$\nu_3(266)=-\sqrt{\frac{14}{715}}B_0^2(B_0^6)^2+2\sqrt{\frac{22}{455}}B_0^2(B_6^6)^2$$

$$\nu_3(466)=2\sqrt{\frac{7}{2431}}B_0^4(B_0^6)^2+3\sqrt{\frac{11}{1547}}B_0^4(B_6^6)^2$$

$$\nu_3(666)=\frac{-20}{\sqrt{46189}}(B_0^6)^3+6\sqrt{\frac{11}{4199}}B_0^6(B_6^6)^2$$

8.1.3.2 立方格位旋转不变量

位于立方格位,也就是 T,T_d,T_h,O 和 O_h 下离子的二次矩量如下:

$$(s_2)^2=0,\quad (s_4)^2=\frac{4(B_0^4)^2}{21},\quad (s_6)^2=\frac{8(B_0^6)^2}{13} \tag{8.12}$$

立方格位的旋转矩量为

$$\nu_3(444)=8\sqrt{\frac{2}{1001}}(B_0^4)^3$$

$$\nu_3(446)=-\frac{32}{7}\sqrt{\frac{5}{143}}(B_0^4)^2B_0^6$$

$$\nu_3(466)=-24\sqrt{\frac{7}{2431}}B_0^4(B_0^6)^2$$

$$\nu_3(666)=\frac{64}{\sqrt{46189}}(B_0^6)^3$$

其他的 $\nu_3(k_1k_2k_3)$都消失了。

为了得到简化立方格位计算的闭合形式表达式,可以用 Butler 等(见[But81])计算的八面体(O_h)群的耦合系数(或 3j 因子)将 4 阶不变量与晶体场参数 B_0^4 和 B_0^6 乘积清楚地联系起来,得到的表达式为

$$\nu_4(k_1k_2k_3k_4;k)=d_k(k_1k_2k_3k_4)(B_0^4)^m(B_0^6)^n \tag{8.13}$$

在表 8.2 中给出了参数 $d_k(k_1k_2k_3k_4)$。对立方格位仅有 6 组不等价的$(k_1k_2k_3k_4)$,对应的 m,n 值在表 8.2 中列出。这些确定了 25 个非零的不变量 $\nu_4(k_1k_2k_3k_4;k)$。

表 8.2 (8.13)式中联系立方晶体场参数和四次不变量的因子 $d_k(k_1k_2k_3k_4)$

$k_1k_2k_3k_4$		4444	4446	4466	4646	4666	6666
m,n		4,0	3,1	2,2	2,2	1,3	0,4
k	0	0.327	0	1.27	0	0	4.92
	2	0	0	0	0	0	0
	4	0.0746	−0.178	−0.269	0.426	0.642	0.968
	6	0.0913	0.138	−0.0318	0.207	−0.0479	0.0111
	8	0.0443	−0.0561	0.253	0.0711	−0.320	1.44

续表

$k_1k_2k_3k_4$		4444	4446	4466	4646	4666	6666
m, n		4,0	3,1	2,2	2,2	1,3	0,4
k	10	0	0	0	0.0849	0.226	0.603
	12	0	0	0	0	0	0.523

表中条目的封闭表达式在[YN86a]的表Ⅱ给出。在$(k;k_1k_2k_3k_4)=(8;4466)$的表达式中，分母 211 应该是 221。

旋转不变量参数 s_k^2，$\nu_3(k_1k_2k_3)$，$\nu_4(k_1k_2k_3k_4;k)$等提供了另外一种可供描述晶体场的方法。特别地，除参数符号外，立方对称场可以完全由$(s_4)^2$，$(s_6)^2$单独描述。完全描述较低对称性的晶体场则需要更高次的不变量。

8.1.4　自由离子哈密顿修正

已证明(见[Lea82])J 多重态的平均能量可以通过下列考虑了晶体场 J 混合效应的公式进行修正：

$$\bar{E}(\alpha J)=E^0(\alpha J)+\frac{1}{2J+1}\sum_k s_k^2\sum_{\beta J'\neq\alpha J}\frac{\langle\alpha J\parallel C^{(k)}\parallel\beta J'\rangle^2}{E^0(\alpha J)-E^0(\beta J')}\tag{8.14}$$

其中，α，β 吸收了所有未标明的态的符号。这个等式是不变量 s_k^2 的简单线性函数，并没有显含晶体场参数 B_q^k。因此，到一级近似，通过(8.14)式将晶体场 J 混合效应并入到自由离子参数的拟合中，而没有同时对自由离子和晶体场哈密顿进行对角化，那将会很复杂。

8.2　二次旋转不变量和叠加模型

如(8.5)式所示，3 个二次旋转不变量与 J 多重态晶体场分裂的标准偏差(或 2 阶矩量)是线性关系，允许直接独立地确定 B_q^k 自己的 s_k^2 值。由此，由(8.4)式从晶体场参数得到的 s_k^2 值可和直接确定的值比较，以检验拟合的 B_q^k 参数组。

s_k^2 的叠加模型(见第 5 章)表达式可以通过将(5.4)式中的关系直接代入(8.4)式得到，给出为

$$s_k^2=\frac{1}{2k+1}\sum_{i,j}\bar{B}_k(R_i)\bar{B}_k(R_j)C_0^{(k)}(\omega_{ij})\tag{8.15}$$

注意到当 $q=0$ 时，由(2.6)式定义的函数 $C_q^{(k)}(\theta,\varphi)$仅仅依赖于单一角度$(\theta)$。配位体 i 方位$\boldsymbol{R}_i=(R_i,\theta_i,\phi_i)$和配位体 j 方位$\boldsymbol{R}_j=(R_j,\theta_j,\phi_j)$间的角度 ω_{ij} 由下式给出：

$$\cos \omega_{ij} = \sin \theta_i \sin \theta_j \cos(\phi_i - \phi_j) + \cos \theta_i \cos \theta_j$$

(8.15)式的大多数应用中,固有参数都用它们在特定距离处的值和幂律指数项 t_k 来表示(见(5.5)式)。(8.15)式表明 s_k^2 是固有参数和角度 ω_{ij} 两者的函数。因此尽管 s_k^2 值是旋转不变量,但不能简单地像文献中所经常做的那样,认为它们就代表了配位体间相互作用的强度。与固有参数 $\bar{B}_k(R_i)$ 不同,它们不具有简单的物理含义。

(8.15)式的主要价值在于,可以不借助于对 B_q^k 的详细晶体场拟合,而直接通过晶体场分裂的标准偏差得到固有参数值。给出格位结构后,就仅需要对固有参数$\bar{B}_k(R_i)$对距离的依赖性做出一些合理的假设。

Auzel(见[Auz84]及其中的参考文献)引入了所谓的晶体场强度参数 $S = \sqrt{\sum_k s_k^2}$,这些常常与 J 多重态晶体场分裂的最大值线性相关,有时的目的是用于对比(见[CLWR91])。晶体场强度参数也被认为对于理解离子间能量传递是相当重要的。

8.3 应用举例

本节重点介绍前节所概述的理论的 3 种不同类型的应用,目的是证明在各种类型的计算中,使用晶体场不变量和矩量可以带来很大的简化。

8.3.1 估计对低对称格位的晶体场参数

对低对称系统,拟合空间中存在很多最小值,有必要使用与最终拟合值非常接近的起始值。在 3.2.3 节中,介绍了几种用于确定晶体场参数起始值的其他策略。一旦得到了一种镧系离子的一组可靠的拟合值,理所当然地,这些参数就可以用做拟合相同基质晶体中其他离子的初始值。沿着镧系,预计晶体场参数通常平滑变化,这对所得到的重要结果给出了最可靠的检查。不幸的是:对于像 Ln^{3+}:LaF_3这样的低对称系统,坐标并没有唯一的定义,即使相同 Ln^{3+} 离子的单独晶体场参数 B_q^k 也可以显著不同(见表 8.1)。不过,如表 8.3 所示,在拟合中无论如何假设格位对称性,相应的旋转不变量都相当一致。

表 8.4 列出了 Ln^{3+}:LaF_3系列的晶体场不变量 s_k和S,它们是通过由Morrison 和 Leavitt(见[ML79])得到的 C_2 对称性下和由 Carnall 等(见[CGRR89])得到的 C_{2v}近似对称性下的晶体场参数计算得到。整个系列中,2 阶和 4 阶 s_k不变量在整个系列中表现出很平滑的变化,但是过半满壳层离子的 s_6不变量的值却急剧下降。

这反映出了处于无水氯化物中镧系离子的晶体场行为，其归因于镧系中大的 6 阶自旋关联晶体场贡献（见第 6 章）。

表 8.3　用表 8.1（单位：cm^{-1}）给出的 Er^{3+}：LaF_3 的晶体场参数来计算的二次旋转不变量 s_k 和 S

	C_2	C_2	C_{2v}	C_{2v}	D_{3h}
s_2	100	127	112	121(11)	126
s_4	359	308	309	287(48)	387
s_6	303	314	316	317(38)	278
S	480	457	456	445(61)	493
	[SN71a]	[ML79]	[CC83]	[CGRR89]	[CCC77]

括号中的值是误差。

表 8.4　LaF_3 中三价镧离子的晶体场不变量（单位：cm^{-1}）

	Pr	Nd	Sm	Eu	Tb	Dy	Ho	Er	Tm
$s_2(a)$	124	118	105	102	121	117	127	121	130
$s_2(b)$	82	99	83	111	—	106	104	127	65
$s_4(a)$	431	398	373	368	334	332	311	287	294
$s_4(b)$	398	375	343	328	—	365	295	308	270
$s_6(a)$	529	521	472	463	364	349	340	317	296
$s_6(b)$	544	528	451	418	—	358	340	314	322
$S(a)$	694	666	610	600	508	495	478	445	437
$S(b)$	679	655	573	543	—	522	462	457	425

a 和 b 值分别由[CGRR89]和[ML79]中得到的参数确定。基于可能的参数误差，不确定值在 10% 量级。

旋转不变量的性质指出了一种使用叠加模型估计晶体场参数拟合初始值的不同方法。给出了不变量 s_k 值后，(8.15)式就提供了每一个 $\bar{B}_k(R_i)$ 和与其对应的 t_k 间的关系。结合前面这些参数预期值的预先知识，就可以给出足够的信息来估计初始晶体场参数组。

现通过列举获得 Er^{3+}：LaF_3 光学光谱拟合所需初始晶体场参数值的必要步骤来说明这种方法。

（ⅰ）使用(8.2)式计算 Er^{3+}：LaF_3（见[ML79，ML82]）光学光谱的 10 个低 J 多重态（表 8.5 给出了详细说明）晶体场分裂的二次矩量 σ_2。在这个过程中必须考虑对态求和中每一能级的简并。E^0 是一给定的 J 多重态中的能量平均值。在这个分析中已经忽略了重叠 J 多重态。在表 8.5 中以 σ_2（实验）列出了 σ_2 的计算值。

表 8.5 基于[ML82]中的实验结果给出的 Er^{3+} : LaF_3的 10 个低能级多重态的约化矩阵元和二次矩量(单位:cm^{-1})

光谱项	$\langle J \| C^2 \| J\rangle$	$\langle J \| C^4 \| J\rangle$	$\langle J \| C^6 \| J\rangle$	质心	σ_2(实验)	σ_2(拟合)
$^4I_{15/2}$	0.6796	0.6962	1.7402	217	147.4	146.4
$^4I_{13/2}$	0.5677	0.4696	0.6120	6701	69.3	67.5
$^4I_{11/2}$	0.3820	0.2139	0.2120	10 340	31.2	30.4
$^4I_{9/2}$	0.0866	0.3157	1.1373	12 597	115.5	114.9
$^4F_{9/2}$	−0.5080	0.3096	−0.2918	15 453	45.4	46.7
$^4S_{3/2}$	−0.2605	0	0	18 573	15.5	13.5
$^2H_{11/2}$	0.0648	−0.3122	0.4241	19 337	48.3	48.4
$^4F_{7/2}$	−0.5365	−0.1147	0.4041	20 720	47.3	49.4
$^2H_{9/2}$	−0.5266	−0.1645	−0.9907	24 748	97.4	98.7
$^4G_{11/2}$	−0.0961	−0.5566	0.3243	26 612	61.0	61.8

(ⅱ) 使用已经发表的 Er^{3+} : LaF_3 的自由离子参数(见[ML79]),计算所选的 10 个 J 多重态的 $k=2,4,6$ 阶的约化矩阵元 $\langle \alpha SLJ \| C^{(k)} \| \alpha SLJ\rangle$。

(ⅲ) 使用 (8.5) 式,对 10 个计算的二次矩量 $\sigma_2^2(J)$进行旋转不变量 s_k^2 的线性最小二乘拟合,给出

$$s_2 = 104\ \text{cm}^{-1}, \quad s_4 = 341\ \text{cm}^{-1}, \quad s_6 = 305\ \text{cm}^{-1}$$

(使用了等于 $\sigma_2^2(J)$倒数的权重因子来获得这些结果。)这些 s_k 值与表 8.3 所列的由拟合晶体场参数所得到的值相一致。

(ⅳ) 固有参数 $\bar{B}_k$ 值的估计范围如下:

(a) 利用 Cheetham 等(见[CFFW76])关于 LaF_3 中子散射结果,得到了 11 个最近邻氟配位体 i(见 [YN85a]中的表Ⅱ)的极坐标(R_i,θ_i,ϕ_i)。

(b) 使用(8.15)式和(5.5)式,对幂律指数 t_k 画出 $|\bar{B}_k/s_k|$ 图形。在[YN85a]中的表 1~3 给出了得到的图形。

(c) 假设 t_k 的范围是 5~15,则可以确定 $R=2.421$ Å 处的固有参数值范围:

$$\left.\begin{aligned} \bar{B}_2 &= 830 \pm 100\ (\text{cm}^{-1}) \\ \bar{B}_4 &= 560 \pm 40\ (\text{cm}^{-1}) \\ \bar{B}_6 &= 310 \pm 40\ (\text{cm}^{-1}) \end{aligned}\right\} \tag{8.16}$$

这提供了一种直接估计固有参数值的方法,但并不能够确定幂律指数。

(ⅴ) 最后使用叠加模型表达式(5.4)式估计晶体场参数初始值。应该尝试由(8.16)式允许范围内固有参数所确定的一些其他初始值,以用来验证在拟合空间中存在多个最小值。

8.3.2　立方晶体场参数

为了阐明高阶晶体场分裂矩量的用途，我们考虑了立方单磷族化合物中 Nd^{3+} 基态多重态的晶体场分裂。对于 Nd^{3+} 的 $^4I_{9/2}$ 基态多重态，立方晶体场将 $J=9/2$ 简并自由离子态分裂为3个能级（$\Gamma_6+2\Gamma_8$），因此仅有两个独立的晶体场分裂能，仅够用来确定两个立方晶体场参数，即传统的晶体场拟合中的 B_0^4 和 B_0^6。

另外一种方法需要使用 Nd^{3+} 的 $^4I_{9/2}$ 基态多重态的二次和四次矩量。和传统晶体场拟合一样，需要有自由离子 $^4I_{9/2}$ 基态多重态的约化矩阵元。依据[YN86a]，在接下来的计算中使用了 LS 耦合下的约化矩阵元。必须解两个联立的方程，将(8.12)式代入(8.5)式得到第一个方程

$$\sigma_2^2=(4.58(B_0^4)^2+25.6(B_0^6)^2)\times 10^{-3}$$

通过(8.9)式和(8.13)式，并结合表8.2得到第二个联立方程，也就是

$$\sigma_4^4=(0.279(B_0^4)^4-1.05(B_0^4)^3B_0^6+17.68(B_0^4)^2(B_0^6)^2 -23.65B_0^4(B_0^6)^3+84.05(B_0^6)^4)\times 10^{-3}$$

注意到由二次和四次矩量仅可以得到 B_0^4 和 B_0^6 的相对符号。

表8.6总结了 Yeung 和 Newman（见[YN86a]）得到的两种钕单磷族元素化合物的结果。能级的实验值来自于 Furrer 等（见[FKV72]）。在表8.6中以“CF拟合”标明用基态多重态能级（见[FKV72]）直接拟合晶体场的结果。这些可以同由计算 σ_2，σ_4 和解上面的 B_0^4 与 B_0^6 联立方程所得到的结果进行比较，得到的结果在表8.6中以“σ 拟合”标明。

表8.6　Nd^{3+} 单磷族化合物的矩分析

晶体		$\Gamma_8^{(1)}$	Γ_6	σ_2	σ_4	B_0^4	B_0^6
NdP	实验值	14.6(3)	2.8(1)	6.8(2)	7.1(2)		
	CF拟合	14.54	2.41	6.79	7.09	91(2)	10.2(5)
	σ 拟合	14.62	2.91	6.77	7.08	90(2)	10.9(12)
NdAs	实验值	13.5(1)	2.6(1)	6.26(8)	6.55(8)		
	CF拟合	13.48	2.19	6.30	6.58	85(2)	9.4(3)
	σ 拟合	13.55	2.83	6.26	6.55	83(1)	10.2(4)

复制[YN86a]中表Ⅲ的数据，这得到了美国物理所同意，所有量的单位是meV，括号表示实验或拟合的误差。

8.3.3　自旋关联晶体场参数

当晶体场哈密顿包含了自旋关联晶体场后（见6.2.2节和6.3.3节），可更

好地理解掺杂于晶体中三价镧系离子晶体场分裂的某些特点。然而，只有在已知众多光谱能量和格位对称性高等特别有利条件下，例如[CN84c]和[RR85]等中，才可使用标准拟合程序。这需要同时确定大量的参数，包括很多自由离子参数。

为了避免在使用标准方法时所遇到的问题，Yeung 和 Newman（见[YN86b]）以使用二次不变量为基础，发展了一种用于得到自旋关联晶体场参数 c_k 的方法。这种方法的一个优点是它不需要确定标准单电子晶体场参数。这对于低对称格位的顺磁离子情况尤为重要。第二个优点就是不需要同时拟合自由离子和晶体场参数。不过首先必须对自由离子进行计算，以确定中间耦合下的约化矩阵元。与旋转不变量的其他应用一样，需假设无晶体场 J 混合。这种假设使得这种方法在锕系光谱分析上的潜在用处很少。

通过将晶体场哈密顿中的单电子张量算符 $C_q^{(k)}(i)$ 替换为算符 $1+c_k\boldsymbol{S}\cdot\boldsymbol{s}_iC_q^{(k)}(i)$（见 6.3.3 节）而引入自旋关联晶体场。因此通过 3 个拟合参数 $c_k(k=2,4,6)$ 表示了自旋关联效应。假定参数化与 q 无关的合理性在 6.3.3节已经讨论过了。Crosswhite和 Newman（见[CN84c]）已对 c_k 参数与 q 无关给出了一些实验证明。

上面引入的算符替换等价于将（8.5）式中的约化矩阵元 $\langle J\parallel C^{(k)}\parallel J\rangle$ 替换为下列表达式 $\langle J\parallel C^{(k)}\parallel J\rangle+c_k\langle J\parallel V^{(k)}\parallel J\rangle$（见[Jud77a]）。这里的“$V$”算符用它们下面的单电子成分定义：

$$V_q^{(k)}(i)=\boldsymbol{S}\cdot\boldsymbol{s}_iC_q^{(k)}(i) \tag{8.17}$$

J 用做完整多重态符号 αLSJ 的缩写。可以证明“V”算符具有以下约化矩阵元：

$$\langle J\parallel V^{(k)}\parallel J\rangle=\langle l\parallel C^{(k)}\parallel l\rangle\langle J\parallel\sqrt{\frac{S(S+1)}{2S+1}}V^{(1k)}\parallel J\rangle \tag{8.18}$$

这些可以通过使用算符 $V^{(1k)}$ 的约化矩阵元（已由 Nielson 和 Koster 的[NK63]列表给出）进行计算。用上面的替换，一给定的 αLSJ 多重态的二次矩量 σ_2 归纳为

$$\sigma_2^2(J)=\frac{1}{2J+1}\sum_k(\langle J\parallel C^{(k)}\parallel J\rangle+c_k\langle J\parallel V^{(k)}\parallel J\rangle)^2s_k^2 \tag{8.19}$$

对所有晶体场能级已知的多重态，如果确定了 σ_2 的值，则可以使用（8.19）式拟合二次不变量 s_k 和自旋相关晶体场参数 c_k。由于 c_k 值较小，因此可以忽略掉（8.19）式中依赖于 c_k 的项。为得到好的结果，$C^{(k)}$ 和 $V^{(k)}$ 约化矩阵元线性独立于拟合过程中所使用的多重态组是必要的。可以使用[YN86b]中介绍的方法对线性独立性进行有效的验证。如[YN86b]中介绍，通过将四次矩量 σ_4 和它们的计算值进行比较，验证了用 s_k 和 c_k 参数拟合二次矩量的结果。

将这些直接包含在拟合比立方对称性还低的体系时，尽管会很复杂，但它们确实对使用二次不变量获得的参数给出了有效的检验。为了评估其准确性，Yeung 和 Newman（见[YN86b]）将上述方法应用于 Crosswhite 和 Newman（见[CN84c]）

研究过的 $Ho^{3+}:LaCl_3$。从 Rajnak 和 Krupke 的工作中(见[RK67,RK68])得到了用于计算 Ho^{3+} 中阶耦合约化矩阵元所需要的自由离子本征值,实验结果取自 Crosswhite 等的[CEER77]。使用由 Crosswhite 等确定的能级,确定了下列13个多重态 $^5I_8$,$^5I_7$,$^5I_6$,$^5I_5$,$^5I_4$,$^5F_5$,$^5F_4$,$^5F_3$,$^3K_8$,$^5G_6$,$^5G_5$,$^5G_4$ 和 $^5D_4$ 的二次矩量。使用(8.19)式,用最小二乘拟合方法拟合了旋转不变量 s_k 和自旋关联晶体场参数 s_k。

在表8.7中报道了用参数 s_k 和 c_k 拟合数据四次的结果,每次有不同的 c_k 组合保持为0。最后一行给出了由晶体场参数拟合(见[CN84c])得到的相应结果。从表8.7可以看出,c_6 的引入使得二次矩量的拟合有了一个很大的改善。c_2 导致了平均均方差有一个较小的但十分明显的减小,而可以忽略包含 c_4 的作用。

表8.7　采用二次不变量对 $Ho^{3+}:LaCl_3$ 的自旋关联晶体场分析

	s_2	s_4	s_6	c_2	c_4	c_6	$\Delta\sigma_2$	$\Delta\sigma_4$
(a)	98.4	104.0	170.1	[0]	[0]	[0]	4.38	4.99
(b)	99.9	107.6	213.9	[0]	[0]	0.150	1.17	1.71
(c)	65.5	102.2	214.6	−0.390	[0]	0.149	0.85	1.28
(d)	73.6	145.3	211.7	−0.225	0.159	0.143	0.84	1.23
(e)	105.1	89.5	217.2	0.04	−0.05	0.16	1.57	2.10

数据从[YN86b]中表Ⅰ得到(得到了美国物理研究所同意)。在(a)~(c)拟合中,符号[0]表示参数被限定为零。在(e)中,所有量的计算都是使用[CN84c]中确定的晶体场参数和 c_k 值。

表8.7还给出了四次矩量的偏差,这些是以由实验数据直接确定的数值和使用拟合晶体场参数计算得到的值之间的对比为基础的。四次矩量的均方差根可以对拟合参数的物理意义进行有效的独立检验。用四次矩量确定时,拟合相对质量与由二次矩量确定的是一样的。

由表8.7报道的拟合所确定的 c_4 和 c_6 的正值基本上与 Crosswhite 和 Newman 得到的值相同,但确定的 c_2 的负值大了很多。在 Yeung 和 Newman(见[YN86b])中有更加详细的分析,其中还报道了关于 $Ho^{3+}:YPO_4$、$Er^{3+}:YAlO_3$ 和 $Nd^{3+}:PbMoO_4$ 的类似分析。

8.4　展　　望

当通常的晶体场拟合程序(如第3,4章中介绍的)在拟合光学光谱时遇到困难时,晶体场不变量有非常有用的应用。这种情况发生在晶体场参数数目较大时，如低对称格位情况以及需要附加类型的晶体场参数值时。确定自旋关联晶体场参数的例子表明矩方法还可以用于检验自旋关联晶体场效应的其他模型。[YN87]中已经沿着这个方向迈出了一步，其中研究了可能的轨道关联晶体场效应。

（杨友源）

第 9 章　半经典模型

Trammel(见[Tra63])引入了半经典或隧道晶体场模型,用于启发辅助理解镧系磷化物的磁性顺序。后来,Pytte 和 Stevens(见[PS71])使用这个模型描述了镧系钒酸盐中的杨-特勒顺序。

半经典模型也可解释石榴石(见[JDR69,OH69])和超导铜酸盐(见[FBU88a,FBU88b,SLK92])中观测到的钬、铒基态多重态的八重能级簇(见 9.3 节)。由于不存在高于立方对称性格位的可能[①](见附录 1),因此产生能级团簇不可能与通常原因——存在近似的更高对称性有关。

Trammel(见[Tra63])将能级团簇解释为经典角动量矢量的择优取向沿着晶体场势最小方向所致。接下来 Harter 和 Patterson(见[HP79])发展了半经典模型的定量描述,用于解释在多原子分子旋转能级中所观测到的更加显著的能级团簇。半经典模型对于分子转动能级非常准确,这主要是因为所感兴趣的态具有很大的角动量。晶体场分裂中,角动量相对较小。虽然需要选择性地使用这种模型,但有时它确实很有用,这将在本章中试图说明。

在半经典模型中,通过一些沿不同方向量子化轴的角动量本征态$|J,M_J=J\rangle$的叠加来描述能量最低团簇态。这些态中的每一个态都被解释为位于有效晶体场势中某一简并最小值处的角动量矢量 $\boldsymbol{J}$。最小值的数目决定了团簇的所有简并度。在近似立方系统中,这种简并度通常是六重或者八重的。某些但不是全部情况下,最小值数目与最近邻配位体数目相对应。因等价势最小值间角动量矢量的隧道效应,以这种方式产生的基态简并度可被分裂。位于不同势最小值间的矩阵元常被解释为隧道振幅。如 9.2 节所述,在团簇内的能级分裂可用隧道效应来表述。

半经典模型可能有价值的一个例子是将观测到的基态多重态光谱分为两个或者更多明确的团簇能级,这样,团簇内的分裂小于团簇间的分裂。当基态多重态具有较大 J 值时,在镧系离子光谱中常观测到这类团簇。

基态的另一个特点是它还可以指出半经典模型的适用性。当发现基态的观测光谱分裂因子(即熟知的 g 因子)接近于它们的最大可能 (自由离子) 值时,则它们

---

① 虽然在这些基质中,实际格位的对称性都低于立方对称性,但在近似的立方对称性下,至多只产生三重能级团簇(简并),而不是实际观察到的八重能级团簇(简并)。

有对应于 $M_J=J$ 态的叠加。以这种方式写出基态，对于描述包含独立或者耦合离子的热学和磁学性质非常有用，这是因为这些性质仅包含低能级的激发。例如，在 9.1.3 节中（见[PS71，EHHS72]）讨论的钒酸盐中的杨-特勒顺序。

半经典模型能够以多种途径使用，特别是它给出了与低能级团簇相对应的态的简单解析表达式。当仅能得到有限数量的信息时，它有特殊的价值，比如使用电子自旋共振、远红外光谱或者非弹性中子散射确定晶体场分裂情况。还可使用由高对称格位（比如说立方）得到的分析表达式以作为研究具有相似结构的低对称格位晶体的第一步。如果单个能级很宽，以至于团簇内的能级合并，半经典模型可以用来将团簇内的分裂与晶体场参数联系起来。在 9.1.2 节中给出了一个这种类型的应用。

一种更加有效的半经典模型应用是用来给出晶体场分裂能级的“唯一对称性符号”（见[New83b，YN85b]）。然而，这主要是群论所关心的，不适合包含在本书中探讨。

本章 9.1 节给出了应用半经典模型的 3 个介绍性例子，9.2 节专注于构造和对角化一个位于近似立方格位的镧系离子的隧道哈密顿的例子。总的目的就是评估最适合于半经典方法的应用类型。

9.1 介绍性例子

第一个例子是使用程序 LLWDIAG（见附录 3）产生的结果或者 Lea、Leask 和 Wolf 论文（见[LLW62]）中给出的相应结果，用来确定立方晶体场中镧系和锕系离子有可能发生基态多重态团簇时的情况；第二个例子集中解释了玻璃中某些镧系离子光谱团簇的内部分裂，这提供了一个潜在重要的、以前没有探索过的半经典模型的应用领域；最后一个例子是关于半经典模型在描述钒酸镝和钒酸铽中杨-特勒次序中的应用（见[PS71]）。

9.1.1 立方晶体场和近立方晶体场中的团簇

Trammel（见[Tra63]）指出，团簇可以通过一些限定参数 x 范围的 Lea、Leask 和 Wolf（见[LLW62]，在 2.2.5 节中定义出，见（2.13）式）的能级图[①]进行预测。在较高 J 值情况下这尤为明显，特别是 $J=8$，$J=15/2$ 和 $J=6$ 时，所有这些都对应着特定的镧系和锕系离子基态多重态。与实际系统有关的观测依赖于 4 阶和 6

① 这些图可用附录 3 所述的 Mathematica 程序 LLWDIAG 产生。

阶立方晶体场的参数间比例实际值是否对应于团簇发生时的 x 值。

离子晶体的实际 x 值可以通过固有参数 $\mu=\bar{B}_6/\bar{B}_4$ 的比例进行估计。在第5章中给出的固有参数值表明，对于大多数负电荷配位体，$0.67<\mu<1.0$。使用5.3节中给出的八配位和六配位立方格位（也就是 $c=8$ 或6）的公式就可以确定表9.1中列出的物理上重要的 x 值范围。参考 Lea、Leask 和 Wolf 所作的图（见[LLW62]），就可以预计强(s)团簇、弱(w)团簇及无(n)团簇情况。如表9.1所示，强团簇仅可能在离子基质晶体中的钬（在两种配位下）、铽（在八重配位下）和镝（六配位下）的基态多重态中。这四种情况给出了半经典方法最可能的应用领域。

表 9.1　镧离子在立方格位时基态分裂的团簇预测

离子	J	W	$\beta F(4)/\gamma F(6)$	$x(c=6)$	$x(c=8)$
Tb^{3+}	6	－	－0.867	－0.89～－0.92:w	0.75～0.82:s
Dy^{3+}	15/2	＋	－0.0825	－0.46～－0.54:s	0.22～0.30:n
Ho^{3+}	8	－	0.111	0.51～0.61:s	－0.28～－0.37:s
Er^{3+}	15/2	＋	0.0929	0.46～0.57:w	－0.25～－0.33:w
Tm^{3+}	6	－	－0.231	－0.68～－0.76:n	0.45～0.55:n

立方参数 W 和 x 由(2.13)式定义。列出的 x 范围与2/3和1间的 $\mu=\bar{B}_6/\bar{B}_4$ 相对应。W 符号确定了在[LLW62]中 Lea、Leask 和 Wolf 所作的图中低团簇的位置。符号 s,w,n 分别表示强、弱和无团簇。

参考 Lea、Leask 和 Wolf 所作的图（见[LLW62]）可看出在哪些情况下最小势的值在配位体方向，即 $c=6$ 时的六重团簇或 $c=8$ 时的八重团簇；当最小值位于配位体方向之间时，则 $c=6$ 时具有八重团簇，或者 $c=8$ 时具有六重团簇。这些标志表明在钬基态多重态下，势最小值沿着配位体方向，然而镝和铽基态多重态的最小势值则位于两配位体方向之间。

9.1.2　玻璃体中的镧系离子低能态

中子散射光谱提供了一种用于探测玻璃体中镧系离子最低多重态能级的有效手段。可获得很清晰的光谱，但这些光谱并不具有处于晶态环境中镧系离子的细锐谱线特征。然而，假设玻璃体是无序性质的，与此相反，根本不能预期找到清晰的光谱。这些情况的出现，可能有两方面原因。

(1) 在玻璃体中有非常明确的平均晶体场势（这种势的随机方向性不会影响能级）。

(2) 半经典模型是一个好的近似，给出了 $M_J=J$ 和 $M_J=J-1$ 局域态之间的能级差，其完全与格位结构细节无关。据推测，当最小势位于配位体方向时，这种情况最有可能发生。

磷酸盐玻璃中不同镧系离子的非弹性中子散射光谱给出了一个有趣的例子(B. Rainford 和 R. Langan，私人交流)。Ho^{3+} 基态多重态光谱仅由一个位于41 meV处较宽但十分清晰的光谱构成。这与两最低团簇间的明显分离一致。Tb^{3+} 也具有单谱线基态多重态光谱,但这表现为一个从 0～20 meV 的肩,这与两最低能级团簇微弱分开一致。其他镧系离子具有更复杂的光谱,但通常更为清晰。

这些观测表明 Ho^{3+},也可能还有 Tb^{3+} 非弹性中子散射光谱来自于(近似)半经典局域态间跃迁。在中子散射光谱中,形成两个最低半经典团簇能级间的局域态间的磁偶极子跃迁强度在中子散射光谱中应该较强,这是因为它们是由 $M=J$ 和 $M=J-1$ 局域态间的跃迁产生的。

为了实现半经典计算,必须做一些明确的简化假设:

(1) 半经典模型可以用于 Ho^{3+} 和 Tb^{3+} 的基态多重态。这与表 9.1 的结果一致。

(2) 配位体间的排斥作用确保了它们在顺磁离子周围以规则的方式进行空间分布,平均起来,一般倾向于产生高位置对称性。更精确地说,也就是假设磷酸盐玻璃中镧系离子的平均局域点对称性是立方的,并且具有 6 个或者 8 个氧配位体。在这种近似下,仅需要考虑 4 阶和 6 阶晶体场参数。

(3) 假定它们大小相近,则可假设 Ho^{3+} 和 Tb^{3+} 具有相同数量的配位体。

(4) 假设叠加模型(见第 5 章)仍有效,Ho^{3+} 和 Tb^{3+} 具有相同的固有参数。

可以预计相似配位体距离 R_L 处的固有参数 $\bar{B}_k(R_L)$ 与处于晶态环境中的固有参数 $\bar{B}_k(R_L)$ 具有相似值。立方对称性中只需要考虑固有参数 $\bar{B}_4$ 和 $\bar{B}_6$。如第 5 章中已证明的,这些可以与 Lea、Leask 和 Wolf(见[LLW62])引进的参数 W 和 x 联系起来。使用(单电子)固有参数而不是 W 和 x 描述晶体场的优点是:对于所有的镧系离子,它们都取相似值。

使用八配位和六配位计算出了固有参数比例 $\mu=\bar{B}_4/\bar{B}_6$ 在一定范围内的低态能级,如表 9.2 所示。在每种情况下,选取与 $\boldsymbol{J}$ 矢量方向相对应的坐标轴用于得到了最低基态。八配位和 $\mu=1$ 时,两离子团簇能量差实验比例(2.0)与获得的比例符合最好,相应的比例为 9.64/4.33≈2.2。然后由实验内部团簇分裂得到了固有参数 $\bar{B}_4=\bar{B}_6=272\ \mathrm{cm}^{-1}$。此解与 Ho^{3+} 的 8 个势能量最小值相对应,其 $\boldsymbol{J}$ 矢量指向氧配位体;Tb^{3+} 的六个势能最小值其 $\boldsymbol{J}$ 矢量指向配位体间的立方体表面和。

表 9.2 以系数 $\bar{A}_4=\bar{B}_4/8$ 给出的八配位、六配位 Ho^{3+} 和 Tb^{3+} 的几个 $\mu=\bar{B}_4/\bar{B}_6$ 值下的最低团簇能量

离子	配位数	M_J	轴	$\mu=0.75$	$\mu=1$	$\mu=1.5$	$\mu=3$
Ho^{3+}	8	8	[111]	−5.44	−4.46	−3.47	−2.49
		7		6.78	5.18	3.58	1.99

续表

离子	配位数	M_J	轴	$\mu=0.75$	$\mu=1$	$\mu=1.5$	$\mu=3$
	6	8	[100]	−3.48	−3.24	−3.01	−2.78
		7		2.17	1.79	1.42	1.04
Tb^{3+}	8	6	[100]	−2.45	−2.40	−2.34	−2.29
		5		2.06	1.93	1.79	1.65
	6	6	[111]	−1.87	−1.83	−1.78	−1.74
		5		1.54	1.44	1.34	1.23

运用下面的关系：

$$A_4\langle r^4\rangle=-(7/18)\bar{B}_4,\quad A_6\langle r^6\rangle=(1/9)\bar{B}_6 \tag{9.1}$$

则确定的 Ho^{3+} 离子的 Lea、Leask 和 Wolf 参数为 $x=-0.28$，$W=-0.094$ meV。[LLW62]中的图 1($J=8$)证实了 $x=-0.28$ 与两能级团簇间大的间隙有关(约为 430 W)。使用观测到的 Ho^{3+} 离子内团簇分裂，即 41 meV $=330\ \text{cm}^{-1}$，得到 W$=-0.095$ meV，与上面引用的半经典结果一致。

对于 Tb^{3+}，计算出 LLW 参数为 $x=0.75$，$W=-0.129$ meV。[LLW62]中的图 5 表明 x 为此值时的强团簇具有的团簇内分裂值约为 160 W。将这与实验台肩在 20 meV 得到的 W$=-0.125$ meV 比较，与半经典结果吻合得很好。

总之，已经证明了八配位立方统计对称的半经典近似对磷酸盐玻璃中的 Ho^{3+} 和 Tb^{3+} 均给出了一致的结果。固有参数值具有相似比值，但均小于使用叠加模型对 YVO_4 中的 Er^{3+} 离子晶体光谱分析时得到的结果，也就是 $\bar{B}_4=441\ \text{cm}^{-1}$ 和 $\bar{B}_6=378\ \text{cm}^{-1}$(见表 5.2)。这与下面的预期结果是一致的，也就是平均起来，磷酸盐玻璃体中的配位体距离要稍大于磷酸盐晶体中的配位体距离。

9.1.3　钒酸盐中的协同杨-特勒效应

Pytte 和 Stevens(见[PS71])使用半经典模型确定了近似的低能波函数，这构成了他们解释 $DyVO_4$ 和 $TbVO_4$ 中的协同杨-特勒效应的基础。在这两种材料中，半经典描述的关系可以由大的观测光谱分裂(或者 g)因子值来建立(见[EHHS72])。例如，在低于其跃迁温度的有序态中，观测到 $DyVO_4$ 的 g 因子为 $g_x=19$，$g_y<1$ 和 $g_z=0.5$，在最低激发态下，$g_y=19$，$g_x\approx g_z\approx 0$。此值可和 $J=15/2$态的最大可能 g 值 20 相比较，相应的 $M_J=J$。半经典近似下，这两个二重态是简并的，总的四重简并则对应着存在四个方向，每个方向中 $\boldsymbol{J}$ 矢量能量是最小值。测量 g 因子表明这些最小值在 x-y 平面内形成一个方形。可以证明，Dy^{3+} 的 $\boldsymbol{J}$ 矢量倾向于指向配位体。

在 5.3.2 节中已经介绍了钒酸盐的 D_{2d} 格位结构。最近邻的 4 个氧原子大约

偏离 x-y 平面 12°。然而，考虑了反演操作后，有效对称性将增加至 D_{4h}，其具有 4 个等价共面方向。这些方向与最近邻氧原子方向相交，并且在相对于 x-y 平面 ±12°处有了反演像。

依照半经典模型，低能晶体场态取下列形式(见[PS71])：

$$
\begin{aligned}
|\omega\rangle = N^{-1/2}(|J_x = 15/2\rangle + \omega\,|J_y = 15/2\rangle + \omega^2\,|J_x = -15/2\rangle \\
+ \omega^3\,|J_y = -15/2\rangle)
\end{aligned}
\tag{9.2}
$$

其中，ω 为 $\omega^4 = -1$ 的 4 个解中的一个解，N 用来进行归一化。给出 $J_x = \pm 15/2$ 和 $J_y = \pm 15/2$ 的组态对的简并度，就可以预计隧道效应将把简并度减至两个二重态。

低温下，高能级二重态的粒子数将会减少，产生具有比格位对称性低的电子态。在钒酸盐中，这将由晶体的弹性畸变来稳定，从而可解释观测到的杨-特勒顺序。[PS71，EHHS72]给出了进一步的详细说明。

9.2 八配位立方格位处的隧道效应

本节将关注于单电子隧道矩阵元的显式参数化以及隧道参数与第 2 章中引入的晶体场参数间的关系。为简化讨论，将立方格位处八配位的 Ho^{3+} 基态团簇作为现行例子进行介绍。然而，可以容易地将本节中介绍的方法延伸至其他磁性离子、其他点对称性和其他配位情况。

石榴石和超导铜酸盐具有近似立方对称性，可以观测到处于它们中的 Ho^{3+} 离子基态多重态具有强的团簇，因此选择其作为例子具有特殊意义。例如，处于高温超导 $HoBa_2Cu_3O_{7-\delta}$ 的正交和四角形式中钬的中子散射光谱具有一个团簇达到了 100 cm^{-1} 的观测能级(见表 3.5)，还有一个最高能级约为 500 cm^{-1} (见[FBU88b，AFB+89，GLS91])。

角动量 $J \leqslant 8$ 时，局域波函数间具有很大的重叠，这个事实说明应用半经典模型描述晶体场分裂能级是复杂的。因此有必要把由 Harter 和 Patterson(见[HP79])发展的公式扩展到把这些重叠考虑进来(见 9.2.2 节)。实际上，计算重叠有一个额外的好处，原因是它们的大小可以给出不同能级最小值间的隧道效应相对重要性的有效估计。

9.2.1 隧道贯穿哈密顿

为了找到一给定团簇的隧道贯穿哈密顿表达式，需要：

(ⅰ) 确定 $\boldsymbol{J}$ 矢量势取最小值时的方向；

（ⅱ）找出这些最小值上的态表达式；

（ⅲ）使用这些最小值构建隧道哈密顿和重叠矩阵；

（ⅳ）计算重叠矩阵元。

然后用一个或者更多的隧道振幅来表达隧道哈密顿，还必须通过使用与拟合晶体场参数相似的方法（见第 3 章）拟合观测能级。此哈密顿本征值与团簇内态的能级相对应。

9.2.1.1　立方势的极值

考虑一立方势函数的量子化轴沿着 z 方向，由 Harter 和 Patterson（见[HP79]），这可以表达为下列形式：

$$V_{\mathrm{CF}}(\theta,\phi)=Y_4(\theta,\phi)\cos\alpha+Y_6(\theta,\phi)\sin\alpha \tag{9.3}$$

其中，角 α 为一参数，$Y_4(\theta,\phi)$ 和 $Y_6(\theta,\phi)$ 分别是 4 阶和 6 阶立方晶体场势函数。当 z 方向沿着四重轴时，这些函数通过下列式子与球谐函数相联系：

$$\left.\begin{aligned}Y_4(\theta,\phi)&=\sqrt{1/24}(\sqrt{14}Y_{4,0}(\theta,\phi)+\sqrt{5}(Y_{4,4}(\theta,\phi)+Y_{4,-4}(\theta,\phi)))\\ Y_6(\theta,\phi)&=(1/4)(\sqrt{2}Y_{6,0}(\theta,\phi)-\sqrt{7}(Y_{6,4}(\theta,\phi)+Y_{6,-4}(\theta,\phi)))\end{aligned}\right\} \tag{9.4}$$

在(9.3)式中所使用的坐标系中，一个（等价）四重对称轴沿着 $\theta=0$ 的方向，一个三重对称轴沿着 $\theta=\pi/4$ 和 $\phi=\pi/4$ 的方向。角度 α 与立方晶体场参数的关系如下：

$$\tan\alpha=\frac{\sqrt{42}B_0^6}{\sqrt{13}B_0^4}$$

Harter 和 Patterson（见[HP79]）提供了一个 (9.3) 式中势函数随 α 变化的图形表示。表 9.3 给出了这个方程最大和最小值时的 α 值。对一给定 $\boldsymbol{J}$ 矢量的最小能量可与这些势函数中的一个极值相对应。

表 9.3　沿着各个对称轴的势函数极值的 α 值

对称轴	α(min)	α(max)
4 重轴($\theta=0$, $\phi=0$)	π	$\pi/6$
3 重轴($\theta=\cos^{-1}(\sqrt{2/3})$, $\phi=0$)	0	$4\pi/6$
2 重轴 ($\theta=\cos^{-1}(\sqrt{1/2})$, $\phi=\pi/4$)	$5\pi/12$	π

9.2.1.2　定域基矢集

考虑 $\boldsymbol{J}$ 矢量势能最小值沿着 8 个三重对称轴方向的情况。依照半经典描述（见[Tra63, HP79]），局域晶体场势近似本征函数应该有 $M_J=J, J-1,\cdots$ 的角动量波函数，并且它们的量子化轴 z 平行于每一个三重对称轴。一给定团簇能级的本征函数可以构造为局域角动量态的线性叠加，局域角动量态的 J 指向所有等价势极值方向。特别地，能级最低团簇与局域态 $|M_J=J\rangle$ 的线性叠加相对应。与此

类似，下一个最团簇由局域态$|M_J=J-1\rangle$的线性叠加构成。Ho^{3+}情况下，最低团簇的近似本征函数由8个形为$|M_J=J\rangle$的态叠加构成，它们的量子化轴沿三重对称轴中的每一个来排列。

通过晶体场势而引起的这些局域态耦合分裂了团簇的八重简并。有两种不同类型的耦合参数：与组成给定团簇的局域态间隧道效应相对应的参数以及与不同团簇的局域态相耦合的参数。半经典模型只关心第一种类型的耦合参数，其包含在“内团簇”哈密顿中。

位于最小势的态与点对称群O_h的8个C_{3v}子群之一的不可约表示相对应。考虑的第一个局域态为$|M_J=J\rangle$，其量子化方向确定了z轴，用$|1\rangle$表示这个态。通过旋转局域态至其他的三重对称轴方向，得到了属于同一团簇的其他7个态。用$|\kappa\rangle$来表示它们，其中$\kappa=2,3,4$等。通过欧勒角(α,β,γ)旋转，由$|1\rangle$态得到了$|\kappa\rangle$态，如下所示：

$$\left.\begin{aligned}
|1\rangle &= |0,0,0\rangle \\
|2\rangle &= |0,2\theta_1,\pi\rangle \\
|3\rangle &= |2\pi/3,2\theta_1,\pi\rangle \\
|4\rangle &= |4\pi/3,2\theta_1,\pi\rangle \\
|5\rangle &= |0,\pi,0\rangle \\
|6\rangle &= |0,-2\theta_2,\pi\rangle \\
|7\rangle &= |2\pi/3,-2\theta_2,\pi\rangle \\
|8\rangle &= |4\pi/3,-2\theta_2,\pi\rangle
\end{aligned}\right\} \tag{9.5}$$

其中，$\theta_1=\cos^{-1}(\sqrt{2/3})$，$\theta_2=\sin^{-1}(\sqrt{2/3})$。应注意到尽管这些局域态线性独立，但是它们并不都互相正交。在表9.4中给出了它们依赖于角动量矢量$\boldsymbol{J}$的重叠。

为了得到一个详细的内部团簇或者隧道哈密顿表达式，首先有必要以单一量子化轴角动量波函数来表示(9.5)式中的局域波函数，单一量子化轴方向取为由$|1\rangle$确定的方向，其他局域波函数可用沿着这个方向的角动量波函数表示为

$$|\kappa\rangle=\sum_{M_J}d_{M_JJ}(\kappa)\,|M_J\rangle \tag{9.6}$$

其中，$d_{M_JJ}(\kappa)$代表将$|1\rangle$旋转到$|\kappa\rangle$的矩阵。

9.2.1.3 哈密顿和重叠矩阵

使用(9.5)式定义的8个态作为非正交基，则基态团簇的隧道哈密顿$\bar{H}$矩阵为

$$\bar{H}=\begin{pmatrix} h_1 & h_2 & h_2a & h_2a^2 & 0 & h_6 & h_6a & h_6a^2 \\ h_2 & h_1 & h_6a^2 & h_6a & h_6 & 0 & h_2 & h_2 \\ h_2a^2 & h_6a & h_1 & h_6a^2 & h_6 & h_2 & 0 & h_2 \\ h_2a & h_6a^2 & h_6a & h_1 & h_6a^2 & h_2 & h_2 & 0 \\ 0 & h_6 & h_6a^2 & h_6a & h_1 & h_2 & h_2a^2 & h_2a \\ h_6 & 0 & h_2 & h_2 & h_2 & h_1 & h_6a & h_6a^2 \\ h_6a^2 & h_2 & 0 & h_2 & h_2a & h_2a^2 & h_1 & h_6a \\ h_6a & h_2 & h_2 & 0 & h_2a^2 & h_6a & h_6a^2 & h_1 \end{pmatrix} \tag{9.7}$$

所有的矩阵元均以相因子 $a=\exp(-2\pi i/3)$的形式定义：

(1) $h_1=\langle 1|\bar{H}|1\rangle$，团簇的平均能量。

(2) $h_2=\langle 1|\bar{H}|2\rangle$，邻近最小值间的隧道效应大小。

(3) $h_6=\langle 1|\bar{H}|6\rangle$，次近邻最小值间的隧道振幅值。

团簇内的能级可以通过解以下方程得到：

$$\bar{H}\Phi=E\bar{O}\Phi \tag{9.8}$$

其中，通过相应的重叠矩阵元 $o_1=1$，$o_2=\langle 1|2\rangle$，$o_6=\langle 1|6\rangle$分别取代 h_1，h_2，h_6得到重叠矩阵 $\bar{O}$。Ho^{3+} 离子 $J=8$ 基态多重态情况下，重叠 o_6 比 o_2小很多。因此半经典模型使得我们可预言，隧道振幅 h_6 比 h_2小很多。

9.2.2　对称性匹配态及本征值的解析表达式

通过把不可约表示投影算符(见[LN69])作用到局域态上，可以得到总角动量 J 为一般值的对称匹配态。应用半经典模型时，这些算符的推导包括诱导表示理论(见[Led77,Alt77])，这超出了本书的范围。然而，为了进行当前的例子，只需要引用 Ho^{3+} 的 $J=8$ 多重态的 $M_J=J$ 团簇的结果。这种情况下，能量最小值沿着立方体(O_h对称性)的三重对称轴方向，8 个对称性匹配波函数形成了一个二重态(标记为 E)、两个三重态(标记为 T_1 和 T_2)①(见[New83b])。下面只给出每种情况中的一项：

$$\left.\begin{aligned} |E\rangle &= N(E)(|2\rangle+a|3\rangle+a^2|4\rangle+|5\rangle) \\ |T_1\rangle &= N(T_1)(|2\rangle+|3\rangle+|4\rangle-|6\rangle-|7\rangle-|8\rangle) \\ |T_2\rangle &= N(T_2)(|2\rangle+|3\rangle+|4\rangle+|6\rangle+|7\rangle+|8\rangle) \end{aligned}\right\} \tag{9.9}$$

考虑到局域态非正交性，给出归一化常数为

① 不可约表示符号在附录 1 中定义。

$$\left.\begin{aligned}N(E)&=(4+12o_6)^{-1/2}\\N(T_1)&=[6(1-2o_2-o_6)]^{-1/2}\\N(T_2)&=[6(1+2o_2-o_6)]^{-1/2}\end{aligned}\right\}\qquad(9.10)$$

使用对称性匹配基，解(9.8)式得到下列本征能量：

$$\left.\begin{aligned}E(E)&=(h_1+3h_6)/(1+3o_6)\\E(T_1)&=(h_1-2h_2-h_6)/(1-2o_2-o_6)\\E(T_2)&=(h_1+2h_2-h_6)/(1+2o_2-o_6)\end{aligned}\right\}\qquad(9.11)$$

在表 9.4 中给出了这些能量表达式的重叠积分。可用 3 个观测能级直接拟合参数 h_1,h_2和 h_6。

通过中子散射已经确定了高温超导体 $HoBa_2Cu_3O_{7-\delta}$中 Ho^{3+} 离子的$^5I_8$基态多重态内的能级(见[FBU88b,GLS91])。Ho^{3+} 离子的 8 个最近邻氧配位体位于一个近乎完美的立方体顶点处。因此,可以将组成最低团簇的 8 个非简并能级(见表 3.5)与 8 个局域态联系起来,证明了局域 $\boldsymbol{J}$ 矢量指向配位体。表 3.5 表明,尽管在实验上已经确定了 8 个最低态能量,但也只确定了少量的基态多重态的较高能级。这使得半经典模型尤其适合于这种情况。

为了利用上面所发展的理论,首先有必要根据近似立方对称性的对称符号将 8 个能级分组(与实际的 D_{2h}点对称性相对应)。结合预计 h_2占主导,由(9.11)式可预测出与不可约表示符号 T_1 相对应的 3 个最低位置的能级,其平均能量为 6.2 cm^{-1};与不可约表示符号 T_2相对应的 3 个最低能级的平均能量为 82.0 cm^{-1}以及与不可约表示符号 E 相对应其余两个能级,平均能量为 32.7 cm^{-1}。使用群论的方法(见附录 1),可以看出这些指认与表 3.5 中给出的 D_{2h}指认是一致的。与解隧道振幅联立方程一样,解(9.11)式可以得到 $h_1=43.5$ cm^{-1},$h_2=20.7$ cm^{-1}和 $h_6=-3.6$ cm^{-1}。当然,必须将这些结果解释为 D_{2h}对称下的隧道振幅平均值,并且也许包含了来自于 O_h对称性畸变产生的重要贡献。Allenspach 得到了相同超导体四角(D_{4h})形式的能级(见[AFB$^+$89]),使用这些能级进行相似的计算,得到 $h_1=43.2$ cm^{-1},$h_2=19.5$ cm^{-1}以及 $h_6=-1.2$ cm^{-1}。这验证了隧道振幅 h_6的值比 h_2小了很多的预测。然而,同时也很清楚,h_6的平均值对偏离立方对称性的局域畸变也非常敏感。

原理上,隧道参数提供了足够的信息用来确定两个立方晶体场参数,因此也可以确定两个固有参数 $\bar{B}_4$ 和 $\bar{B}_6$。然而,实际上,隧道参数 h_6平均值对对称性变化的敏感性会给这样的计算带来很大的不确定性。当前研究的方向就是这个问题。

9.3 展　　望

在分析晶体场分裂能级中,半经典模型的应用很有限,并常被忽略。然而,本章中给出的例子说明,在一些场合,在分析基态多重态光谱时,它可以是非常有用的起始步骤。为了发展这个方法的全部功能,其规范过程的详细介绍和概括是很有必要的。

（陈国森）

第10章 跃迁强度

镧系离子 $4f^N$ 组态内的跃迁强度强烈依赖于离子周围的环境。电偶极子跃迁主导着固体和溶液光谱,但在孤立离子中这种跃迁是禁戒的。只有当自由离子全旋转对称性降低为凝聚态环境中离子的点对称性时,才允许电偶极子跃迁。

镧系强度的唯象和从头计算描述技术的发展远不及晶体场分裂能级的描述,这是由于实验及理论上的各种技术问题,在本章中都将提到。导致的结果是:从有可能对晶体场分裂能级间的跃迁进行详细拟合起虽已过去了35年,但这方面的工作相对来说仍不十分普遍。

尽管这里的大多数例子涉及镧系,但此处介绍的方法适用于晶体中镧系和锕系离子的锐线光谱。对典型的过渡金属系统的宽带光谱的详细分析,通常需要附加额外的方法来考虑电子振动带、夫兰克-康登因子等;分析镧系离子浓密的 $4f^N \leftrightarrow f^{N-1}5d$ 跃迁强度也需要进行扩展。

在一些评述中(见[Pea75,Hüf78,GWB98])已经涉及了场的历史,尤其是拟合 J 多重态间总跃迁强度的历史。光谱跃迁选择定则、线强与物理观测值——振子强度、截面、爱因斯坦系数等之间关系的来源,也已众所周知。现在集中讨论如何拟合晶体场能级强度数据以及如何弄清所得到的参数在镧系离子、配位体和辐射场间相互作用的物理方面的意义。

Judd(见[Jud62])和 Ofelt(见[Ofe62])1962年的论文对固态和液态中镧系离子 $4f^N$ 组态内电偶极跃迁强度首次进行了实用参数化。然而,如晶体场情况一样,这种参数化方案的成功并没有证明作为其基础的模型内在假设的正确性。不幸的是:许多关于 $4f^N$ 跃迁强度的文章过于强调了由 Judd 和 Ofelt 使用的最初机制,即由于外部晶体场使得 $4f^{N-1}nd$ 和 $4f^{N-1}ng$ 组态混入了 $4f^N$ 组态,此混合产生了对跃迁强度的贡献。接下来由 Judd 和其他人所做的工作(见[JJ64, MPS74, HFC76, Jud79, PN84, RN89])拓宽了这种可能机制的范围,包含了不同形式的混合及 $4f^N$ 组态和其配位体能态的相互作用。即使对 4f 轨道和 nd,ng 轨道混合的情况,简单的点电荷计算也遇到了逻辑上的困难,即 nd 和 ng 轨道延伸到了配位体以外,因此晶体场的起源对镧系离子来说几乎不是“外来”的。

考虑到这些后,本章我们发展了一种用于 $4f^N$ 组态内跃迁的一般单电子参数化方案,注意这种方法没有过多依赖 Judd-Ofelt 原始模型的引导。这里的方法由 Newman 和 Balasubramanian(见[NB75])首创,他们首先指出了 Judd-Ofelt 方法没有给出跃迁强度最一般的单电子自旋无关参数化。

Newman 和 Balasubramanian 介绍了两种唯象参数化方法。一种是由 Reid 和 Richardson(见[RR83,RR84b])改进的 Judd(见[Jud62])参数化的扩展,这种方法已经被广泛使用。然而,Burdick 等(见[BCR99])证明了这种参数化具有缺点,即由几种很不同的参数组却得到了相同的计算强度。直到最近,在参数拟合中使用了其他的参数化方法中,给出相同强度的其他参数组非常明显是相互关联的。

建立了一般的参数化方案(在单电子和自旋无关水平上)后,讨论了叠加模型的含义。与单电子晶体场相反,叠加模型限制强度参数的数量。我们对多重态至多重态间总跃迁和晶体场能级间的跃迁的数据分析方法进行了讨论。因近来已对多重态至多重态的跃迁拟合进行了详细的评论(见[GWB98]),因此,我们特别关注晶体场能级间的跃迁,并且给出了一个叠加近似破坏的例子。

考虑了这种现象后,我们简要讨论了第一性原理计算。显而易见地,反宇称组态晶体场混合的机制不能够解释实验数据。当包含配位体激发时,强度参数的相对符号才能够和实验结果一致。也简要考虑了将参数化方案扩展到包含双体和自旋关联效应。最后,我们讨论了一些相关的主题:电子振动跃迁、圆二色性、双光子吸收和喇曼散射。

对跃迁强度数据分析感兴趣的读者,如果不涉及正式理论方面,可以直接阅读 10.2.2 节(介绍参数化)和 10.4 节(介绍实验数据的唯象分析)。本章作者还发展了包含拟合强度参数方法的程序包,在附录 3 中简单地介绍了这个程序。

10.1 基本方面

可以用不同的观测量来表示吸收和发射的实验测量,如振子强度、截面及爱因斯坦 A 和 B 系数。在计算这些观测值时,原子和辐射间的电磁相互作用被分解为多极展开式,也就是电偶极、磁偶极、电四极和更高多极算符(见[Wei78,HI89])。注意在形成多极展开式时,对电磁场标准的选择有一些细微的差别(见[Rei88,WS93,CTDRG89])。尽管电四极子在圆二色性跃迁(见 10.7.2 节)和中心对称性化合物中的一些跃迁(见[TS92])中很重要,但这里我们并不讨论电四极子算符。

10.1.1 电偶极和磁偶极算符

电偶极子算符由下式给出:

$$-eD_q^{(1)}=-erC_q^{(1)} \tag{10.1}$$

磁偶极子算符由下式给出:

$$M_q^{(1)} = \frac{-e\hbar}{2mc}(L_q^{(1)} + 2S_q^{(1)}) \tag{10.2}$$

其中的符号具有它们通常的意义。

由于有很多不同的物理观测量，但如集中于某一种专门的计算量——线强（或偶极子强度）则会更方便。为了定义线强，我们考虑了一组 g_I 简并的初始态 $\{|Ii\rangle\}$ 和一组 g_F 简并的末态 $\{|Ff\rangle\}$。具有偏振 q（球坐标，$q=0,\pm1$，或者笛卡儿坐标，$q=x,y,z$）的 I 和 F 态间跃迁的电偶极线强定义为

$$S_{FI,q}^{\mathrm{ED}} = \sum_i \sum_f e^2 |\langle Ff | D_q^{(1)} | Ii \rangle|^2 \tag{10.3}$$

磁偶极线强度定义为

$$S_{FI,q}^{\mathrm{MD}} = \sum_i \sum_f |\langle Ff | M_q^{(1)} | Ii \rangle|^2 \tag{10.4}$$

线偏振光下，电偶极子和磁偶极子相互作用并不干涉，可对电偶极子和磁偶极子强度进行相加（在乘以适当的因子后）。如果光是圆偏振的，那么在某些特殊系统中电偶极子和磁偶极子间的干涉可导致圆二色性（见 10.7.2 节）。

为了将偶极子强度和振子强度或 A，B 系数联系起来，它们必须除以初态的简并度 g_I，并乘以适当的物理常数，包括折射率修正因子（不同的 n 次幂）以及初态布居的玻尔兹曼因子。

为了全面讨论线强和物理观测量间的关系，从实验测量上确定这些物理观测量，我们建议读者参考文献［HI89，GWB98］。Henderson 和 Imbusch（见［HI89］）给出了一种现代的处理方法，其使用了 SI 单位，并且仔细考虑了由介质折射率（见［SIB89］）引起的修正。这里我们只引用振子强度的结果，A，B 系数等可在文献中查找，但也应注意这些情况中出现的额外折射率修正。

电偶极和磁偶极振子强度由下式确定：

$$f_{FI,q}^{\mathrm{ED}} = \frac{2m\omega}{\hbar e^2}\frac{\chi_{\mathrm{L}}}{n}\frac{1}{g_I}S_{FI,q}^{\mathrm{ED}} \tag{10.5}$$

$$f_{FI,q}^{\mathrm{MD}} = \frac{2m\omega}{\hbar e^2} n \frac{1}{g_I}S_{FI,q}^{\mathrm{MD}} \tag{10.6}$$

其中，ω 为辐射的角频率，其他符号具有它们通常的含义。由于电磁场在介质中的值不同于它们在自由空间中的值，因此在这些表达式中出现了折射率 n。通过对电场局域修正 χ_{L} 来增加体修正因子，χ_{L} 用以解释离子较体介质具有更小极化性的事实。局域电场修正常取为

$$\chi_{\mathrm{L}} = \left(\frac{n^2+2}{3}\right)^2 \tag{10.7}$$

这个等式是一个近似值，仅对于高对称格点情况是严格正确的（见［HI89］）。另外，这是基于一种简化的假设，也就是镧系离子是一种被电介质包围的孤立体。在 10.5 节中讨论的跃迁强度机制时将镧系离子和它们的配位体看做一个整体，这使得在从头计算中很难将折射率修正分开，尤其是局域修正。

许多作者定义 χ 为（10.7）式中的 χ_L 和块体折射率修正 $1/n$ 的乘积（见[MRR87b]）。因为局域修正的精确形式较体修正更合理一些，将它们分开更为明智。

10.1.2 极化和选择定则

大多数实验都是通过非偏振光、线偏振光或者圆偏振光进行的。我们可以使用(10.3)式和(10.4)式，使用球基($q=0,\pm1$)或者笛卡儿基($q=x,y,z$)计算感兴趣的偏振偶极子强度。

如果镧系离子格位取向是随机的(如处于粉末或溶液中)或者嵌入在立方晶体(如石榴石)中，光是非偏振光或者线偏振光，那么物理观测量将与偏振项的平均值成正比，我们可以定义一个各向同性的偶极子强度

$$\bar{S}_{FI}^{\mathrm{ED}} = \frac{1}{3}\sum_{q} S_{FI,q}^{\mathrm{ED}} \tag{10.8}$$

对于偏振光和有取向的晶体，这种情况更加复杂。为了进行计算，我们需要在球基系($q=0,\pm1$)和笛卡儿坐标系($q=x,y,z$)之间进行转换。电偶极矩具有奇宇称，因此变换包括全旋转群 O_3 中的奇宇称不可约表示 $D^{(1)-}$（在附录1中给出定义)：

$$|1^-0\rangle = |1^-z\rangle,\quad |1^-\pm1\rangle = \mp\frac{1}{\sqrt{2}}(|1^-x\rangle \pm i\,|1^-y\rangle) \tag{10.9}$$

磁偶极子算符具有偶宇称，因此变换包括不可约表示 $D^{(1)+}$：

$$|1^+0\rangle = |1^+z\rangle,\quad |1^+\pm1\rangle = \mp\frac{1}{\sqrt{2}}(|1^+x\rangle \pm i\,|1^+y\rangle) \tag{10.10}$$

在某些低对称情况下，有必要测量的不仅是沿着 x,y,z 轴方向的强度，还应该有中间角度的强度(见[Ste85，Ste90])。然而，下面的讨论中，我们将一般限制在非极化辐射或者单轴晶体系统(即晶体含有平行轴至少为三重对称性的格位)。传统的实验配置是轴正交(传播矢量垂直于高对称轴)和轴向的(传播矢量平行于轴)。

考虑第一种情况，使用电场沿着 z 轴方向的线偏振光进行轴正交测量（π 偏振）。(10.9)式指出电偶极的线强由 $q=0$ 的球表达式(10.3)式给出，也就是

$$S_{FI,\pi}^{\mathrm{ED}} = S_{FI,0}^{\mathrm{ED}} \tag{10.11}$$

对于磁偶极线强的情况，有必要考虑辐射的磁场和电场互相垂直(即电场在 x-y 平面内)这一事实。不失一般性，可以选择磁场沿着 x 轴方向。然后我们可以从(10.10)式推出包含算符$(-M_1^{(1)}+M_{-1}^{(1)})/\sqrt{2}$的矩阵元平方模表达式。对于单轴情况，交叉项互相抵消，得

$$S_{FI,\pi}^{\mathrm{MD}} = \frac{1}{2}(S_{FI,1}^{\mathrm{MD}} + S_{FI,-1}^{\mathrm{MD}}) \tag{10.12}$$

对于电磁场垂直于 z 轴方向的线偏振光(σ 偏振)：

$$S_{FI,\sigma}^{\mathrm{ED}}=\frac{1}{2}(S_{FI,1}^{\mathrm{ED}}+S_{FI,-1}^{\mathrm{ED}}) \tag{10.13}$$

$$S_{FI,\pi}^{\mathrm{MD}}=S_{FI,0}^{\mathrm{MD}} \tag{10.14}$$

对于轴向光谱,偏振是不相关的(只要它是线性的),因此

$$S_{FI,\text{向}}^{\mathrm{ED}}=S_{FI,\sigma}^{\mathrm{ED}} \tag{10.15}$$

$$S_{FI,\text{向}}^{\mathrm{MD}}=S_{FI,\pi}^{\mathrm{MD}} \tag{10.16}$$

经常在各向同性样品或者在轴向配置下进行圆偏振测量,以致体介质的二色性不模糊镧系格点的圆二色性。在大多数化学家使用的习惯(其中假设入射辐射是从样品观测的)中,偶极矩算符 $q=\pm 1$ 的成分对于左右圆偏振光吸收(见[PS83]),而大多数物理学家则用相反的习惯(见[HI89])。

在许多文献中可以查到关于光谱跃迁选择定则的推导(见[Wyb65a, Hüf78, PS83, HI89, Ste90, GWB98])。对单轴晶体,与 π 和 σ 偏振相对应的算符按不同的格位点群不可约表示变换,从合适的表中可确定变换性质(见[KDWS63, But81, AH94])。例如,如果 $\Gamma_I\times\Gamma_T^{\mathrm{ED}}$ 包含 Γ_F^*,则电偶极允许跃迁,其中在这里考虑的例子中 T 偏振为 σ 或 π 偏振。

在确定合适的不可约表示(见附录 1)中,在电偶极算符下有必要考虑 O_3 的奇宇称不可约表示 $D^{(1)-}$,磁偶极情况下有必要考虑 O_3 的偶宇称不可约表示 $D^{(1)+}$(见(10.9)式和(10.10)式),还有必要记得辐射电场和磁场是互相垂直的。

作为例子,考虑一对称性为 C_{4v} 的格位。从 O_3 不可约表示 $D^{(1)+}$ 和 $D^{(1)-}$ 到子群 C_{4v} 的分支为(见[KDWS63, But81, AH94])

$$D^{(1)+}\rightarrow A_2+E,\quad D^{(1)-}\rightarrow A_1+E$$

A_2 和 A_1 不可约表示与变换按 S_z 或 z 的函数,也就是 $|1^\pm 0\rangle$ 联系在一起,E 不可约表示与函数 $|1^\pm \pm 1\rangle$ 联系在一起。由于 π 偏振光具有沿着 z 轴的电矢量,在电偶极子情况下相匹配算符按 A_1 变换,适于 σ 偏振电偶极辐射的算符按 E 变换。另一方面,π 偏振光下,磁场垂直于 z 轴,因此与 π 偏振相对应的磁偶极算符按 E 变换,适于 σ 偏振的磁偶极辐射的算符按 A_2 算符变换。

10.2 宇称禁戒跃迁

如第 3,4 章所述,一旦计算了 $4f^N$ 晶体场本征函数,就可以通过简单地计算晶体场波函数间的磁偶极子值来计算磁偶极矩。然而,对于电偶极矩来说并不如此,因为纯 f^N 态内的电偶极跃迁是禁戒的,因为奇宇称算符 $D_q^{(1)}$ 不能够联系两个具有相同宇称的态。为使电偶极跃迁发生,必须要有相反宇称的其他离子或者配位体

的态混进 $4f^N$态。如果格位对称群包含反演操作,则不会有这种混合,跃迁仍将是禁戒的。

10.2.1 有效跃迁算符

在一个计算中包含所有的相反宇称态是不可能的。这里所采用的方法是将跃迁振幅写为作用于唯象哈密顿 $4f^N$本征态的有效算符(见 4.1 节)。这与描述晶体场(见第 1~4 章)和关联晶体场(见第 6 章)所使用的方法相同。在文献[HF93, HF84, BR98a]中可以查找到关于有效算符方法理论基础的讨论。假设进行导致费米黄金定则(读者应记得单光子跃迁速率与线强度成正比)的含时微扰展开时,与对时间无关哈密顿本征态的不含时微扰展开是分开的。这样,下面的任务是寻找一个与时间无关的偶极子算符展开,然后把这个表达式代入(10.3)式中的偶极子强度。

不含时微扰理论计算的第一步是将哈密顿分为 0 阶项 H_0和微扰项 V。总的哈密顿是

$$H = H_0 + V \tag{10.17}$$

用希腊字母标记 H_0本征态:

$$H_0 \mid \alpha\rangle = E_\alpha^{(0)} \mid \alpha\rangle \tag{10.18}$$

用罗马字母标记 H 本征态:

$$H \mid a\rangle = E_a \mid a\rangle \tag{10.19}$$

现构建作用在"模空间"M 内的有效(晶体场)哈密顿 H_{eff}。如果 M 的所有矢量都具有相同的 H_0本征值 E_0,也就是说,模型空间是简并的,那么方程将会更加简化。在接下来的部分将使用这种简化。

这里感兴趣的是模空间是 $4f^N$组态,自由离子哈密顿是 H_0的典型选择(见第 1 章和第 4 章)。微扰项 V 是数项的加和

$$V = V_{\text{ee}} + V_{\text{SO}} + V_{\text{CF}} + \cdots \tag{10.20}$$

这个表达式包括了在 H_0中未包含的 f 电子间的库仑排斥作用 V_{ee},旋轨相互作用 V_{SO}以及源于磁性离子和配位体间相互作用的晶体场势 V_{CF}。

对于 H_{eff}的本征态$|a_0\rangle$:

$$H_{\text{eff}} \mid a_0\rangle = E_a \mid a_0\rangle \tag{10.21}$$

(10.21)式中的 E_a与(10.19)式中的 E_a相同。在我们应用中,$|a_0\rangle$是$|4f^N\,\alpha SLJM\rangle$态的线性组合。

H_{eff}可以通过标准的瑞利-薛定谔微扰展开式进行构造,为

$$H_{\text{eff}} = H_0 + V + \sum_{\beta \notin M} \frac{V \mid \beta\rangle\langle\beta \mid V}{E_0 - E_\beta^0} + \cdots \tag{10.22}$$

其中,M 为模型空间,给出准确态为

$$|a\rangle = |a_0\rangle + \sum_{\beta \notin M} \frac{|\beta\rangle\langle\beta|V|a_0\rangle}{E_0 - E_\beta^{(0)}} + \cdots \tag{10.23}$$

注意,如果我们想得到 V 的更高级微扰,我们必须仔细考虑态的正交化和归一化(见[HF94])。

现在我们可以使用(10.23)式表达出至 V 的一级的偶极子算符矩阵元如下:

$$\langle f|D_q^{(1)}|i\rangle = \langle f_0|D_q^{(1)}|i_0\rangle + \langle f_0\left|D_q^{(1)}\sum_{\beta\notin M}\frac{|\beta\rangle\langle\beta|V}{E_0 - E_\beta^{(0)}}\right|i_0\rangle + \langle f_0\left|\sum_{\beta\notin M}\frac{V|\beta\rangle\langle\beta|}{E_0 - E_\beta^{(0)}}D_q^{(1)}\right|i_0\rangle + \cdots \tag{10.24}$$

(记 $E_i^{(0)} = E_f^{(0)} \equiv E_0$)。对于我们感兴趣的情况($|i_0\rangle$ 和 $|f_0\rangle$ 在 f^N 组态内),矩阵元 $\langle f_0|D_q^{(1)}|i_0\rangle$ 为零,但为了完整,在这里我们还是将它包含进来。

我们需要一种有效算符 $D_{\mathrm{eff},q}$,这种算符在 H_{eff} 本征态间的矩阵元与 $D_q^{(1)}$ 在精确本征态(如果展式是无穷阶的)间的矩阵元相同,也就是

$$\langle f_0|D_{\mathrm{eff},q}|i_0\rangle = \langle f|D_q^{(1)}|i\rangle \tag{10.25}$$

所需的算符可以从(10.24)式中得到,为

$$D_{\mathrm{eff},q} = D_q^{(1)} + D_q^{(1)}\sum_{\beta\notin M}\frac{|\beta\rangle\langle\beta|V}{E_0 - E_\beta^{(0)}} + \sum_{\beta\notin M}\frac{V|\beta\rangle\langle\beta|}{E_0 - E_\beta^{(0)}}D_q^{(1)} + \cdots \tag{10.26}$$

再次说明了第一项 $D_q^{(1)}$ 并不对这里我们感兴趣的问题有贡献。

(10.26)式中两项求和中的分母逐项等价,并且这个有效算符是厄米的。我们推荐读者参考 Hurtubise 和 Freed(见[HF93, HF94])关于这方面的仔细讨论,其表明,对于一个厄米算符(例如偶极矩算符),总可以构造出有效厄米算符(见[HF93]),V 中逐级微扰展开式(见[HF94])也是厄米的。

时间反演加上厄米对称性的理由将单电子唯象晶体场限制为偶数阶算符(见附录 1),这也可以用于我们的有效偶极矩算符。为了将偶极矩有效算符的单电子自旋无关部分参数化,只需考虑偶数阶算符。因为它们是单电子算符,有效算符的阶数也被限制在小于或者等于 6(对 f 电子)。

(10.26)式中的分母为 H_0 的本征值,对于 $4f^N$ 组态内或者每一激发组态内的不同态都是不变的。这经常被称为"闭合近似"(尽管这个术语有时指仅对激发态中的闭合)。我们的发展强调,当 V 中的瑞利-薛定谔展开式限制于一级时,这种近似就会自然的出现。更高级中将会有附加项,在瑞利-薛定谔展开式的分母中仍将只含 H_0 的本征值。然而,可以直接将更高级的一些贡献重新作为出现在低级项中的分母的修正(例如,见布里渊-维格纳与瑞利-薛定谔展开式间的 Brandow 变换(见[Bra67]))。

微扰 V 是单电子和双电子算符的求和(晶体场、库仑相互作用、自旋-轨道相互作用等)。V 中的一级只有单电子自旋无关算符能够出现在 $D_{\mathrm{eff},q}$ 中,这是因为 V 中唯一能够做出贡献的部分是算符 V_{CF} 的奇宇称部分,而 V_{CF} 是单电子算符。V_{CF} 可以将 $4f^N$ 态和具有相反宇称的镧系或者配位体的态联系起来。双电子库仑算符

V_{ee}或者旋轨算符V_{SO}(在镧系离子内作用)它们本身不能够对$D_{eff,q}$产生非零贡献，因为它们不能够将$4f^N$态和具有相反宇称的态联系起来。在更高级次中会出现双体自旋依赖算符，这是因为V在微扰展开式中不止一次出现，因此微扰中除V_{CF}外还会包括V_{ee}或V_{SO}(见10.6节)。

10.2.2 参数化

现在可以使用有效跃迁算符理论来推导类似晶体场哈密顿的参数化。因为晶体场哈密顿有效算符在格位对称操作下具有不变性，因此它按格位对称群的恒等不可约表示变换(即作为一个标量)。在有效偶极矩算符(10.26)式情况下，偶极矩算符$D_q^{(1)}$与微扰算符V是耦合的。V的每一部分都是格位对称群的不变量，这样，有效算符必须按偶极矩算符$D_q^{(1)}$的不可约表示变换(例如，单轴晶体的Γ_π^{ED}或者Γ_σ^{ED})。如上讨论，单电子自旋无关参数化的有效算符必须是偶数阶张量算符的组合，阶数小于或等于6。纯粹的标量算符(自旋和轨道空间的0阶算符)对不同态间的跃迁没有贡献，因此我们可以将有效偶极矩算符表表示为

$$D_{eff,q} = \sum_{\lambda,l} B_{lq}^{\lambda} U_l^{(\lambda)} \tag{10.27}$$

其中，$\lambda=2,4,6$。在这个式子中，我们使用了Burdick等的符号(见[BCR99])。然而，这种思想可以追溯到Newman和Balasubramanian(见[NB75])，他们将表达式(10.27)式称为向量晶体场。

非0的B_{lq}^{λ}可以产生所有的$\lambda=2,4,6$的$U_l^{(\lambda)}$的线性组合，其变换和Γ_π^{ED}或者Γ_σ^{ED}一样。我们可以定义参数$B_{l\sigma}^{\lambda}$和$B_{l\pi}^{\lambda}$，并使用(10.9)式和(10.27)式，用来推导和Γ_π^{ED}或者Γ_σ^{ED}一样变换的有效偶极矩算符表达式：

$$D_{eff,\pi} \equiv D_{eff,0} = \sum_{\lambda,l} B_{l\pi}^{\lambda} U_l^{(\lambda)} \tag{10.28}$$

$$D_{eff,\sigma} \equiv D_{eff,x} = (-D_{eff,1} + D_{eff,-1})/\sqrt{2} = \sum_{\lambda,l} B_{l\sigma}^{\lambda} U_l^{(\lambda)} \tag{10.29}$$

直到最近，(10.27)式也没有用在任何数据的分析中。Newman和Balasubramanian(见[NB75])强调了使用不同参数化的优点，其基于向量球谐函数概念(其与Judd和Ofelt的原始论文密切相关(见[Jud62, Ofe62]))和10.2.1节的微扰理论计算。由Reid和Richardson改进的参数化方法(见[RR83, RR84b])现在已经得到普遍使用。在这个改进中，有效偶极矩算符写为

$$D_{eff,q} = \sum_{\lambda,t,p} A_{tp}^{\lambda} U_{p+q}^{(\lambda)} (-1)^q \langle \lambda(p+q), 1-q \mid tp \rangle \tag{10.30}$$

其中，$\lambda=2,4,6$，$t=\lambda-1$，λ，$\lambda+1$，并且p由格位对称性限制。(A1.5)式定义了克莱布什-戈丹系数$\langle \lambda(p+q), 1-q \mid tq \rangle$。由(10.26)式可以看出，有效偶极矩$D_q^{(1)}$源自于将偶极矩算符和微扰算符$V$耦合。由于微扰为格点对称性标量，仅当$tp$(或者$tp$的线性组合)按格位对称群的不可约表示变换时$A_{tp}^{\lambda}$不为零。(10.30)式强调

了微扰(按 tp 变换)和偶极矩算符(按 $1q$ 变换)间的耦合给出了一个有效算符(按 $\lambda(p+q)$变换)。

(10.27)式和(10.30)式两套参数化必须给出相同的结果,并且具有相同数目的独立参数。我们可以使用下列关系:

$$B^{\lambda}_{(p+q)q}=\sum_{\lambda}A^{\lambda}_{tp}(-1)^{q}\langle\lambda(p+q),1-q\,|\,tp\rangle \tag{10.31}$$

并结合球基-笛卡儿坐标变换(10.9)式,来推导出 A^{λ}_{tp} 和 $B^{\lambda}_{l\sigma}$,$B^{\lambda}_{l\pi}$ 参数组间的关系。

参数化(10.30)式更受欢迎,这不仅是由于其与 Judd(见[Judd62])早期的工作关系更为密切,而且易于用于叠加模型(见 10.3 节)。然而,Burdick(见[BCR99])等指出这种参数化存在着内在的模糊之处。这种模糊源自于它们的强度本质。由于强度包含偶极矩平方,在偶极矩符号变化下它们是不变的。

从(10.30)式中可以明显看出,总是至少有两个参数组可以给出相同的计算强度,它们与所有 A^{λ}_{tp} 参数符号的变换相联系。然而,参数化(10.27)式表明可以有更多的自由,这是由于与每一个不同偏振联系在一起的参数符号可以独立变化。这样,在单轴情况下,参数组 $B^{\lambda}_{l\sigma}$ 和 $B^{\lambda}_{l\pi}$ 可独立改变,这样得到的就不仅仅是两个而是四个不同参数组。使用(10.31)式、(10.9)式变换到参数组 A^{λ}_{tp},通常会给出符号和值均不相同的 A^{λ}_{tp} 参数组。在 10.4.4 节中将会给出这种多样性的一个例子,在试图用从头计算来解释拟合参数时,它有明显的含义。

有效算符是厄米的一个限制,参数 A^{λ}_{tp} 也受到了限制,其来自于在格位对称性下所需要有的 tp 组合为标量。与唯象晶体场参数相似,这导致了复共轭对称性

$$(A^{\lambda}_{tp})^{*}=(-1)^{t+1+p}A^{\lambda}_{t-p} \tag{10.32}$$

这种对称性限制了 $p=0$ 的参数在 t 为奇数时为纯实数,t 为偶数时为纯虚数。

在 $t=\lambda\pm1$ 限制的情况下,参数 A^{λ}_{tp} 与 Judd 1962 年的论文(见[Jud62])中的积 $A_{tp}\Xi(t,\lambda)$通过下式相联系:

$$A^{\lambda}_{tp}=-A_{tp}\Xi(t,\lambda)\frac{(2\lambda+1)}{(2t+1)^{\frac{1}{2}}} \tag{10.33}$$

从 Axe 开始(见[Axe63]),已经有不同的作者使用积 $A_{tp}\Xi(t,\lambda)$作为唯象参数,有时还将其引用为 $B_{\lambda tp}$(见[PC78])。

为了完成偶极矩计算,需要计算晶体场本征态之间的有效偶极算符矩阵元。如果晶体场本征态以 JM 态给出为

$$|\,i_0\rangle=\sum_{\alpha,S,L,J,M}|\,4f^{N}\alpha SLJM\rangle C_{i,\alpha,S,L,J,M}$$

$$|\,f_0\rangle=\sum_{\alpha',S',L',J',M'}|\,4f^{N}\alpha'S'L'J'M'\rangle C_{f,\alpha',S',L',J',M'} \tag{10.34}$$

其中,C 代表本征矢系数,那么有效偶极矩算符(10.30)式的矩阵元可以写为

$$\langle f_0\,|\,D_{\mathrm{eff},q}\,|\,i_0\rangle=\sum_{\lambda,t,p}A^{\lambda}_{tp}(-1)^{q}\langle\lambda(p+q),1-q\,|\,tp\rangle$$

$$\times\sum_{\alpha',S',L',J',M'}\ \sum_{\alpha,S,L,J,M}C^{*}_{f,\alpha',S',L',J',M'}C_{i,\alpha,S,L,J,M}$$

$$\times\langle 4f^N\alpha'S'L'J'M'|U_{p+q}^{(\lambda)}|4f^N\alpha SLJM\rangle \tag{10.35}$$

将此式进行平方，对所有简并态求和，然后乘以 e^2 就能够得到电偶极线强(10.3)式。此用途的计算程序在附录 3 中介绍。

本节中我们使用了 JM 基。如果换用点群耦合系数和点群基函数，则许多推导方面会更清楚。在[RR84b]中及 Kibler 和 Gâcon(见[KG89])讨论过了这个问题。

10.2.3 对多重态求和及 Ω_λ 参数

Judd(见[Jud62])证明了 J 多重态到 J' 多重态总跃迁的强度可以用一个三参数线性模型拟合。现在将标准参数标记为 Ω_λ，其中 $\lambda=2,4,6$。[Pea75，GWB98]对此推导进行了详细的讨论。考虑从初态多重态 $|\alpha_I J_I\rangle$ 到末态多重态 $|\alpha_F J_F\rangle$ 的跃迁。如果做一(相当极端的)假设，初态多重态的所有子能级上的粒子数是一样的，对所有的极化进行平均，将偶极强度对多重态的所有 M 求和，利用 $3j$ 符号的正交性，就可以得到各向同性偶极强度的表达式，即

$$\bar{S}^{\mathrm{ED}}_{\alpha_F J_F,\alpha_I J_I}=\frac{1}{3}e^2\sum_\lambda \Omega_\lambda\langle\alpha_F J_F\|U^{(\lambda)}\|\alpha_I J_I\rangle^2 \tag{10.36}$$

其中

$$\Omega_\lambda=\sum_{t,p}\frac{1}{2\lambda+1}|A_{tp}^\lambda|^2 \tag{10.37}$$

(10.37)式与(8.4)式相似，将晶体场不变量和晶体场参数联系起来。注意(10.36)式中的约化矩阵元是中间耦合时的(见第 3 章)。可将(10.36)式与振子强度表达(10.5)式结合，并利用 $1/g_I=1/(2J_I+1)$，重新得到如[Pea75，GWB98]给出的常见表达式。

(10.36)式有个优点，在参数 Ω_λ 中是线性的，这使得可直接拟合实验数据。然而，在构成求和以及把参数化减少到只有 3 个参数的过程中，失去了大量的信息，因为每一个参数 Ω_λ 都为 $t=\lambda-1,\lambda,\lambda+1$ 时参数 A_{tp}^λ 的组合，电子振动强度吸收进了 Ω_λ 参数化中。由于参数包含了许多贡献值，进一步说是仅有大小而没有符号的信息。因此，如叠加模型(见 10.3 节)、与从头计算做详细比较来检验模型都是不可能的。另外，如果晶体场分裂达到几百波数，那么初始多重态的态上的等粒子数分布的假设可能很不准确。然而，测量和计算的相对简化允许对大量实验数据进行非常有用的分析，如 10.4 节讨论。

10.3 叠加模型

发展叠加模型用于强度参数可以类似于晶体场参数叠加模型来发展(见第 5

章)。我们首先考虑距 z 轴 R_0 处单一配位体的假设情况。在这种情况下,只有那些 $p=0$ 的参数才不为 0。对于这种情况,我们把固有强度参数定义为这种情况下的强度参数,即

$$\bar{A}_t^\lambda \equiv A_{t0}^\lambda \tag{10.38}$$

固有参数被限制为 t 为奇数,这是因为,如果 t 不为奇数,$C_{\infty v}$ 的恒等不可约表示就不会出现在 O_3 的不可约表示 t^- 中。因此,如果叠加模型适用,那么 A_{tp}^λ 参数将被限制为 $t=\lambda\pm1$,叠加模型可对允许的参数做重要的预测。

对于一组(相同)的配位体,我们可以写出

$$A_{tp}^\lambda = \bar{A}_t^\lambda \sum_L (-1)^p C_{-p}^t(\theta_L,\phi_L)\left(\frac{R_0}{R_L}\right)^{\tau_t^\lambda} \tag{10.39}$$

正如第 5 章中讨论的晶体场一样,称几何因子 $(-1)^p C_{-p}^t(\theta_L,\phi_L)$ 为坐标因子。每一个强度参数 $\bar{A}_t^\lambda$ 都与相应的幂律指数 τ_t^λ 联系在一起。

可用(10.39)式由唯象晶体场参数 A_{tp}^λ 来计算固有参数 $\bar{A}_t^\lambda$,使用计算机程序(见附录 3)或从表(见[Rud87b])来计算坐标因子。我们将在 10.4.3 节讨论由不同实验分析得到的 $\bar{A}_t^\lambda$ 参数。

大多数模型计算都假定配位体可以通过点电荷和各向同性偶极子来表示。因此,这些计算中隐含着叠加模型的假设,t 限制为奇数。在 Newman 和 Balasubramanian 的工作之前(见[NB75]),假设 $\lambda=2,4,6$(即 λ 为偶数),$t=\lambda\pm1$(即 t 为奇数)的 $\bar{A}_t^\lambda$ 等价参数化来形成最一般单电子参数化。然而,在某些情况下,尤其是当配位体为复杂有机分子时,$t=\lambda$ 对于唯象拟合是必要的。

10.4 唯象处理

单电子多重态-多重态 Ω_λ,或者晶体场能级 A_{tp}^λ 或 B_{lq}^λ 有效算符参数化,加上 $M_q^{(1)}$ 磁偶极子算符,可解释镧系 $4f^N$ 态内跃迁强度的大多数情况。

Ω_λ 参数化包含了初态多重态中的所有态是等粒子数分布的极端假设,在拟合这些参数中出现的一些不精确性可能来自于这个假设。在 A_{tp}^λ 参数化中有其他问题,比如拟合的非线性,将在 10.4.2 节中讨论。

无论使用哪种参数化,都要选择拟合参数的实验量。测量的物理量可能包含与振子强度有关的吸收系数以及与爱因斯坦系数 A 相关的寿命和发射分支比。将实验数据转换为线强通常最为方便。由于电偶极子相互作用和磁偶极子相互作用的折射率修正因子不同,折射率可能随频率变化,因此对于具有电偶极子和磁偶极子混合特征的跃迁来说,不可能绝对准确提取。不过这些修正因子可以被吸收

进参数中(见[MRR87b])。

$D_{\mathrm{eff},q}$包含着单电子自旋无关算符,因此我们预计有选择定则 $\Delta S=0$;对于 $M_q^{(1)}$,则有 $\Delta S=0$ 和 $\Delta L=0$。由于在 $4f^N$组态中,大的旋轨耦合混合了不同 S 和 L 构成的态,因此这些选择定则很弱,如 Eu^{3+} 离子中$^7F_J \leftrightarrow {}^5D_{J'}$ 的 $\Delta S=\pm 1, \Delta L=\pm 1$ 的跃迁也会常观测到。

参数化也产生了各种 J 选择定则。在没有晶体场混合的多重态中,磁偶极跃迁限制为 $\Delta J \leqslant 1$, $J=0 \leftrightarrow J=0$ 除外;电偶极跃迁限制为 $\Delta J \leqslant 6$,并且仅为 $J=0 \leftrightarrow J=2,4,6$。这些选择定则通常是被违反的。如在某些晶体中,常会观测到 Eu^{3+} 离子的 $J=0 \leftrightarrow J=0$ 及 $J=0 \leftrightarrow J=3$ 的跃迁。在大多数情况下,这可以通过晶体场引起 $J=0, J=3$ 的态与其他态的混合来解释。Ω_λ参数化不能将这考虑在内。定量解释某些跃迁时,考虑自旋依赖或双电子有效算符是必要的。

10.4.1 多重态间跃迁现象

由于(10.36)式是 3 个 Ω_λ 参数的线性表达式,因此用此式拟合实验数据相对来说是很直接的。实验测量通常在室温下进行,得到的是宽带光谱。这样的吸收光谱相对容易测量,易于用标准光谱仪进行校正。

在文献[Pea75, GWB98]中已有大量使用 Ω_λ参数进行的拟合。有很多研究都集中于 $\Delta J=2$ 的超灵敏跃迁,这种跃迁受 Ω_2参数影响最强。强的超灵敏跃迁及大的 Ω_2参数显然与配位体极化相关联。

我们通过重复 Krupke(见[Kru71])关于 Nd^{3+}:YAG 的部分计算作为一典型例子。表 10.1 给出了一些 Krupke 的测量和计算的线强(见[Kru71])。注意,在室温测量下,不能分辨多重态$^4G_{5/2}$和$^4G_{7/2}$,因此我们必须将基态多重态($^4I_{9/2}$)的吸收线强加入这两个激发态多重态。

表 10.1 Nd^{3+}:YAG 中挑选出的由基态多重态$^4I_{9/2}$吸收跃迁线强计算(单位:10^{-20} cm^2/e^2)

激发态	实验值	计算值
$^2K_{11/2}$	0.054	0.060
$^4G_{5/2}+{}^4G_{7/2}$	2.17	2.17

表 10.2 给出了相关约化矩阵元平方(见[CFR68]),将它们乘以表 10.3 给出的参数 Ω_λ,我们可以重复和 Krupe 一样的计算。例如,单位为 10^{-20} cm^2/e^2时,$^4I_{9/2}$到$^2K_{11/2}$跃迁的电偶极强度为

$$0.2\times 0.0001+2.7\times 0.0027+5.0\times 0.0104=0.06$$

表 10.2 Nd^{3+}离子基态$^4I_{9/2}$与激发态间单位张量中间耦合约化矩阵元 $U(\lambda)$平方值

激发态	$U(2)$	$U(4)$	$U(6)$
$^2K_{11/2}$	0.0001	0.0027	0.0104
$^4G_{5/2}$	0.8979	0.4093	0.0359
$^4G_{7/2}$	0.0757	0.1848	0.0314

表 10.3 不同 Nd^{3+}离子体系中的唯象 Ω_λ参数(单位:10^{-20} cm^2)

系统	Ω_2	Ω_4	Ω_6
Nd^{3+}:YAG(见[Kru71])	0.2	2.7	5.0
Nd^{3+}:Y_2O_3(见[Kru66])	8.6	5.3	2.9
Nd^{3+}:LaF_3(见[Kru66])	0.35	2.6	2.5
Nd^{3+}:$LiYF_4$(见[RB92])	0.36	4.0	4.8

在不同的报告和文献中可以查到相关矩阵元表(见[CCC77, CGRR88, CGRR89]),或者可以通过计算机程序来产生(见附录 3)。此例中,为了和Krupke(见[Kru71])一致,我们使用了[CFR68]中的矩阵元。

由于约化矩阵元$U^{(2)}$非常大,所以到多重态$^4G_{5/2}$的跃迁对参数值Ω_2很敏感。因为$\Delta J=2$,所以这是典型的超灵敏跃迁(见[Pea75,GWB98])。

表 10.3 给出了 Nd^{3+}离子在不同基质晶体中的几个参数组。在一些文献(见[GWB98])中可以查到更多参数组。从表 10.3 中可以看到,Ω_2相对其他参数变化更多。很显然,Ω_2值与配位体极化相关联(见[Pea75, GWB98])。然而,我们预计格位几何对此也有影响。例如,Y_2O_3中的C_2对称格位下允许一个强度参数A_{10}^2,可在 YAG 中的D_2对称格位下不允许。这可能是导致Ω_2在Y_2O_3和 YAG 中数值差别较大的重要因素。

Ω_λ参数化在激光和发光材料的设计中是非常有用的(见[Kam96])。然而,这种方法确实也有其局限性。这种参数化基于的假设是基态多重态的所有态都是等粒子数占据的,这种假设是一种较差的假设,即使在室温下也如此。因为在室温下测量,电子振动过程加入零声子过程中,这给对比从头计算带来困难。

10.4.2 晶体场能级跃迁现象

为了从镧系光谱中获得尽可能多的信息,必须测量晶体场能级间的跃迁强度。这需要在低温下测量并进行仔细的标定,有时还需要对仪器展宽进行卷积。由于绝对测量很困难,发射光谱可能是特别麻烦的。可以使用多重态内部的相对跃迁强度进行拟合,但这不如使用绝对强度令人满意。在某些情况下,通过假设计算的磁偶极子强度是准确的,则可以校准发射数据(见[PC78])。物理过程也可能导致额外的困难。谱线可能会加宽或者重叠,导致测量困难。

与Ω_λ参数化相反,因为线强包含着参数A_{tp}^{λ}与矩阵元乘积的和的平方,所以使用参数A_{tp}^{λ}进行拟合是高度非线性的,这引起了许多局部最小值,因此在参数空间中详尽地寻找最小值既困难又费时。此外,晶体场参数或者测量强度的不确定性(其将导致特征向量的不确定性)均会产生较大的拟合参数误差。因此,应该谨慎对待文献中的拟合参数值。

许多工作者(包含本章作者)使用最小二乘拟合以使下式的值达到最小:

$$\sum_{i=1}^{N} \frac{1}{N-M} \left| \frac{e_i - c_i}{e_i + c_i} \right|^2 \tag{10.40}$$

其中,e_i和c_i分别为实验和计算偶极子强度,N是数据点个数,M为参数个数。使用这个公式的原因是可以避免拟合由最强的一些跃迁决定的情况。然而,通过对所有的测量都给出完全相同的权重,则可能过分强调了一些很弱的并具有较大误差的跃迁。(10.40)式也不是一个标准统计公式。更为一般的方差定义为

$$\sum_{i=1}^{N} \frac{1}{N-M} \left| \frac{e_i - c_i}{\sigma_i} \right|^2 \tag{10.41}$$

其中,σ_i为测量误差,此式通常是一个更合适的最小化公式,具有几个优点,包括局域最小值的数量较少。如果期望所有跃迁的权重相同,则可以通过设定σ_i与e_i成一定比例来实现。

最初对晶体场能级强度测量进行的拟合是由Axe(见[Axe63])开展的。在20世纪60年代和20世纪70年代早期,仅有很少的关于晶体场能级强度测量的唯象分析。从20世纪后期开始,Porcher和不同的同事们进行了一些拟合(见[PC78]),其中许多是关于Eu^{3+}离子的发射跃迁,Richardson和他的同事们也进行了一些拟合(见[DRR84, BJRR94])。Richardson研究组对镧系含氧双乙酸盐(lanthanide oxydiacetate,ODA)晶体的光谱进行了详尽的分析,这种晶体具有有趣的圆形二色性性质(见[MRR87a, HMR98])。这些晶体还提供了一种模型体系,对此体系来说,叠加模型显得不合理(见[DRR84])。

由于在许多情况下,叠加模型看来还是有效的,我们讨论两类晶体:

(ⅰ)叠加模型对其是一种很好的近似的晶体。

(ⅱ)包含着复合配位体的晶体,叠加模型轴对称的假设对其无效。

将参数组限制于参数t为奇数,这是叠加模型允许的,这样可以排除参数A_{tp}^{λ}的多重解问题。这种情况下,A_{tp}^{λ}参数最合适。然而,这并不是第二种类型晶体的情况,第二种类型需要使用全参数组。在这种情况下,使用B_{lq}^{λ}参数组具有一定的优点。

10.4.3 叠加模型适用的晶体

在具有简单离子配位体的晶体如氧化物、氟化物和氯化物中,预期叠加模型可

以给出很好的近似。可以通过在拟合过程中使用和不使用叠加模型禁止的 $t=\lambda$ 的参数对叠加模型假设进行验证。已经表明,在大多数情况下,这些“非叠加”参数对拟合影响很小(见[CR89, BJRR94])。

这种类型的最详细分析之一是对 YAG 中 Nd^{3+} 离子的分析(见[BJRR94])。表 10.4 给出了那篇论文中的一个拟合获得的参数值。这个拟合没有包含叠加模型中禁止的参数,但使用了包括关联晶体场效应的本征函数(见第 6 章)。叠加模型不允许的参数(如 A_{20}^{2})的加入对拟合质量影响很小,标准偏差只减小了 4%,而使用关联晶体场本征函数代替单电子晶体场本征函数则偏差减小了 6%。因此 Burdick等(见[BJRR94])得出结论,叠加模型对于这个系统具有较好近似。这个拟合对 97 个吸收测量进行。表 10.5 只给出很少的一部分结果(见[BJRR94]):至 $^{2}H_{11/2}$ 多重态的跃迁。这代表了拟合质量,大多数数据都由此模型很好地拟合了,但一些拟合值与实验值相差达到了 2 倍多。

表 10.4 Nd^{3+}:YAG 的强度参数 A_{tp}^{λ} (单位:i×10^{-13} cm)

参数	参数值
A_{32}^{2}	_a
A_{32}^{4}	1700
A_{52}^{4}	−4150
A_{54}^{4}	4000
A_{52}^{6}	1150
A_{54}^{6}	−7490
A_{72}^{6}	1900
A_{74}^{6}	_a
A_{76}^{6}	_a

a 统计上不重要的参数值,因此在拟合中将其忽略。符号的选取和表 10.15 一致。

表 10.5 由 Nd^{3+}:YAG 基态吸收跃迁至 $^{2}H_{11/2}$ 多重态的实验(e)及拟合(c)偶极强度(单位:10^{-20} cm^2/e^2)

能量(cm^{-1})	e	c	$\frac{e-c}{e+c}$
15741	69	78	−0.065
15831	217	182	0.088
15865	290	251	0.073
15950	325	295	0.052
16088	325	186	0.275
16104	61	104	−0.273

我们可以通过表 10.4 中的参数及(10.37)式计算有效 Ω_λ 参数。例如,对 t 与 p(记参数 $\pm p$ 是不独立的)求和可以得到

$$\Omega_4 = \frac{2}{9}((A_{32}^4)^2 + (A_{52}^4)^2 + (A_{54}^4)^2) = 8.0 \times 10^{-20}(\text{cm}^2) \qquad (10.42)$$

这完全不同于 Krupke 室温下确定的 2.7×10^{-20} cm^2(见表 10.3)。显然,并不能直接将室温下的分析与低温下的分析进行比较。室温下的分析基于基态多重态的所有态粒子数分布相同的假设,而这个假设对于 Nd^{3+}:YAG 是相当差的近似,Nd^{3+}:YAG基态多重态宽达 800 cm^{-1}以上。

可以借助于(10.39)式确定固有强度参数。例如,固有参数 $\bar{A}_3^4$ 可以从 A_{32}^4 计算得到。Burdick 等(见[BJRR94])计算了 O^{2-} 组合坐标因子,在 2.303 Å 处的 4 个 O^{2-} 配位体为 0.891i,在 2.4323 Å 处四个 O^{2-} 配位体的和为 −0.634i。假设幂律指数 τ_3^4 为 5,那么可以得到源自于配位体的总的贡献为

$$0.891 - 0.634\times(2.303/2.4323)^5 = 0.409$$

因此当 $R_0 = 2.303$ Å 时,计算出固有参数 $\bar{A}_3^4$ 为

$$1700\times10^{-13}/0.409 = 4160\times10^{-13}(\text{cm})$$

即便使用了全部的 A_{tp}^λ 参数组,甚至限制 $t=\lambda\pm1$,Burdick 等(见[BJRR94])也未能得到有意义的某些参数值,尤其是 A_{32}^2。因此,他们使用叠加模型将参数个数减少至 5 个(在 D_2 对称性下,不含 $t=1$ 的参数),使用(10.39)式来固定具有相同 λ,t 但不同 p 的参数比率,从而进行了额外的拟合。通过这种方法得到了表 10.6 中所引用的固有参数。

表 10.6 不同系统的唯象固有强度参数 $\bar{A}_t^\lambda$ (单位:10^{-13} cm)

系统	来源	$\bar{A}_1^2$	$\bar{A}_3^2$	$\bar{A}_3^4$	$\bar{A}_5^4$	$\bar{A}_5^6$	$\bar{A}_7^6$
Pr^{3+}:$LiYF_4$	[RR84a]	—	−950	1050	150	−1790	−260
Pr^{3+}:$LaAlO_3$	[RDR83]	—	−310	1870	1620	−3900	−8000
Nd^{3+}:YAG	[BJRR94]	—	−1100	1920	2710	−4290	−1030
Eu^{3+}:KY_3F_{10}	[RDR83]	−1600	−3000	710	1700	1900	370
Eu^{3+}:$LiYF_4$	[Rei87b]	—	−3000	1000	1200	−400	17800

符号选取与表 10.15 一致。

一些选出的系统的固有参数总结在表 10.6 中。在文献[RDR83, Rei87b, Rei93]中可以找到更多的例子。参数组的总体符号并不是由数据确定的,表 10.6 中选取的符号和 10.5 节中讨论的计算相一致。可以看出,$\lambda=2$ 与 $\lambda=4$ 参数的相对符号完全一致,而 $\lambda=6$ 参数的则不完全一致。对于 Eu^{3+} 离子参数的情况,最大的可能是因为这些拟合并不包含任何强烈依赖于 $\lambda=6$ 参数的跃迁。注意,$\bar{A}_3^2$ 与

$\bar{A}_3^4$ 的比例总为负值。10.5 节将再次讨论这个问题。

确定的固有参数数量很少，以至于很难进行系统比较。尤为不幸的是：只有一种格位对称性允许参数 A_{1p}^2，因此仅有固有参数 $\bar{A}_1^2$ 被确定。比较表 10.6 中参数的大小可以看出，位于具有 F^- 配位体的 KY_3F_{10} 和 $LiYF_4$ 中的 Eu^{3+} 离子，$\lambda=2,4$ 时的固有参数有较好的一致性（两个实验组都是由 Porcher 和他的同事得到的（见[PC78, GWBP+85]））。然而，表中的其他数据变化很大。这不仅因为这些参数是由不同的研究组通过不同手段分析得到的，并且还有实际的原因，即强度测量仅取了很少量的 $4f^N$ 可能跃迁，常仅源自于一个初态（典型的为基态）。对一小部分可能跃迁的限制可以解释表 10.6 中的某些差异。一些参数不确定性的另一个来源就是（10.39）式中求和贡献的强烈相消。与晶体场不同（见第 5 章），并没有能够可靠地确定幂律指数 τ_t^λ 的系统。为了推出 $\bar{A}_t^\lambda$ 值，必须假设 τ_t^λ 值。

10.4.4 叠加模型不适用的晶体

Kuroda 等（见[KMR80]）指出，在他们模型的情况下，复杂配位体对强度有贡献，这种贡献起因于配位体的各向异性极化性。Reid 和 Richardson（见[RR83, RR84b]）以 A_{tp}^λ 强度参数化形式重新修改了这些观点，并分析了叠加模型。如果镧系配位体的相互作用不是圆柱对称的（复杂配位体就是这种情况），那么 t 为奇数的限制就不适用。

对铕氧双乙酸盐 EuODA 中 Eu^{3+} 离子跃迁强度的分析提供了一个很有用的例子（见[DRR84]）。这些晶体的格位对称性为 D_3。表 10.7（见[But81]）给出了一些 D_3 不可约表示的 JM 分解。D_3 对称性下，偶宇称和奇宇称都具有相同的分支律。可以看到，$J=2$ 时，有两个 E 不可约表示，在表中用 $E(1)$ 和 $E(2)$ 标记。

表 10.7 一些具有 D_3 对称符号的刃矢的变换性质表

D_3	JM
$\vert 0^\pm A_1\rangle$	$\vert 0^\pm 0\rangle$
$\vert 1^\pm A_2\rangle$	$\vert 1^\pm 0\rangle$
$\vert 1^\pm E_\pm\rangle$	$-\vert 1^\pm \pm 1\rangle$
$\vert 2^\pm A_1\rangle$	$-\vert 2^\pm 0\rangle$
$\vert 2^\pm E_\pm(1)\rangle$	$\mp\sqrt{2/3}\vert 2^\pm \pm 1\rangle+1/\sqrt{3}\vert 2^\pm \mp 2\rangle$
$\vert 2^\pm E_\pm(2)\rangle$	$\mp 1/\sqrt{3}\vert 2^\pm \pm 1\rangle-\sqrt{2/3}\vert 2^\pm \mp 2\rangle$
$\vert 3^\pm A_1\rangle$	$-(\vert 3^\pm 3\rangle+\vert 3^\pm -3\rangle)/\sqrt{2}$

从 10.1.2 节中给出的 π 和 σ 偏振的定义可以找到电偶极子和磁偶极子算符的变换性质（见表 10.8）。对于 π 跃迁，需要算符 $D_{\text{eff},0}$，据表 10.8，可知此算符按不

可约表示 A_2变换。σ或轴向偏振的算符按不可约表示E变换。

表 10.8 D_3对称性下的电偶和磁偶极算符

	偏振	对称性	JM符号
电偶极子	π	A_2	$\|1^+0\rangle$
	σ，轴向	$E_\pm$	$\|1^+\pm1\rangle$
磁偶极子	π,轴向	$E_\pm$	$\|1^-\pm1\rangle$
	σ	A_2	$\|1^-0\rangle$

现将较为详细地讨论 Eu^{3+} 基态$^7F_0$到$^5D_2$多重态的电偶极跃迁。跃迁只包含$\lambda=2$的算符。表 10.9 给出了相关能级的本征态,注意到标记为$E(a)$和$E(b)$的两个$^5D_2$本征态按D_3的E变换,两个本征态是表 10.7 中的函数$E(1)$和$E(2)$的混合。

表 10.9 EuODA 晶体场本征态的 JM 组成

态	能量(cm^{-1})	JM组成
$^7F_0(A_1)$	0	$\|0^+0\rangle$
$^5D_0(A_1)$	17526	$\|0^+0\rangle$
$^5D_1(E)$	19038	$\|1^\pm\pm1\rangle$
$^5D_1(A_2)$	19042	$\|1^+0\rangle$
$^5D_2(A_1)$	21549	$\|2^+0\rangle$
$^5D_2(E(a))$	21561	$\pm0.46\|2^+\mp1\rangle-0.88\|2^+\pm2\rangle$
$^5D_2(E(b))$	21607	$0.88\|2^+\mp1\rangle\pm0.46\|2^+\pm2\rangle$

根据 10.2.2 节的讨论,我们可以使用$B^\lambda_{l\pi}$和$B^\lambda_{l\sigma}$对电偶极矩(见(10.28)式和(10.29)式)进行参数化。$\lambda=2$时,没有A_2不可约表示,但有两个E不可约表示(见表 10.7)。因此我们有两个$\lambda=2$的参数,并可以预测到所有的电偶极跃迁是σ(或轴向)偏振。有效偶极矩算符$\lambda=2$的部分可写为

$$D_{\mathrm{eff},\sigma}=B^2_{1\sigma}(U^{(2)}_1+U^{(2)}_{-1})+B^2_{2\sigma}(U^{(2)}_2-U^{(2)}_{-2})\tag{10.43}$$

($U^{(2)}_{\pm l}$的相对符号由复共轭对称性确定。)

对于其他参数化,使用了(10.30)式中tp组合按A_1变换的A^λ_{tp}的所有值。从表 10.7 可以看出,有两种可能,一种是$t=2$,一种是$t=3$。我们需要的参数是A^2_{20}和A^2_{33}。有效偶极矩算符$\lambda=2$的部分可以写为

$$\begin{aligned}D_{\mathrm{eff},\sigma}&=(-D_{\mathrm{eff},1}+D_{\mathrm{eff},-1})/\sqrt{2}\\&=A^2_{20}(-U^{(2)}_1(-1)^1\langle 21,1-1|20\rangle+U^{(2)}_{-1}(-1)^1\langle 2-1,11|20\rangle)/\sqrt{2}\\&\quad-A^2_{3-3}U^{(2)}_{-2}(-1)^1\langle 2-2,1-1|3-3\rangle/\sqrt{2}\\&\quad+A^2_{33}U^{(2)}_2(-1)^1\langle 22,11|33\rangle/\sqrt{2}\end{aligned}\tag{10.44}$$

由(10.32)式,$A^2_{3-3}=-(A^2_{33})^*$,并且又仅有两个独立参数。

显然,(10.43)式和(10.44)式表达的参数化是等价的。实际上,在这种特殊情况下(见表10.12)$B^2_{1\sigma}$,$B^2_{2\sigma}$和A^2_{20},A^2_{33}参数组间有着简单的关系。如果叠加模型有效,那么将不会出现A^2_{20}参数。如果仅有参数A^2_{33}(叠加模型允许的)不为零,则由于所有附加因素的消除,(10.35)式及表10.9中的本征矢就可以用来计算$^7F_0$到$^5D_2$跃迁的相对强度,为$\frac{0.46^2}{0.88^2}=0.27$。这与测量得到的比值4.43相差很远。通过使用以下参数值对实验值(以及其他测量)可以进行很好的拟合(见[DRR84]):

$$A^2_{20}=-\mathrm{i}\times1580\times10^{-13}(\mathrm{cm}^{-1}),\quad A^2_{33}=\mathrm{i}\times1560\times10^{-13}(\mathrm{cm}^{-1})$$

(为了和10.5节中所述的计算相一致,改变了[DRR84]中这两个参数的符号。)可以如下理解对因子$\mathrm{i}=\sqrt{-1}$的需要。如果参数A^2_{20}不是虚数,那么复合共轭对称性(见(10.32)式)将会导致矛盾。这并不会受到以z轴旋转系统的影响。可以同样地讨论$A^2_{3\pm3}$参数。然而,以z轴进行的旋转将会使得这个参数变为实数,或改变其符号。同时,晶体场参数也会变化(见[DRR84]的表Ⅵ,第2章及附录1和附录4)。

A^2_{20}参数按2^-0变换,也就是角动量量子数为2,宇称为奇宇称。这与2^+0函数完全不同,2^+0正比于$3z^2-r^2$,源自于晶体场(能级)参数化,注意到这点很重要。2^+0函数可以叠加,2^-0函数不能叠加,A^2_{20}参数在叠加近似下将会消失。因此,叠加近似(见5.1.1节)对于这里所讨论的物理系统看来无效。

更广泛的镧系含氧双乙酸盐数据分析证实了非叠加模型参数对于解释这些系统的跃迁强度和圆形二色性是至关重要的(见[MRR87a, BSR88])。表10.10中我们给出了引自Berry等(见[BSR88])文献中的Eu^{3+}离子的参数(标注为组1的列)。

表10.10 EuODA的两等价A^λ_{tp}强度参数组(单位:i×10^{-13}cm)

	1组	2组
A^2_{20}	−1100	−1100
A^2_{33}	2070	2070
A^4_{33}	−510	1274
A^4_{40}	−370	−370
A^4_{43}	−110	−2824
A^4_{53}	3140	726
A^6_{53}	−5420	−1135
A^6_{60}	−430	−430
A^6_{63}	−340	−3711
A^6_{66}	−360	−883

续表

	1组	2组
A^6_{73}	920	−3908
A^6_{76}	1630	1416

1组引自[BSR88],为了和10.5节所述的计算一致,已经改变了符号。2组给出了相同的计算强度,它是由1组通过变换为B^λ_{li}参数组(见表10.11),改变参数$B^\lambda_{l\pi}$的符号,然后转变回去得到的。

10.2.2节中所指出,有可能找到另外一组A^λ_{tp}参数,其中一些参数大小完全不同。表10.12～表10.14给出了A^λ_{tp}和$B^\lambda_{l\sigma/\pi}$参数组间的变换。表10.11给出了两组$B^\lambda_{l\sigma/\pi}$参数,表10.10中给出了两组等价的A^λ_{tp}参数。$B^\lambda_{l\sigma/\pi}$参数组间的唯一区别是$B^\lambda_{l\pi}$参数的符号。然而,A^λ_{tp}的大小不同(除A^2_{20},A^2_{33},A^4_{40}和A^6_{60}外,它们与参数$B^\lambda_{l\sigma}$一一对应)。显然,我们在对比参数组以及对比实验参数和从头计算时,必须十分小心。注意到不能用全套A^λ_{tp}参数来拟合单一偏振的实验数据,注意到这点也很重要。在那种情况下,自然要选择$B^\lambda_{l\sigma}$和$B^\lambda_{l\pi}$参数组。

表10.11 EuODA的两等价的B^λ_{li}强度参数组,与表10.10的A^λ_{tp}参数组相对应(单位:i×10^{-13} cm)

	1组	2组
$B^2_{1\sigma}$	−550	−550
$B^2_{2\sigma}$	−1463	−1463
$B^4_{1\sigma}$	−185	−185
$B^4_{2\sigma}$	−1737	−1737
$B^4_{3\pi}$	2023	−2023
$B^4_{4\sigma}$	−21	−21
$B^6_{1\sigma}$	−215	−215
$B^6_{2\sigma}$	448	448
$B^6_{3\pi}$	3641	−3641
$B^6_{4\sigma}$	−2887	−2887
$B^6_{5\sigma}$	−1163	−1163
$B^6_{6\pi}$	282	−282

计算至$^5D_1$多重态的吸收磁偶极子强度可能相对简单。由维格纳-埃卡德定理,$^7F_0$和$^5D_1$多重态间的$M^{(1)}_q$矩阵元大小全部相同。因此,预计到E(π沿轴向)与A_1(σ)跃迁间的强度比值为2。这个因子完全源自于末态简并。实验得到的比值是2.6。这个差别表明存在一些影响磁偶极子(或有可能是电偶极)强度的物理过

程，但并没有包含在我们的模型中。

表 10.12　D_3对称性下，$\lambda=2$ 时 A_{tp}^{λ} 与 $B_{l\sigma}^{\lambda}$ 参数间的变换

	A_{20}^{2}	A_{33}^{2}
$B_{1\sigma}^{2}$	$1/2$	0
$B_{2\sigma}^{2}$	0	$-1/\sqrt{2}$

表 10.13　D_3对称性下，$\lambda=4$ 时 A_{tp}^{λ} 参数和 $B_{l\sigma/\pi}^{\lambda}$ 参数间的变换

	A_{33}^{4}	A_{40}^{4}	A_{43}^{4}	A_{53}^{4}
$B_{1\sigma}^{4}$	0	$1/2$	0	0
$B_{2\sigma}^{4}$	$-1/\sqrt{72}$	0	$\sqrt{7/40}$	$-\sqrt{14/45}$
$B_{3\pi}^{4}$	$-\sqrt{7/36}$	0	$3/\sqrt{20}$	$4/\sqrt{45}$
$B_{4\sigma}^{4}$	$\sqrt{7/18}$	0	$1/\sqrt{10}$	$1/\sqrt{90}$

表 10.14　D_3对称性下，$\lambda=6$ 时 A_{tp}^{λ} 参数和 $B_{l\sigma/\pi}^{\lambda}$ 参数间的变换

	A_{53}^{6}	A_{60}^{6}	A_{63}^{6}	A_{66}^{6}	A_{73}^{6}	A_{76}^{6}
$B_{1\sigma}^{6}$	0	$1/2$	0	0	0	0
$B_{2\sigma}^{6}$	$-1/\sqrt{26}$	0	$\sqrt{3/14}$	0	$-\sqrt{45/182}$	0
$B_{3\pi}^{6}$	$-3/\sqrt{26}$	0	$\sqrt{3/14}$	0	$\sqrt{40/91}$	0
$B_{4\sigma}^{6}$	$\sqrt{15/52}$	0	$\sqrt{5/28}$	0	$\sqrt{3/91}$	0
$B_{5\sigma}^{6}$	0	0	0	$1/\sqrt{14}$	0	$-\sqrt{3/7}$
$B_{6\pi}^{6}$	0	0	0	$\sqrt{6/7}$	0	$1/\sqrt{7}$

10.5　从 头 计 算

对于 $4f^N$壳层内跃迁的跃迁强度数据的合理化来说，上面讨论的唯象分析是有用的起点。尽管这种现象本身很重要，但我们的目的是半定量地理解这些参数在从头计算贡献方面的机制，如同晶体场参数的情况下所做的那样（见第 1 章）。

大多数强度参数的计算都采用混合有镧系激发态的点电荷晶体场和包含配位体的偶极子相互作用（“配位体极化”或者“动力学耦合”机制）。仅做了几次尝试以更切实际的方式处理配位体，把共价作用包括进来（见[HFC76，PN84，RN89]）。晶体场计算的经验表明，用点电荷和偶极计算定量描述参数效果很差。不过，我们以讨论这些计算作为出发点。不再试图重复角动量代数的细节，重点讨论物理原理。

给定一个有效偶极子的从头计算，可通过比较(10.26)式和(10.30)式计算参数 A_{tp}^{λ}。下面所讨论的关于单一 Cl^- 配位体的大多数计算引自 Reid 和 Ng 的文献(见[RN89])。将把这些计算和表 10.6 中实验固有强度参数进行对比。如上讨论，不同系统的固有参数明显类似，至少对 $\lambda=2,4$ 如此，所以表 10.6 中没有关于 Cl^- 配位体的数据这一事实不应视为一个困难。注意，以前计算(见[XR93])中有一个整体符号错误，这里给出的参数已经更改了它们的符号。这并不会影响计算强度。

10.5.1 晶体场混合

这是 Judd(见[Jud62])和 Ofelt(见[Ofe62])的原始工作中所考虑的机制。奇宇称晶体场把 $4f^{N-1}nd$ 和 $4f^{N-1}ng$ 态混入 $4f^N$ 态，并导致的贡献为

$$A_{tp}^{\lambda} = - A_{tp}\Xi(t,\lambda)\,\frac{(2\lambda+1)}{(2t+1)^{1/2}} \tag{10.45}$$

$\lambda=2,4,6$，$t=\lambda\pm1$。A_{tp} 为组态间(如 f-d)晶体场参数，由 Judd 定义的 $\Xi(t,\lambda)$ 因子(见[Jud62])包含 f 和 d 轨道间的径向积分。晶体场参数的经验表明(见第 1 章)，把配位体轨道重叠考虑进来，这样更加精细的计算将给出具有相同符号、但大小不同的贡献，实际情况也确实如此。

晶体场机制对 $t=1$ 的参数有贡献(见 [Jud66])。如果将晶体场单纯地看做外部静电势，那么就意味着一个偶极子势将会把离子移至另外一个不同平衡的位置。因为晶体场不仅仅是外部电势(如第 1 章解释)，因此在实际计算中这也不会引起困难。

(10.45)式可以用来预测具有相同 t 和 p、但不同 λ 的参数比值。表 10.15 中标注为“粗略点电荷”的一行给出了晶体场对单一 Cl^- 配位体强度参数的贡献。从最早的拟合中，这种采用 A_{tp}^{λ}(或等价)参数化(见[Axe63])的计算已不能够解释强度参数的相对符号。表 10.6 中的所有情况中，$\bar{A}_3^2/\bar{A}_3^4$ 是负数，而由粗略点电荷计算(见表 10.15)得到的为正值。

10.5.2 配位体极化

可以用两种不同的方法理解这种机制(也称“动力学耦合”(见[MPS74]))(见[Jud79])。一种是：辐射场动态地将配位体极化，并且这种激发通过 4f 和配位体电子间的库仑相互作用传递到镧系元素。另一种是：4f 电子将配位体极化，这引起了辐射与偶极子相互作用。后一种观点使我们可以预计，配位体极化机制将给出

的贡献与源自晶体场机制(配位体电子极化 4f 电子)的贡献通常符号相反。

具有各向同性极化性的配位体,配位体极化机制(表 10.15 中"粗略配位体极化"行)仅对 $t=\lambda+1$ 的参数有贡献。对于那些由配位体极化机制贡献的参数来说,这些贡献确实与晶体场贡献的符号相反。如果假定配位体极化机制对 $t=\lambda+1$ 参数的贡献占主导,那么这些参数的符号将与 $\lambda=2$ 和 4 的实验值符号相一致(见表 10.6)。

对于复杂有机配位体,如 10.4.4 节讨论的含氧双乙酸盐系统,各向异性配位体极化性很重要。基于熟知的键和原子极化性进行计算,给出了 10.4.4 节所讨论的非叠加参数的定性解释(见[DRR84])。

10.5.3 实际计算——重叠和共价

使用实际配位体的态对 A_{tp}^{λ} 参数所做的最详尽的从头计算是 Reid 和 Ng 的那些工作(见[RN89])。这个工作以第 1 章和第 6 章中介绍的 Ng 和 Newman(见[NN87b])的晶体场和关联晶体场参数计算为基础。结果如表 10.15 中的 $a \sim e$ 行所示。在计算中存在着各种技术困难,进一步的讨论在[RN89]中。然而,表中所给出的不同贡献的相对大小总体描述应该是正确的。

表 10.15 Pr^{3+}-Cl^{-} 系统中固有强度参数 $\bar{A}_t^{\lambda}$ 的从头计算(单位:10^{-13} cm)

影响	$\bar{A}_1^2$	$\bar{A}_3^2$	$\bar{A}_3^4$	$\bar{A}_5^4$	$\bar{A}_5^6$	$\bar{A}_7^6$
a:1 阶	−70	53	99	−45	−107	27
b:晶体场	−2104	163	369	−125	−516	115
c:共价	155	165	280	−150	−286	124
d:配位极化	397	−2927	99	144	−68	15
e:配位极化交换	−125	93	2	11	27	−66
$a+b+c$	−2019	381	748	−320	−909	266
$d+e$	−272	−2834	101	155	−41	−50
粗略的点电荷	−4630	260	610	−50	−170	20
粗略的配位体极化	0	−4276	0	738	0	−294

计算摘自[RN89],对[XR93]中的符号进行了修正。关于贡献的详细讨论请参考正文。

贡献 b 和 d 主要来自于晶体场和配位体极化的贡献,它们大体上与粗略点电荷和粗略配位体极化计算的贡献相当。贡献 e 是对配位体极化的贡献,来源于 f 电子和配位体电子间库仑作用的交换部分。另外,还有很小的 1 阶贡献 a,来源于混合宇称的分子轨道的主要态。其他重要的贡献 c 主要是共价效应,也就是从配位体轨道到 4f 轨道的激发。在[HFC76，PN84]中也计算了这些共价贡献。

在计算绝缘材料中的唯象晶体场时，对固有参数的所有主要贡献(除屏蔽作用外)是正的(见第 1 章)。相反，对强度参数的主要贡献则有不同的符号，配位体极化效应通常与其他贡献的符号相反。将这些计算与唯象固有强度参数进行对比，可以看出这些计算显然可以解释参数 $\bar{A}_1^2$，$\bar{A}_3^2$ 和 $\bar{A}_3^4$ 的实验符号。我们怀疑配位体极化对 $\bar{A}_5^4$ 的贡献被低估了。如果它的值再大一些，就可以认为与那个参数的符号也是符合的。其他参数的实验符号并没有很好地被确定。

配位体极化和其他作用的抵消，表明强度参数依赖于距离配位体的远近。对于唯象晶体场，因为所有的贡献(除屏蔽作用外)具有相同的符号，因此晶体场幂律指数 t_k 总为正值，相应于随着距离增大，相互作用过程单调递减(见第 5 章)。可能超过一定距离时，由于不同的贡献具有相反的符号，对距离依赖性也很不相同，因此强度参数幂律指数 τ_t^λ 可能不再为正。这样的效应已经在自旋哈密顿固有参数的配位体距离依赖中建立了(见第 7 章)。

我们希望量子化学计算很快能对 $4f^N$ 跃迁强度参数进行合乎实际的计算。[KFR95]的计算就是这个方向进展的一个例子。这些计算并不是设计为确定唯象参数的，但是从这样的计算中确定参数并不是特别困难的。

10.6 高阶效应

前面章节中描述的计算仅进行到一级微扰。如果计算扩展到更高级，也就是展开(10.26)式中用到两个或更多的(10.20)式中的势能算符，我们可能用到双电子算符(也就是关联效应)或者自旋依赖算符。前一种情况，附加算符包含在库仑相互作用中，后一种情况，则包括在旋轨相互作用中。由于不需要新的自旋依赖单电子参数，尽管更高级的效应可能改变参数 A_{tp}^λ(或 B_{lq}^λ)。

在现有的实验数据中，并没有足够的信息可以用来检验一个真正的一般参数化。这样一个参数化将修改(1.30)式，用二体算符$(\boldsymbol{U}^{(k_1)}\boldsymbol{U}^{(k_2)})^{(K)}$(如同相关晶体场情况)和自旋依赖算符 $\boldsymbol{V}^{(1k)K}$ 增补 $\boldsymbol{U}^{(\lambda)}$。这里不打算讨论这些一般参数化的细节(见[Wyb68，Rei93，Sme98])。参数数目(比关联晶体场参数数目多)是如此之多，以至于我们不能期望通过实验来确定它们。然而，如果我们仅处理包含有限数目多重态的跃迁，那么附加算符将简单地正比于单电子算符，正如关联晶体场算符那样(见第 6 章)。

当 Ω_λ 拟合不理想时，有时试图将参数化扩展至包含奇数 λ 的参数。可以确信这些尝试在技术上是错误的。由于有效跃迁算符是厄米的，对于单电子自旋无关算符，λ 必为偶数(如同在晶体场计算中的 k)。然而，如在关联晶体场情形那样，可以有奇数阶双电子算符(但不是 1 阶,见第 6 章)。尽管加入奇数阶单电子算符在技术上是不正确的,但还是尝试着将其应用于一些 Pr^{3+} 系统(见[EGRS85])。这类拟合的成功或许可以解释为证明了奇数阶双体(关联)算符的重要性。

Smentek 和同事们已经开展了广泛的关联效应计算([Sme98]中对其进行了评述)。尽管在计算晶体场时使用了点电荷方法,但对关联作用的计算还是很精细的。这些计算证明了关联作用很重要,尽管在很多情况下它只改变单电子参数。

Burdick 和他的同事将 Ω_λ 参数化扩展至包含自旋依赖算符(见[BDS89])。对于标准算符矩阵元很小的情况,他们的拟合比标准拟合好很多。这对 Gd^{3+} 尤其明显。这些扩展最初由 Judd 和 Pooler 处理双光子跃迁情况时提出(见[JP82])。自旋依赖算符之所以重要是因为许多跃迁是"自旋禁戒"($\Delta S\neq 0$)的,能够得到强度是因为 $4f^N$ 态的旋轨混合。如果这种混合很小,自旋依赖算符(其考虑到了激发态中的旋轨混合)提供了一种增强跃迁强度的方法,否则这种跃迁将会非常弱。

他们也已经尝试着将基矢集扩展至明确包含 $4f^{N-1}5d$ 态。由于这种组态与 $4f^N$ 组态很接近,这也是关联和旋轨效应的主要来源(见[GF92, BRRK95])。

10.7 相关主题

所讨论的技术也用于除了单光子跃迁外的物理过程,这些过程包括电子振动跃迁、圆二色性、双光子吸收和喇曼散射。

10.7.1 电子振动跃迁

目前为止考虑的跃迁并没有改变晶体的振动态。如果当光子被吸收和发射时,同时有一个晶格声子(或局域模量子)被吸收或者发射,那么将会观测到一谱线,其相对零声子线偏离了一振动能量。与这个问题有关的不同方法可在[GWB98]中找到。在我们的方法中,扩展(10.30)式参数化至包含电子振动过程相对直接:tp 组合不是按恒等不可约表示变换,而是按振动不可约表示变换。因此拟合过程一样,但是对于每一个振动模式都必须对一个不同的参数组进行拟合。Reid 和 Richardson(见[RR84c])及 Crooks 等(见[CRTZ97])对八面体复合物进行了这样的拟合,非振动电偶极子跃迁在其中是禁止的。

用叠加模型对这些拟合进行合理化中,需要将(10.39)式对振动模式进行微分。以我们早期的论断看,某些情况下,τ_t^λ 的幂律指数可能为负值,这种合理化并不是直接的。

因为在对 J 多重态进行求和时,将振动强度吸收进了 Ω_λ 参数化中,因此,当用那种参数化时，不可能将振动从非振动强度中分离出去。

10.7.2 圆二色性

具有手性的（具有明确的旋向性）分子或者晶体对左旋或者右旋圆偏振光表现出不同的吸收，这被称为圆二色性。圆二色性源自于电偶极子和高阶极子（如磁偶极子、电四极子）的干涉。对于细节，读者可以参考文献（如[PS83]）。含氧双乙酸盐体系表现出圆二色性，Richardson 和同事对此进行了详细的研究（见[MRR87a，BSR88，HMR98]）。

对轴向几何，差分吸收（化学家习惯表达为左-右）与旋光强度由[MRR87a]给出的公式相联系：

$$R_{FI}(\text{轴向}) = -\frac{3}{2}\mathrm{Im}\sum_{i}\sum_{f}\sum_{q=\pm 1}\langle Ff \mid -eD_q^{(1)} \mid Ii\rangle\langle Ff \mid M_q^{(1)} \mid Ii\rangle^* \tag{10.46}$$

其中，Im 表示虚部部分。注意式中出现了负号，这是由于重排了[MRR87a]的表达式，将初态放在了偶极矩算符的右边。$D_q^{(1)}$ 也可由我们的 A_{tp}^{λ} 或 $B_{l\pi/\sigma}^{\lambda}$ 参数化有效算符来代替。注意，这是一个有正负之分的表达式，并且强度参数线性出现。因此，圆二色性光谱中包含的信息多于常规的吸收光谱，原则上可确定强度参数的绝对符号。对于氧基系统，参数化模型已经很成功地应用于计算出和含氧双乙酸盐系统实验数据一样的结果（见[MRR87a，BSR88]）。

10.7.3 双光子吸收和喇曼散射

包含双光子的过程也是可能的。在[Dow89]和[GWB98]的近期参考文献中可以查到关于这个领域中工作的评述。

双光子过程，类似于电偶极矩，其表达式为

$$\sum_k \frac{\langle f \mid D_{q_2}^{(1)} \mid k\rangle\langle k \mid D_{q_1}^{(1)} \mid i\rangle}{E_i - E_k + \hbar\omega_1} + \sum_k \frac{\langle f \mid D_{q_1}^{(1)} \mid k\rangle\langle k \mid D_{q_2}^{(1)} \mid i\rangle}{E_i - E_k + \hbar\omega_2} \tag{10.47}$$

其中，q_1 和 q_2 及 $\hbar\omega_1$，$\hbar\omega_2$ 为双光子的偏振和能量。这个公式应用于喇曼散射时，出射光子的 $\hbar\omega$ 必须加一个负号。求和遍及所有可能的中间态（包括 $4f^N$），因此共振效应是可能的（见[HLC89]）。费米黄金定则就是跃迁速率正比于（10.47）式的平方。

（10.47）式中的态和分母是准确的，分母来源于费米黄金定则的含时微扰论推导。为了得到有效算符，必须使用不含时微扰论扩展态和分母。关于这些问题的讨论，参阅[BR98a]。

具有相同光子的 $4f^N$ 内的双光子吸收，最低一级的贡献导致单个 $\boldsymbol{U}^{(2)}$ 算符，也就是说，在计算相对强度参数时没有自由参数（见[Axe64]）。Downer 和同事们（见[DDNB81]）发现这个模型对 Gd^{3+} 离子实验数据的重复性很差。Judd 和

Pooler(见[JP82])通过扩展模型至包含激发态中的旋轨相互作用,从而可以解释这种测量。这种情况下,高次贡献很重要,因为最低次的贡献相当小。Smentek(见[Sme98])及 Burdick 和他的同事(见[BR93, BKR93])已经讨论过电子关联效应的影响。在他们对 Eu^{2+} 离子的研究中,Burdick 等(见[BKR93])发现微扰展开不能够收敛,这是由于 $4f^6 5d$ 态和 $4f^7$ 态重叠严重,因此有必要将 $4f^6 5d$ 组态作为模空间的一部分。

一些双光子实验已经集中于研究由于入射光旋转极化引起的强度变化。这些变化比单光子吸收情况复杂许多。某些情况下,这些变化与模型符合得很好(见[GBMB93])。然而,一些实验并不能通过这个理论来很好地解释(见[MNG97])。

Gunde 和 Richardson 已经观测到双光子的圆二色性(见[GR95]),并从理论上进行了解释(见[GBR96])。与单光子圆二色性情形类似,相对于常规的双光子吸收测量,从这些实验可以给出更多信息。

喇曼散射也是对这种形式理论的一种令人感兴趣的验证。这种情况下,(10.47)式中两项差异很大的分母除允许单光束双光子吸收中所允许的 2 阶算符外,还允许 1 阶算符(由于分母不相同,时间反演和厄米变量并不排除 1 阶算符)及令人感兴趣的偏振效应。某些情况下,理论预言可以解释实验结果(见[NME⁺97]),但在其他情况下,很难使用计算将 1 阶和 2 阶算符的实验比值合理化(见[BEW⁺85])。

10.8 展　望

相对于晶体场能级参数化,$4f^N$ 组态晶体场分裂能级间的跃迁强度参数化是一个更加复杂的问题。不过利用从头计算,不仅可以进行详细的参数化,而且还能够解释实验结果。如果我们想唯象地表征跃迁强度,达到与分析晶体场时相同的详细和精确程度,则需要更广泛的实验工作积累以及数据分析。

(迈克尔·瑞德)

附录1　点 对 称 性

附录介绍了在本书中用到的所有相关点群理论概念和工具,目的是阐明点群理论和晶体场理论的关系,而不是试图讲授群论。读者如果对数学细节了解和群论基本定理感兴趣,可以参考一些标准文献如[Hei60, Sac63, Fal66, Tin64, LN69, ED79, But81]。

A1.1　全旋转群O_3和自由磁性离子态

说一个自由磁性离子具有球对称性(见第1章),意味着在所有的绕轴旋转和包含对称中心(也就是核的中心)的面反映下,它的哈密顿不变。绕通过固定点的所有轴的旋转任意角度的操作与反演一起构成了一个群,称为全旋转群O_3。这个群也可构造为包含着对含有给定点的平面的所有反演操作。通过解薛定谔方程可以得到位于球对称静电势中的单电子波函数(用符号nlm表示),它们以n表征的径向函数和球谐函数$Y_{lm}(\theta,\phi)$乘积形式给出。与给定波函数相对应的态能量仅依赖于n和l值。可以通过行列式构造自由磁性离子的N电子态,每一个行列式都包含着N个这样的单电子态。

数学上可以说明,对一组球谐函数中的任一函数进行O_3操作变换后,得到的态总是相同l值的球谐函数的线性叠加。换句话说,就是在O_3操作下球谐函数Y_{lm}是封闭的。作为具有这样性质的最小集合,它们被称为生成了O_3的不可约(矩阵)表示,表示为$D^{(l)}$。因此,单电子薛定谔方程的简并态解,也就是具有轨道角动量l的多重态,与不同的O_3不可约表示$D^{(l)}$相对应。可以通过添加正号或者负号来区分这些不可约表示在反演下的变换性质:$D^{(l)+}$具有偶宇称,$D^{(l)-}$具有奇宇称。

A1.1.1　张量算符和矩阵元

张量算符$t_q^{(k)}$是在群O_3所有旋转下,和不可约表示$D^{(k)}$(或者球谐函数Y_{kq})具有相同变换性质的算符。k和q分别是张量的阶和分量的符号,q的取值可以从$-k$到k。张量算符可以从角动量算符$\boldsymbol{J}$乘积的和来构造,J为它们自身1阶张量算符,具有-1,0和1三项。读者如果对角动量理论感兴趣,可以参考这个领域中的标准文献,如Brink和Satchler的[BS68]。

在计算态$\langle JM_J|$和$|J'M_{J'}\rangle$间的张量算符矩阵元时,可以使用下面的因式分解(即熟知的维格纳-埃卡德定理):

$$\langle \alpha JM_J \mid t_q^{(k)} \mid \alpha J'M_J' \rangle = (-1)^{J-M_J}\begin{pmatrix} J & k & J' \\ -M_J & q & M_J' \end{pmatrix}(\alpha J \parallel t^{(k)} \parallel \alpha J') \quad \text{(A1.1)}$$

在这个方程中,J和J'可以为整数或者半整数。矩阵元对q,M_J和M_J'的依赖性可以用所谓的$3j$符号表达,这将在下面讨论。

符号$(\alpha J \parallel t^{(k)} \parallel \alpha J')$称为约化矩阵元。通过张量算符的归一化和由符号$\alpha$表征的多电子态结构来确定它们的值。张量算符的归一化是任意的,但在应用时应该说明。

第2章中曾讨论过,晶体场势可以用函数张量算符$C_q^{(k)}$来表示。在单电子矩阵元特殊情况下,轨道角动量$l=J=J'$,张量算符$C_q^{(k)}$具有约化矩阵元

$$(l \parallel C^{(k)} \parallel l) = (-1)^l(2l+1)\begin{pmatrix} l & k & l \\ 0 & 0 & 0 \end{pmatrix} \quad \text{(A1.2)}$$

这些约化矩阵元确定了本书中所使用的张量算符的归一化:可以从它们得到多电子约化矩阵元。

晶体场理论中,另一个常用的张量算符归一化定义为所谓单位张量算符,用$u_q^{(k)}$表示,并且具有单电子约化矩阵元

$$(l \parallel u^{(k)} \parallel l) = \sqrt{2l+1} \quad \text{(A1.3)}$$

k为奇数或偶数时,这些算符的约化矩阵元均不为0。p^n,d^n和f^n组态的LS态多电子约化矩阵元已经由Nielson和Koster编制成表格(见[NK63])。

A 1.1.2 角动量态耦合

当角动量j_1和j_2耦合一起时(如自旋轨道耦合),得到的角动量本征态$|\alpha,j_1,j_2;j,m\rangle$与$j_1$和$j_2$的本征态联系如下:

$$|\alpha,j_1,j_2;j,m\rangle = \sum_{m_1+m_2=m} |\alpha,j_1,j_2;m_1,m_2\rangle\langle m_1,m_2 \mid j,m\rangle \quad \text{(A1.4)}$$

其中,α为本征态的其他符号(见第2章)。克莱布什-戈丹或者耦合系数

$$\langle m_1,m_2|j,m\rangle$$

通过下式与$3j$符号联系:

$$\langle m_1,m_2 \mid j,m\rangle = \langle j,m \mid m_1,m_2\rangle = (-1)^{j_2-j_1-m}\sqrt{2j+1}\begin{pmatrix} j_1 & j_2 & j \\ m_1 & m_2 & -m \end{pmatrix} \quad \text{(A1.5)}$$

A 1.1.3 3*j* 符号的性质

只有当 J,J'和 k 满足下列三角关系时,3*j* 符号$\begin{pmatrix} J & k & J' \\ -M_J & q & M'_J \end{pmatrix}$不会为零:

$$J = |k-J'|, \quad |k-J'+1|, \quad \cdots, \quad k+J' \tag{A1.6}$$

这个三角关系就是所谓的选择定则,因为它可以与维格纳-埃卡德定理结合,一起确定张量算符矩阵元什么时候不为 0。使用三角形关系,f 电子的晶体场算符阶数 k 可取的值被限制为 0,1,2,3,4,5 和 6。晶体场哈密顿的厄米性和时间反演不变性确保了只有偶数阶的晶体场参数值不为 0(见[New71])。因此,f 电子晶体场算符的阶数只可能为 0,2,4 和 6。$k=0$ 的晶体场算符对应于各向同性势,并不能产生晶体场分裂(见第 2 章),因此可以从晶体场中将其省略。更深一层的选择定则是:当 $M_1+M_2+M_3$之和不为 0 时,3*j* 符号 $\begin{pmatrix} J_1 & J_2 & J_3 \\ M_1 & M_2 & M_3 \end{pmatrix}$为 0。3*j* 符号满足两个重要的正交关系,具体的形式可以在任意一本介绍角动量的书中查到(如参阅[CO80]第 180 页)。

程序 THREEJ. BAS 用来计算 3*j* 符号$\begin{pmatrix} J_1 & J_2 & J_3 \\ M_1 & M_2 & M_3 \end{pmatrix}$的值。当运行程序时,将会要求输入 J_1,J_2,J_3,M_1,M_2和 M_3的值。程序将会计算 3*j* 符号的值,并且显示在屏幕上。附录 2 中给出了程序 THREEJ. BAS 的代码。下面给出了运行这个程序后屏幕显示内容的例子:

```
THIS IS A PROGRAM TO CALCULATE THE 3_J SYMBOL
    R0= ( J1, J2, J3; M1, M2, M3)
CRYSTAL FIELD HANDBOOK, EDITED BY D. J. NEWMAN AND BETTY NG
    CAMBRIDGE UNIVERSITY PRESS
J1=?, J2=?, J3=? 3, 4, 3
M1=?, M2=?, M3=? 0, 0, 0
THE THREE J SYMBOL IS:        -.1611645928050761
DO YOU WANT TO CALCULATE ANOTHER 3-j SYMBOL?
TYPE IN Y/y ( FOR YES ), N/n ( FOR NO )   n
```

需要用户键入 J_S和 M_S的值。

A 1.1.4 6*j* 符号

使用 6*j* 符号来源于利用(3.3)式时将张量算符的单约化矩阵元和双约化矩阵

元联系起来。这些符号可以表示为 4 个 $3j$ 符号的乘积,如[LM86]中(3.61)式,或者代数表达式(如[Jud63]的(3-7)式,或[CO80]中 9^3 节的(9)式)。REDMAT.BAS 程序中有从代数表达式中产生 $6j$ 符号的子程序,其代码列在附录 2 中。

A1.1.5 正交算符

在一个或更多个 J 多重态定义的空间内,张量算符被称为是“正交”的(如参阅[New81])。$3j$ 符号的性质保证了在满足 $k\neq k'$,$q\neq q'$ 或只满足其中之一时,$\sum_{M_1,M_2}\langle J,M_1|t_q^{(k)}|J,M_2\rangle\langle J,M_2|t_q^{(k')}|J,M_1\rangle$ 的值为 0。“正交”术语来源于这种关系与初等向量分析中正交向量点乘为零之间的简单类比。

在线性参数化中使用正交算符的优点是:与每一个算符联系在一起的参数是独立的,在这种意义上,得到的拟合参数值并不依赖于同时对多少个其他参数进行拟合。张量算符的正交性已经应用于简化晶体场拟合程序 ENGYFIT.BAS,在第 3 章和附录 2 中有介绍。

可以将正交算符的概念扩展至包括两个或更多张量算符乘积的表达式(参阅第 3,6,8 章)。这种情况下,有必要将定义张量算符的基扩展到张开多于一个多重态。尽管以这种方式定义的算符甚至不太可能与参数拟合中所使用的全部“约化”基近似正交,但大多数理论讨论还是集中于定义于整个组态的正交性。有必要做进一步的工作,以引进在这类约化基中具有正交性的标准张量乘积算符组。关于在光谱中使用正交算符的优点及它们与对称性因素的关系,可在[New81, JHR82, New82, JC84, JS84, DHJL85, HJL87, Lea87, Rei87a, JNN89]中找到。

A1.2 格位对称和对称算符

晶体场应用的第一个任务就是确定磁性离子的点对称性。许多情况下,可以通过由 X 射线或中子散射所确定的晶体结构得到这个信息。有 32 个结晶学点群(见[LN69]中的表 3.1)。然而,在晶体场中的点对称性通常仅出现它们中的 14 个(见表 A1.1)。准晶或者分子可以具有二十面体对称性格点,在晶体中这可能也是一个近似的格位对称性,此对称性的细节可以参考[But81]。

在晶体场中的磁性离子具有点或者位置对称群 G 意味着什么呢?它表示所有包含在群 G 内的点对称操作不会改变这个离子处的晶体场,这些点对称操作包括旋转、反映和反演。表 A1.1 中,符号 C_n 表示绕一个轴(称为主轴)逆时针旋转 $\frac{360°}{n}$(主轴一般确定为沿着 z 轴方向)。C_n 就是熟知的 n 次旋转。如果多于一个旋转轴的话,不同的轴就用上脚标表示。例如,C_2^x 表示沿着 x 轴旋转 180°。通过原点的反演操作记为 i。C_n旋转后跟随反演,表示为 S_n。通过对角线、水平和竖直面的反射分别标记为 σ_d,σ_h和 σ_v,对角面和竖直面都包含主轴,而水平面垂直于主轴。

表 A1.1 中列举的群都具有有限数目的元或者对称性操作,数目被称为它们的阶数。因此,它们都是有限点群的例子。这个群的所有其他对称操作都可以由表 A1.1 中第四列的对称操作产生。例如,进行 n 次 C_n旋转操作将产生恒等操作,进行两次 C_4操作将产生 C_2。

表 A1.1　在晶体场中经常出现的格位对称

对称群	国际符号	阶数	生成元	类型
S_2	$\bar{1}$	2	i	三斜
C_2	2	2	C_2	单斜
C_{2h}	$\frac{2}{m}$	4	C_2, i	单斜
C_{2v}	mm2	4	C_2, σ_v, σ'_v	正交
D_{2h}	mmm	8	C_2^x,C_2^y,i	正交
C_{4v}	4mm	8	C_4, σ_v, σ'_v	四方
D_{2d}	$\bar{4}$2m	8	S_4, σ_d, i	四方
D_{4h}	$\frac{4}{m}$mm	16	C_4, σ_h, i	四方
C_{3v}	3m	6	C_3, σ_v	三方
C_{3h}	$\frac{3}{m}$	6	C_3, σ_h	六方
D_{3h}	$\frac{3}{m}$m2	12	C_3, σ_v, σ_h	六方
D_{6h}	$\frac{6}{m}$mm	24	C_6, σ_v, σ_h, i	六方
T_d	$\bar{4}$3m	24	S_4, C_3, σ_d	立方
O_h	m3m	48	C_4, C'_2,C_3, i	立方

A1.2.1　子群

如果群 G 包含了另一个群 H 的所有对称操作算符(或生成元),那么群 H 就为群 G 的子群。例如,T_d为 O_h群的一个子群。因为,将 O_h群中的生成元 C_4进行两次操作,进行生成元 C_2'操作后再进行 i 操作,可分别得到 T_d的生成元 C_2和 σ_d(见表 A1.1)。

全旋转群 O_3 包含所有的点对称群的生成元。因此，表 A1.1 中的所有的点对称群都为 O_3 的子群。图 A1.1 和图 A1.2 中给出了与大多数晶体场应用有关的群和子群关系。

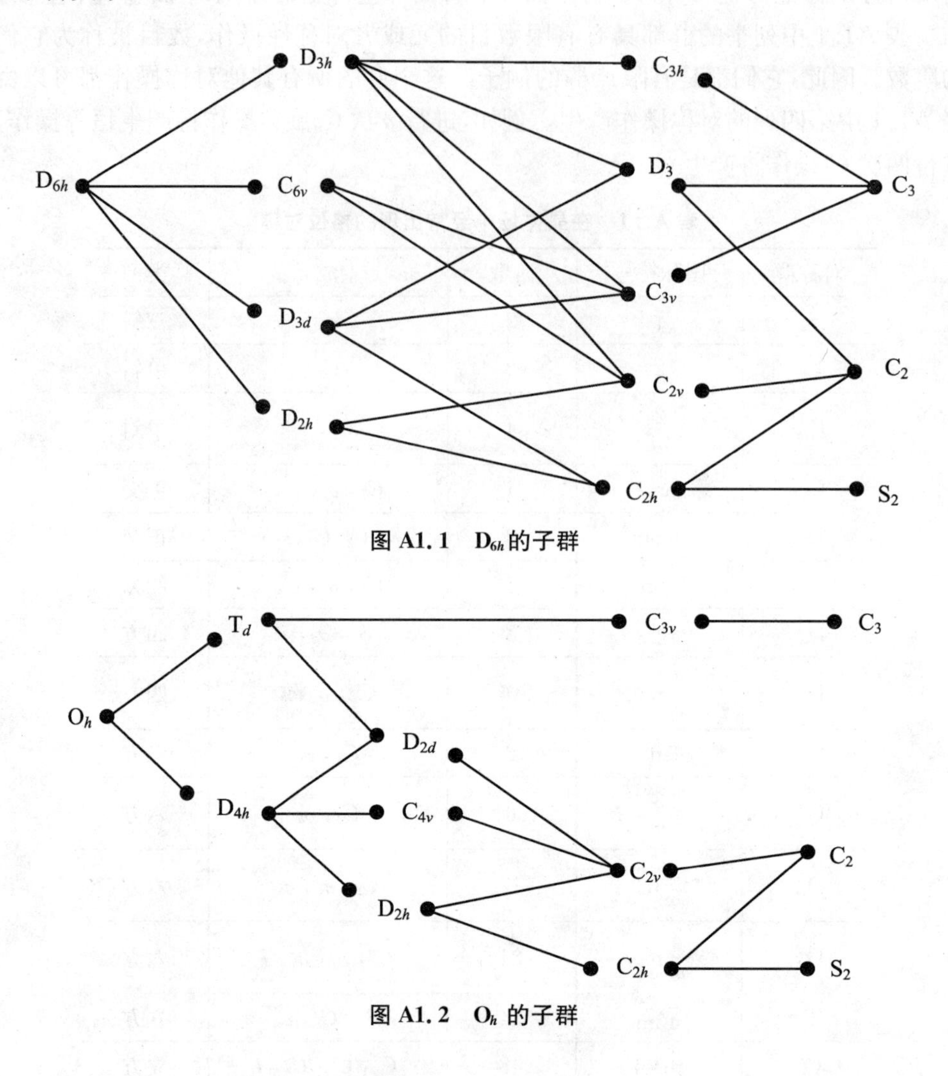

图 A1.1 D_{6h} 的子群

图 A1.2 O_h 的子群

A1.3 晶体场参数和点对称

2.2 节中讨论的晶体场哈密顿对称性(也就是晶体场对称性)定义为保持晶体场哈密顿不变的对称操作点群。从晶体场矩阵元的选择定则(如参阅[LN69]的第 12 章)可以得到一般结论，有效晶体场总是包含着反演操作算符。因此，它可能和比格位对称群(在顺磁性离子处晶体的几何或者物理点对称性)更高的对称性相对应。

磁性离子处的点对称性对晶体场中可能出现的张量算符 $C_q^{(k)}$ 加了更多的限制。通过考虑不同对称操作算符对 $C_q^{(k)}$ 的作用以及在这些操作下晶体场必须不变的事实,可以发现只允许 q 取值为 $-k,-k+1,\cdots,k-1,k$ 数组中的特定值。表A1.2给出了对称操作算符允许的可能 q 值的例子。U_2 为绕垂直于主轴的轴的一个二次旋转。

表 A1.2 不同对称操作允许的 q 值

对称操作	q 值
C_2,σ_h	0,±(偶数)
C_3	0,±(三重态)
C_4	0,±(四重态)
C_6	0,±(六重态)
σ_v,U_2	0,任何一个正数

A1.4 点对称群的不可约表示和能级

点对称群的不可约表示与全旋转群 O_3 中一样的方式来定义。在这个群的所有操作下,它们是最小的封闭函数集合。晶体场对称性不仅可以确定晶体场哈密顿可能的晶体场算符,而且还可以用其不可约表示符号标志磁性离子(可能是简并的)能级。假设 Φ_λ 是与晶体场哈密顿 V_{CF} 能量本征值 λ 联系在一起的多电子态,即

$$V_{CF}\Phi_\lambda = \lambda\Phi_\lambda \tag{A1.7}$$

当晶体场对称群的一个操作算符作用于(A1.7)式两边时,本征方程变为

$$\left.\begin{aligned} \boldsymbol{R}V_{CF}\Phi_\lambda &= \boldsymbol{R}\lambda\Phi_\lambda \\ \boldsymbol{R}V_{CF}\boldsymbol{R}^{-1}\boldsymbol{R}\Phi_\lambda &= \lambda\boldsymbol{R}\Phi_\lambda \end{aligned}\right\} \tag{A1.8}$$

因为在 $\boldsymbol{R}$(通过晶体场对称群定义)操作下,晶体场是不变量,$\boldsymbol{R}V_{CF}\boldsymbol{R}^{-1}$ 与 V_{CF} 是相同的。因此(A1.8)式变为

$$V_{CF}\boldsymbol{R}\Phi_\lambda = \lambda\boldsymbol{R}\Phi_\lambda \tag{A1.9}$$

表明构成晶体场对称群的一个不可约表示的所有表示 $\boldsymbol{R}\Phi_\lambda$ 均为本征值为 λ 的 V_{CF} 的本征方函数。因此,不可约表示符号可以用来标志晶体场算符的不同本征值(能态)。这也阐明了与单自由离子 J 多重态对应的能级被分解为多个与其晶体场对称群不可约表示相对应的能级。这个思想也是晶体场应用的基础,如第3章讨论。

表 A1.3　O_h和D_{6h}下O_3的约化和子约化

O_3	O_h	D_{6h}
$D^{(0)}$	A_{1g}	A_{1g}
$D^{(1)}$	T_{1g}	$A_{2g}+E_{1g}$
$D^{(2)}$	E_g+T_{2g}	$A_{1g}+E_{1g}+E_{2g}$
$D^{(3)}$	$A_{2g}+T_{1g}+T_{2g}$	$A_{1g}+B_{1g}+B_{2g}+E_{1g}+E_{2g}$
$D^{(4)}$	$A_{1g}+E_g+T_{1g}+T_{2g}$	$A_{1g}+B_{1g}+B_{2g}+E_{1g}+2E_{2g}$
$D^{(5)}$	$E_g+2T_{1g}+T_{2g}$	$A_{1g}+B_{1g}+B_{2g}+2E_{1g}+2E_{2g}$
$D^{(6)}$	$A_{1g}+A_{2g}+E_g+T_{1g}+2T_{2g}$	$2A_{1g}+A_{2g}+B_{1g}+B_{2g}+2E_{1g}+2E_{2g}$
$D^{(7)}$	$A_{2g}+E_g+2T_{1g}+2T_{2g}$	$A_{1g}+2A_{2g}+B_{1g}+B_{2g}+3E_{1g}+2E_{2g}$
$D^{(8)}$	$A_{1g}+2E_g+2T_{1g}+2T_{2g}$	$2A_{1g}+A_{2g}+B_{1g}+B_{2g}+3E_{1g}+3E_{2g}$
$D^{(5/2)}$	$\Gamma_{7g}+\Gamma_{8g}$	$\Gamma_{7g}+\Gamma_{8g}+\Gamma_{9g}$
$D^{(7/2)}$	$\Gamma_{6g}+\Gamma_{7g}+\Gamma_{8g}$	$\Gamma_{7g}+\Gamma_{8g}+2\Gamma_{9g}$
$D^{(9/2)}$	$\Gamma_{6g}+2\Gamma_{8g}$	$\Gamma_{7g}+2\Gamma_{8g}+2\Gamma_{9g}$
$D^{(11/2)}$	$\Gamma_{6g}+\Gamma_{7g}+2\Gamma_{8g}$	$2\Gamma_{7g}+2\Gamma_{8g}+2\Gamma_{9g}$
$D^{(13/2)}$	$\Gamma_{6g}+2\Gamma_{7g}+2\Gamma_{8g}$	$3\Gamma_{7g}+2\Gamma_{8g}+2\Gamma_{9g}$
$D^{(15/2)}$	$\Gamma_{6g}+\Gamma_{7g}+3\Gamma_{8g}$	$3\Gamma_{7g}+2\Gamma_{8g}+3\Gamma_{9g}$

A1.5　约化和诱导表示

一个离子由于从群G到其子群H的对称性降低会引起能级分裂，群G和其子群H的不可约表示间的关系对于找到这个能级分裂过程是非常有用的。G的每一个不可约表示都可以表示为H的不可约表示之和。这个过程称为下诱导或约化，应用群特征标理论可得到此结果。表A1.3和图A1.3中给出了一些常用约化表示。在一般教材中都可以查到群特征标的定义和如何进行约化的介绍，如[Tin64，LN69，But81，ED79]。

表A1.3和图A1.3可以用来查找晶体中磁性离子的能级不可约表示符号。例如，在C_{4v}对称的晶体场中，具有$J=4$多重态的离子将会分裂为$A_1+A_1+B_1+A_2+E+B_2+E$，也就是$2A_1+B_1+A_2+B_2+2E$。这是通过以下步骤完成的，首先将O_3的$D^{(4)}$约化为O_h的不可约表示(使用表A1.3)，然后再使用表A1.3将O_h的不可约表示约化到C_{4v}的不可约表示。

图 A1.3 列出了群 G 和其子群 H 不可约表示间的关系，这种关系还可以用于子群 H 的不可约表示诱导出对称性更高的对称群 G 的不可约表示。例如，C_{4v}的不可约表示 $A_1$①诱导出了 O_h的不可约表示 $A_{1g}+E_g+T_{1u}$。与诱导相对应的物理关系在第 9 章讨论的半经典模型中是很重要的。为什么相同的关系既可以应用于诱导，也可以应用于约减，对这个问题解释感兴趣的读者可以参考[Alt77]或[Led77]。

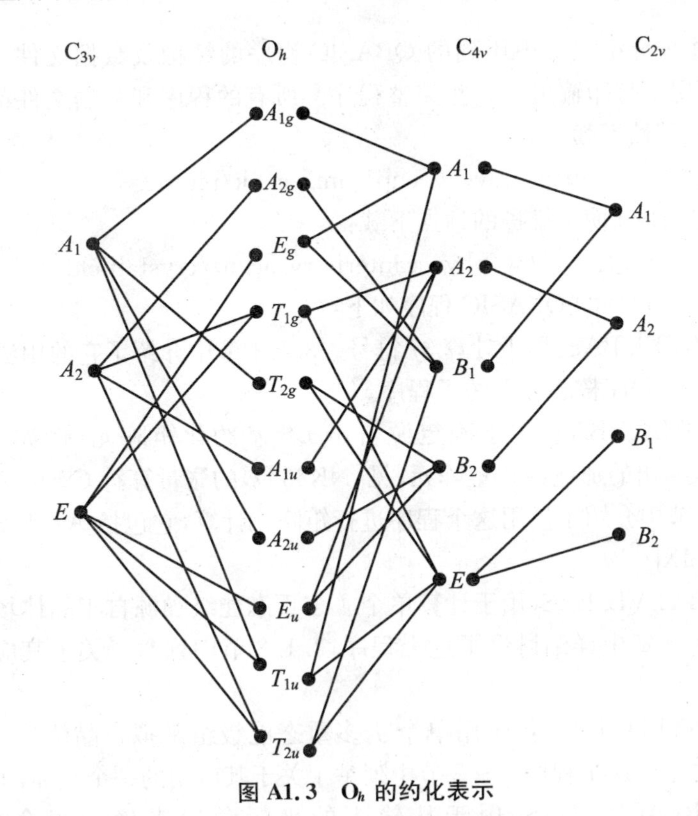

图 A1.3 O_h 的约化表示

每一 k 阶的非 0 晶体场参数的数目，与约化 O_3 的 $D^{(k)}$ 表示中出现的晶体场点群恒等不可约表示（常标记为 A_1或 A_{1g}）的数目相对应。例如，在立方对称性（O_h）晶体场中，只有两个晶体场参数，一个阶数为 4，一个阶数为 6（见表 A1.3）。

（道格拉斯·约翰·纽曼　贝蒂·吴·道格）

① 原著误为 A_2。

附录 2 QBASIC 程序

本附录主要介绍正文中用到的 QBASIC 程序的结构及数据文件。为了读者方便，一些情况下打印输出了一些完整程序。所有的程序和数据文件都可以从剑桥大学出版社网站下载：

http://www.cup.cam.ac.uk/physics

或者从 M. F. Reid 博士维护的站点下载：

http://www.phys.canterbury.ac.nz/crystalfield

从这些站点得到的 QBASIC 程序如下：

(1) THREEJ.BAS，用于计算 $3j$ 符号。3.1.1 节中介绍了它的用法。A2.1.1 节中列出了这个程序核心部分的子程序。

(2) REDMAT.BAS，用于确定源自于 LS 基约化矩阵元(例如 Nielson 和 Koster所列表给出的那些约化矩阵元(见[NK63]))的张量算符 $C^{(k)}$ 的 J 基约化矩阵元。3.1.1 节中介绍了使用这个程序进行矩阵元计算，它包括 A2.1.2 节中列举出的子程序 SIXj。

(3) ENGYLVL.BAS，用于计算单个 J 多重态能级和源自于晶体场参数的本征函数。在第 3 章中详细讨论了这个程序，3.1.3 节中列举了关于其应用的一个具体例子。

(4) ENGYFIT.BAS，用于用单个 J 多重态能级组来拟合晶体场参数。第 3 章中也详细讨论了这个程序。3.2 节中列举了关于其应用的一个具体例子。

(5) CORFACW.BAS，用于从输入的坐标角度来确定组合坐标因子(Wybourne 归一化)。5.3.2.1 节中给出了应用这个程序的一个例子。

(6) CORFACS.BAS 与 CORFACW.BAS 相同，只是使用了 Stevens 归一化。A2.2 节中具体描述了这两种坐标因子程序，并打印输出了详细的 CORFACS.BAS 程序。

(7) INTRTOCF.BAS，将输入的固有参数和坐标因子转换为晶体场参数。

(8) CFTOINTR.BAS，使用输入坐标因子，用固有参数拟合晶体场参数组。

从上面的网址还可以下载到一些数据文件。A2.3 节给出了上面列出程序所使用的输入数据文件以及上面列出的程序的输出显示。

为了克服 QBASIC 程序的打印行超过页宽带来的问题，有必要引进特殊符号来表示行的连接。A2.1 和 A2.2 节提供的程序中，在任意行前面出现的‘&’符号表示此行与上面一行是连续的。'&'符号不是 QBASIC 代码的一部分。

A2.1　3j 和 6j 符号的计算

A2.1.1　3j 符号

在从晶体场参数(见 3.1.1 节)确定能量矩阵中需要 3j 符号(见 A1.1.3 节)。它们与附录 1 中定义的克莱布什-戈丹或耦合系数密切相关。

尽管有了 3j 符号的表格(见[RBMJ59]),但使用如 THREEJ.BAS 程序计算它们常常是最方便的。这个程序基于下面所给出的子程序,在 ENGYLVL.BAS 和 ENGYFIT.BAS 程序中使用该子程序。它计算了一个闭合的代数公式,如 Lindgren 和 Morrison 的[LM86]中的(2.76)式和(2.81)式所表述的。这个计算过程还可以带来更高的效率。[LM86]还包含了(作为附录 C)一些简单情况的代数表达式和低 j 值下的表格。

```
SUB three j (R0, AJ1, AJ2, AJ3, AM1, AM2, AM3)
    DEFINT J, M-N
    DEFDBL F, R
    DIM F(0 TO 30)
REM DEFINE THE FACTORIALFUNCTION
      FOR I=0 TO 30
          F(I)=1
          FOR J=1 TO I
            F(I)=F(I) * J
          NEXT J
      NEXT I
REM   SELECTION RULES
    IF AM1+AM2+AM3 <> 0 THEN GOTO ZERO:
    IF AJ1+AJ2-AJ3 < 0 THEN GOTO ZERO:
    IF AJ3+AJ1-AJ2 < 0 THEN GOTO ZERO:
    IF AJ3+AJ2-AJ1 < 0 THEN GOTO ZERO:
    IF AJ1+AJ2+AJ3+1 < 0 THEN GOTO ZERO:
    IF AJ1-AM1 < 0 THEN GOTO ZERO:
    IF AJ2-AM2 < 0 THEN GOTO ZERO:
```

```
    IF AJ3－AM3 < 0 THEN GOTO ZERO:
    IF AJ1＋AM1 < 0 THEN GOTO ZERO:
    IF AJ2＋AM2 < 0 THEN GOTO ZERO:
  IF AJ3＋AM3 < 0 THEN GOTO ZERO:
  R4 = F(CINT(AJ1＋AJ2－AJ3)) * F(CINT(AJ1－AM1))
&     *F(CINT(AJ2－AM2)) * (CINT(AJ3－AM3))
&     *F(CINT(AJ3＋AM3))
  R5 = F(CINT(AJ1＋AJ2＋AJ3＋1))
&     *F(CINT(AJ3＋AJ1－AJ2)) * F(CINT(AJ3＋AJ2－AJ1))
&     *F(CINT(AJ1＋AM1)) * F(CINT(AJ2＋AM2))
  R6=0
  FOR J7 = 0 TO 25
      IF AJ1＋AM1＋J7 < 0 THEN GOTO J7R:
      IF AJ2＋AJ3－AM1－J7 < 0 THEN GOTO J7R:
      IF AJ3＋AM3－J7 < 0 THEN GOTO J7R:
      IF AJ2－AJ3＋AM1＋J7 < 0 THEN GOTO J7R:
       R8 = F(CINT(AJ1＋AM1＋J7))
&             *F(CINT(AJ2＋AJ3－AM1－J7))
&             *(－1)^(CINT(AJ1－AM1－J7))
    R9=F(J7) * F(CINT(AJ3＋AM3－J7))
&             *F(CINT(AJ1－AM1－J7))
&             *F(CINT(AJ2－AJ3＋AM1＋J7))
    R6=R6＋ R8/R9
J7R:  NEXT J7
    R0=SQR(R4/R5) * R6 * (－1)^CINT((AJ1－AJ2－AM3))
    GOTO FIN:
ZERO:R0 = 0
FIN:END SUB
```

A2.1.2 计算 $6j$ 符号的子程序

$6j$ 符号可以从一个闭合代数式计算(见[Jud63]中(3-7)式)或者通过将它们表示为 $3j$ 符号的形式(见[LM86]中(3.61)式)得到。下面的子程序基于第一种方法。参考 3.1.1 节,它用于约化矩阵元的计算,并且组成了程序 REDMAT.BAS 的一部分。

```
SUB SIXj (RJ0,RJ1,RJ2,RJ3,RL1,RL2,RL3)
```

```
REM THIS SUBPROGRAM CALCULATES 6－J SYMBOLS
REM RO=(RJ1,RJ2,RJ3;RL1,RL2,RL3)
REM F(I)=I! IS THE FACTORIAL FUNCTION
REM I=0 TO 30 IS USUALLY SUFFICIENT
REM PLASE NOTE THAT I STARTS FROM ZERO

 DIM F(0 TO 30),RK(1 TO 7)

 FOR I=0 TO 30
     F(I)=1
     FOR J=1 TO I
         F(I)=F(I) * J
     NEXT J
 NEXT I
 RK(7)=RJ3+RJ1+RL3+RL1
 RK(6)=RJ2+RJ3+RL2+RL3
 RK(5)=RJ1+RJ2+RL1+RL2
 RK(4)=RL1+RL2+RJ3
 RK(3)=RL1+RJ2+RL3
 RK(2)=RJ1+RL2+RL3
 RK(1)=RJ1+RJ2+RJ3
 IF RK(5)>RK(6) THEN
     RMAX=RK(6)
     ELSE
     RMAX=RK(5)
 END IF
 IF RMAX<RK(7) THEN
     ELSE
     RMAX=RK(7)
 END IF
 IF RK(1)<RK(2) THEN
     RMIN=RK(2)
     ELSE
     RMIN=RK(1)
 END IF
 FOR I=3 TO 4
```

```
IF RMIN<RK(I) THEN
    RMIN=RK(I)
    ELSE
END IF
NEXT I
RJ0=0

FOR I=RMIN TO RMAX
   RJ0=RJ0+((-1)^I) * F(I+1)/(F(I-RK(1)))
&        * F(I-RK(2)) * F(I-RK(3)) * F(I-RK(4))
&        * F(RK(5)-I) * F(RK(6)-I) * F(RK(7))
   NEXT I
C1=SQR(F(RJ1+RJ2-RJ3)) * F(RJ1-RJ2+RJ3)
&   * F(-RJ1+RJ2+RJ3)/F(RJ1+RJ2+RJ3+1))
C2=SQR(F(RJ1+RL2-RL3) * F(RJ1-RL2+RL3)
&   * F(-RJ1+RL2+RL3)/F(RJ1+RL2+RL3+1))
C3=SQR(F(RL1+RJ2-RL3) * F(RL1-RJ2+RL3)
&   * F(-RL1+RJ2+RL3)/F(RL1+RJ2+RL3+1))
C4=SQR(F(RL1+RL2-RJ3) * F(RL1-RL2+RJ3)
&   * F(-RL1+RL2+RJ3)/F(RL1+RL2+RJ3+1))
 RJ0=RJ0 * C1 * C2 * C3 * C4

END SUB
```

A2.2 坐标因子的计算

给出了单独的 QBASIC 程序用于确定 Stevens 和 Wybourne 晶体场参数归一化的组合坐标因子。它们分别在 CORFACS. BAS 和 CORFACW. BAS 文件中。在下面列出了 CORFACS. BAS。

两个坐标因子程序的函数是完全一样的,因此单独介绍一个就足够了。为了提供标准数据格式,对于所有的 k 和 q,甚至当它们值为 0 时,都有组合坐标因子值输出。从输出文件的名字可辨认晶体和参数归一化是明智的,如 S_YVO4. DAT 和 W_YVO4. DAT 分别代表 Stevens 和 Wybourne 归一化的 YVO_4 的坐标因子。在 A2. 3. 1 节中将举例说明这种数据格式。

配位体的位置可以通过手动输入或者从文件输入。需要所有配位体的角度位置以及用 1,2 等标注,用来辨别相同距离处的配位体,而不是用来详细说明实际距离(或许并不知道实际距离)。位于给定距离处的所有配位体的贡献都包含在组合坐标因子中,如 6.2.1 节解释那样。输入文件的名字可以随意选择,但建议它们应能够区分晶体。书中用到的一个标准形式的例子是用来表示 YVO_4 中 Y 位置的坐标角度的 C_YVO.DAT 文件。A2.3.1 节中将给出这个文件的结构。

A2.2.1　CORFACS.BAS

```
REM PROGRAM CORFACS
REM F-AND D-ELECTRON COORDINATION FACTOR PROGRAM FOR
REM GENERAL SYMMETRY ALLOWING FOR UP TO 16 LIGANDS AT
REM ARBITRARY DISTANCES. GROUPS TOGETHER LIGANDS
REM WITH SAME DISTANCE OR INTRINSIC PARAMETER AND OUTPUTS
REM COMBINED COORDINATION FACTORS
    DEFINT I-K,M-N
    DEFSNG A,C-E,P,S-T
    DIM G2(-2 TO 2,16),G4(-4 TO 4,16),G6(-6 TO 6,16)
    DIM G2C(-2 TO 2,16),G4C(-4 TO 4,16),G6C(-6 TO 6,16)
REM DEGTORAD =CONVERSION FACTOR FROM DEGREES TO RADIANS
REM ABSOLUTE VALUE OF ANY NUMBER LESS THAN EPLIN
REM WILL BE REGARDED AS ZERO
    PI=3.14156
    DEGTORAD=PI/180!
    EPLIN=.01
REM THERE ARE AT MOST 16 LIGANDS,LABELLED 1 TO 16
REM ID(J)(J=1-16)=DISTANCE LABEL OF LIGAND J
REM THETA(J)(J=1-16)=THETA OF LIGAND J
REM PHI(J)  (J=1-16)=PHI OF LIGAND J
REM SEE CHAPTER 6 FOR DEFINITIONS OF THETA AND PHI
    DIM THETA(1 TO 16),PHI(1 TO 16),ID(1 TO 16)
    DIM JDML(1 TO 16,1 TO 16),JDMC(1 TO 16),IDM(1 TO 16)
     CLS
    PRINT "THIS PROGRAM ENABLES YOU TO GENERATE"
```

```
    PRINT "COORDINATION FACTORS FOR STEVENS PARAME-
TERS"
    PRINT "FROM INPUT VALUES OF LIGAND DISTANCE LABELS
AND "
    PRINT "ANGULAR POSITIONS FOR UP TO 16 LIGANDS"
    PRINT " "
LINP      INPUT "NO. OF LIGANDS=?",NL
    IF NL>16 THEN
PRINT "NO. OF LIGANDS TO LARGE. PLEASE TRY AGAIN"
GOTO LINP
    END IF
    PRINT " "
    PRINT "TO INPUT LIGAND POSITIONS FROM A FILE"
    INPUT "TYPE IN Y/y (FOR YES),N/n(FOR NO)",QANS$
    IF QANS$ = "Y" OR QANS$ = "y" THEN
PRINT "   "
INPUT "NAME OF INPUT FILE = ",FILE1$
PRINT "   "
OPEN FILE1$ FOR INPUT AS #5
FOR I =1 TO NL
    INPUT #5,ID(I),THETA(I),PHI(I)
NEXT I
CLOSE #5
ELSE
FOR I = 1 TO NL
PRINT "FOR",I, "TH LIGAND:"
INPUT "DISTANCE LABEL= ?, THETA= ? AND PHI =? ",
&          ID(I), THETA(I), PHI(I)
NEXT I
    END IF
REM     CONVERT THE ANGLES FROM DEGREES TO RADINS
    FOR I = 1 TO NL
THETA(I)= THETA(I) * DEGTORAD
PHI(I) = PHI(I) * DEGTORAD
    NEXT I
    FOR I = 1 TO NL
```

```
S=SIN(THETA(I))
C=COS(THETA(I))
C2=C * C
SP1=SIN(PHI(I))
CP1=COS(PHI(I))
SP2=SIN(2 * PHI(I))
CP2=COS(2 * PHI(I))
SP3=SIN(3 * PHI(I))
CP3=COS(3 * PHI(I))
SP4=SIN(4 * PHI(I))
CP4=COS(4 * PHI(I))
SP5=SIN(5 * PHI(I))
CP5=COS(5 * PHI(I))
SP6=SIN(6 * PHI(I))
CP6=COS(6 * PHI(I))
REM GK(Q,I)=COORDINATION FACTOR FOR STEVENS FACTOR
RANK K
REM AND COMPONENT Q FOR ITH LIGAND
G2(-2,I)=(3/2) * (1-C2) * SP2
G2(-1,I)=6 * S * C * SP1
G2(0,I)=.5 * (3 * C2-1)
G2(1,I)=6 * S * C * CP1
G2(2,I)=(3/2!) * (1-C2) * CP2

G4(-4,I)=(35/8!) * (1-C2) * (1-C2) * SP4
G4(-3,I)=35 * C * S * (1-C2) * SP3
G4(-2,I)=2.5 * (7 * C2-1) * (1-C2) * SP2
G4(-1,I)=5 * (7 * C2-3) * C * S * SP1
G4(0,I)=(35 * C2 * C2-30 * C2+3)/8
G4(1,I)=5 * (7 * C2-3) * C * S * CP1
G4(2,I)=2.5 * (7 * C2-1) * (1-C2) * CP2
G4(3,I)=35 * C * S * (1-C2) * CP3
G4(4,I)=(35/8) * (1-C2) * (1-C2) * CP4

G6(-6,I)=231 * (1-C2) * (1-C2) * (1-C2)
&                  * SP6/32
```

```
G6(-5,I)=693*C*S*(1-C2)*(1-C2)
&              *SP5/8
G6(-4,I)=63*(11*C2-1)*(1-C2)*(1-C2)
&              *SP4/16
G6(-3,I)=105*(11*C2-3)*C*S*(1-C2)
&              *SP3/8
G6(-2,I)=105*(33*C2*C2-18*C2+1)
&              *(1-C2)*SP2/32
G6(-1,I)=21*(33*C2*C2-30*C2+5)*C
&              *S*SP1/4
G6(0,I)=(231*C2*C2*C2-315*C2*C2
&              +105*C2-5)/16
G6(1,I)=21*(33*C2*C2-30*C2+5)*C
&              *S*CP1/4
G6(2,I)=105*(33*C2*C2-18*C2+1)
&              *(1-C2)*CP2/32
G6(3,I)=105*(11*C2-3)*C*S*(1-C2)
&              *CP3/8
G6(4,I)=63*(11*C2-1)*(1-C2)*(1-C2)
&              *CP4/16
G6(5,I)=693*C*S*(1-C2)*(1-C2)*CP5/8
G6(6,I)=231*(1-C2)*(1-C2)*(1-C2)
&              *CP6/32
    NEXT I
REM MD=NO. OF DIFFERENT DISTANCE LABELS
REM IDM=THE DIFFERENT DISTANCE LABELS
REM JDML(I,J)=JTH LIGAND OF DISTINCT DISTANCE LABEL I
REM JDML (I) = NO. OF LIGANDS FOR DISTINCT DISTANCE
LABEL I
    FOR I =1 TO NL
      FOR J= 1 TO NL
    JDML(I,J)=0
        NEXT J
        JDMC(I)=0
        NEXT I
        MD=1
```

```
        IDM(1)=ID(1)
        JDML(1,1)=1
        JDMC(1)=1
        FOR I=1 TO NL
          FOR J =-6 TO 6
    G6C(J,I)=0!
        NEXT J
        FOR J=-4 TO 4
    G4C(J,I)=0!
        NEXT J
        FOR J=-2 TO 2
    G2C(J,I)=0!
        NEXT J
        IF I>1 THEN
    IF ID(I)>IDM(MD) OR ID(I)<IDM(MD) THEN
        MD=MD+1
        IMD(MD)=ID(I)
    END IF
    JDMC(MD)=JDMC(MD)+1
    K=JDMC(MD)
    JDML(MD,K)=I
        END IF
        NEXT I
  REM COMBINING COORDINATION FACTORS FOR EQUIDISTANT
LIGANDS
  REM (I. E. LIGANDS WITH THE SAME EQUIDISTANT LABELS)
    FOR I=1 TO MD
        FOR J=1 TO JDMC(I)
   M=JDML(I,J)
   FOR K=-2 T0 2
      G2C(K,I)=G2C(K,I)+G2(K,M)
  NEXT K
  FOR K=-4 TO 4
     G4C(K,I)=G4C(K,I)+G4(K,M)
  NEXT K
  FOR K=-6 TO 6
```

```
    G6C(K,I)=G6C(K,I)+G6(K,M)
   NEXT K
  NEXT J
    NEXT I
  REM * * * * * * * * * * OUTPUT * * * * * * * * * * * *
    INPUT "NAME OF OUTPUT FILE=",FILE1$
    PRINT " "
  REM      FILE1$ = "CORFACS.DAT"
  OPEN FILE1$ FOR OUTPUT AS #8
      PRINT #8, "PROGRAM: CORFACS.BAS"
        PRINT # 8, " COORDINATION FACTORS FOR STEVENS
PARAMETERS"
      PRINT #8, " "
      FOR I=1 TO MD
      PRINT #8, "DISTANCE LABEL=";IDM(I)
      PRINT #8, "RANK 2"
  FOR J=-2 TO 2
  IF ABS(G2C(J,I))<EPLIN THEN
      G2C(J,I)=0!
  END IF
  PRINT #8,USING "#####.##";J;G2C(J,I)
  NEXT J
      PRINT #8, "RANK 4"
  FOR J=-4 TO 4
  IF ABS(G4C(J,I))<EPLIN THEN
      G4C(J,I)=0!
  END IF
  PRINT #8,USING "#####.##";J;G4C(J,I)
  NEXT J
      PRINT #8, "RANK 6"
  FOR J=-6 TO 6
  IF ABS(G6C(J,I))<EPLIN THEN
      G6C(J,I)=0!
  END IF
  PRINT #8,USING "#####.##";J;G6C(J,I)
  NEXT J
```

```
        NEXT I
CLOSE #5
PRINT "COORDINATION FACTORS FOR STEVENS PARAMETERS"
PRINT "ARE OUTPUT TO FILE:",FILE1$
PRINT "PROGRAM RUN IS COMPLETED SUCCESSFULLY. "
END1:
        END
```

A2.3 数据文件的结构和命名

输入数据文件中使用了不同的标准格式。

A2.3.1 叠加模型计算中使用的数据文件

作为输入到坐标因子程序 CORFACS. BAS 和 CORFACW. BAS 的坐标角度文件,C_YVO4. DAT 具有下面的格式:

```
1,101.9,0.
1,101.9,180.
1,78.1,90.
1,78.1,270.
2,32.8,0.
2,32.8,180.
2,147.2,90.
2,147.2,270.
```

对 YVO4 中 Y 格点的 8 个氧配位体中的每一个,第一列区分了两个可能的配位体距离,第二列和第三列分别给出了 θ 和 ϕ 的角度。

叠加模型计算程序 CFTOINTR. BAS 和 INTRTOCF. BAS 需要程序 CORFACW. BAS 生成的坐标因子文件(如 W_YVO4. DAT)作为输入。为了节约空间,YVO_4 中两个配位体的距离数据并排给出,而不像实际文件中的单列断开给出。

```
PROGRAM:CORFACW. BAS
COORDINARION FACTORS FOR WYBOURNE PARAMETERS
DISTANCE LABEL=1                        DISTANCE LABEL=2
RANK 2                                  RANK 2
```

−2 0.000
−1 0.000
0 −1.745
1 0.000
2 0.000
RANK 4
−4 0.000
−3 0.000
−2 0.000
−1 0.000
0 0.894
1 0.000
2 0.000
3 0.000
4 1.918
RANK 6
−6 0.000
−5 0.000
−4 0.000
−3 0.000
−2 0.000
−1 0.000
0 −0.272
1 0.000
2 0.000
3 0.000
4 −0.685
5 0.000
6 0.000
(to top of next column)

−2 0.000
−1 0.000
0 2.239
1 0.000
2 0.000
RANK 4
−4 0.000
−3 0.000
−2 0.000
−1 0.000
0 −0.362
1 0.000
2 0.000
3 0.000
4 0.180
RANK 6
−6 0.000
−5 0.000
−4 0.000
−3 0.000
−2 0.000
−1 0.000
0 −1.647
1 0.000
2 0.000
3 0.000
4 0.818
5 0.000
6 0.000

A2.3.2 晶体场参数文件

er_yv1 文件给出了 Er^{3+} : YVO_4 晶体场参数（Wybourne 归一化，单位：cm^{-1}）如下：

RANK2 CF PARAMETERS

0,0,－206,0,0
RANK4　CF　PARAMETERS
0,0,0,0,364,0,0,0,926
RANK6 CF PARAMETERS
0,0,0,0,0,0,－688,0,0,0,32,0,0

这个文件的结构可以用于任何点对称性。在程序 ENGYLVL. BAS 和 CFTOINTR. BAS 输入时需要这个文件。

A2.3.3　能级文件

能级文件用做程序 ENGYFIT. BAS 的输入，它由 ENGYLVL. BAS 确定后作为输出。它们包含着简单的无序能级序列。接下来是由 3.1.3 节中 ENGYLVL. BAS 程序生成的 ER_ENGY. DAT 文件，用于 3.2.1 节中 ENGYFIT. BAS 的输入。

－17.35
－153.58
104.37
102.43
－35.87
－35.87
102.43
104.37
－153.58
－17.35

A2.3.4　固有参数文件

接着第 5 章中介绍的计算，程序 CFTOINTR. BAS 输出的文件格式如下：

A2
FOR USING tk = 1
THE 1 ESTIMATES OF AK ARE：
－564.0
FOR USING tk = 3
THE 1 ESTIMATES OF AK ARE：
－1589.5
FOR USING tk =5
THE 1 ESTIMATES OF AK ARE：

```
2582.8
FOR USING tk = 6
THE 1 ESTIMATES OF AK ARE:
1173.8
FOR USING tk =7
THE 1 ESTIMATES OF AK ARE:
775.2
FOR USING tk = 8
THE 1 ESTIMATES OF AK ARE:
587.3
A4
  468.6
  151.6
A6
  377.6
  355.4
```

所有参数单位均是 cm^{-1}（Wybourne 归一化）。参数 $\bar{B}_4$ 和 $\bar{B}_6$ 均具有两个值和最近邻和次近邻配位体相对应。推导出的参数 $\bar{B}_2$ 都是最近邻配位体的，它们的值和假定的幂律指数相对应。由于 $\bar{B}_2$ 值的多重性，这个文件并没有一个作为 INTRTOCF.BAS 输入的合适格式。

（道格拉斯・约翰・纽曼　贝蒂・吴・道格）

附录3　可获取的程序包

本附录简单介绍读者都可以获取的几种特殊用途程序和程序包。

A3.1　$3d^N$离子晶体场分析计算程序包

这个计算程序包是由 Y. Y. Yeung 开发的(见[YR92]和[YR93]),用于计算掺杂于正交或更高阶对称性格位的 $3d^N$($N=1\sim9$)态过渡金属离子能级和态矢量。使用电子顺磁共振数据和磁导率数据,可以用来预测、分析相互关联的一些光学光谱。它包括对完整晶体场哈密顿 $3d^N$态的完全对角化,此哈密顿包含 3d 电子间的静电排斥作用(具有 Slater 积分或者 Racah 参数)、旋轨相互作用和描述二体轨道-轨道极化作用的 Tree 修正以及晶体场哈密顿(B_q^k 参数)。在[YR92]中可以查到相应的哈密顿和用于估计它们矩阵元的明确公式。通过加入虚晶体场项,这个包已经扩展至可以处理位于任意 32 点群对称性格点的 $3d^N$离子。

实际上,这个包由 4 个计算机程序组成,在 $|d^N\alpha SM_SLM_L\rangle$ 或 $|d^N\alpha SLJM_J\rangle$ 基中,它们适用于正交或者更高对称性格位(具有实数的晶体场参数)以及任意低对称性格位(具有复数的晶体场参数)。所有程序都是用微软 QBASIC 编写,并且可以在 286(或以上)个计算机系统的 DOS 环境下运行。

已经专门开发了两个有效的子程序库用于处理矩阵算操作和 $3j$,$6j$ 和 $9j$ 符号的计算。为节省计算消耗,已经用双精度计算了所有张量算符(除 Tree 修正外)的约化矩阵元,并且把它们都存储到了数据文件中。为了帮助用户熟悉这个包,还包括一些输入参数、输出能级和态矢量等示例文件。

这个计算程序包可以从 Y. Y. Yeung 博士那里得到,可以通过邮件地址 dr. yeung@physics. org,或写信至 G. P. O. Box8594,Central,Hong Kong,China取得联系。更多的信息和用户手册可以在下面网址查到:

http://www. ied. edu. hk/has/phys/apepr/links/software. htm

A3.2 从光谱强度确定晶体场和强度

20 世纪 80 年代，在维吉尼亚大学和香港大学发展了第 6 章中介绍的关联晶体场计算用的程序包(如参阅[Rei87a, BJRR94, BR98c])以及第 10 章介绍的跃迁强度计算的程序包(如参阅[DRR84, MRR87a,BJRR94, BCRR99])。

操作程序组的细节、程序和一些文件可以从 M. F. Reid 博士那里得到，他可以通过邮件联系：M. Reid@phys. canterbury. ac. nz。程序还可以通过网站 http://www. phys. canterbury. ac. nz/crystalfield 获得，但是支持是受限制的。这里只介绍了主要特点。

A3.2.1 矩阵元

f^N态的矩阵元和亲态比系数最初由 Hannah Crosswhite 提供，也可以得到 d^N 系统的矩阵元，也可以计算关联晶体场矩阵元，也可以进行第 6 章中介绍的 G_{iq}^k 和 $B_q^k(k_1k_2)$参数间的转换。

可以生成中间耦合约化矩阵元。这些在多重态间跃迁强度计算及估计不同能级和跃迁强度算符的相对作用中是很有用的。可以采用同第 4 章中介绍的 Crosswhite 程序中的中间耦合截断方案。这种方法中，在对角化自由离子哈密顿后，生成了截取所得基矢的自由离子和晶体场算符。

A3.2.2 晶体场计算

对任意对称性的晶体场和关联晶体场进行计算(具有晶体场参数允许的复数值)是可能的，并且也可拟合参数，也可以对任意方向的塞曼效应进行计算。

A3.2.3 跃迁强度

实现了使用 A_{tp}^λ 和 B_{tq}^λ 参数对跃迁强度的计算，也可以计算圆二色性和双光子跃迁强度。然而，双光子计算通常被限制在一定范围内。

A3.2.4 参数

实现了任意对称性下，对晶体场和跃迁强度参数进行叠加模型及简单点电荷和配位体极化进行计算。在研究包含在计算中的对称性时，这些计算经常是有用的。例如，在研究特定反演和旋转下参数是如何变化时。

A3.2.5　难题和难点

当前程序包中存在以下一些缺点：

（ⅰ）代码是用 Pascal 语言写的，它不像 FORTRAN 或者 C 语言那么可广泛获得。然而，像 VMS 一样，在很多 Unix 系统中可以得到它（包括 Linux）。使用 Turbo Pascal 编译器，可以在 PC 机 DOS 下运行这个程序，不过只能是一些很小的基矢组。

（ⅱ）低对称性下的一般跃迁强度不能够正确实现，也就是说，仅支持 σ，π，轴向和各向同性极化。

（ⅲ）仅可以计算 JM_J 基。

A3.2.6　展望

当前工作是以 Butler 和同事们在坎特伯雷大学开发的 RACAH 软件为基础（见[But81，RMSB96]），集中开发的一个新程序包。使用这个软件可以进行点群基矢的计算，并且在耦合机制和态选择上可以有更多灵活性。这个软件有希望在 2000 年免费使用。

A3.3　从非弹性中子散射确定晶体场

中子散射广泛应用于材料能级光谱的确定，如由于不透明而不能通过光学光谱研究的金属。这个技术可以提供关于磁偶极子跃迁强度、磁相互作用和电子-声子耦合以及晶体场的信息。Fulde 和 Loewenhaupt（见[FL86]）已经评述了使用中子散射来研究不同环境中镧系离子。

中子散射光谱是能量的连续函数。甚至开壳层电子和其他类型激发间没有强耦合时，它们也依赖于温度，并且包含着磁偶极子跃迁强度和线展宽信息，其中线展宽是由仪器分辨率和开壳层电子与声子间的耦合造成的。由于观测到的磁偶极子强度可以提供对开壳层波函数的限制条件，因此把它们包含在晶体场参数拟合中是有用的。

卢瑟福阿普尔顿实验室已经出版了“使用中子散射数据拟合相互作用的晶体电场参数计算程序包”，名字是 FOCUS。这个包是由 Peter Fabi 博士在 1995 年开发的。在 FOCUS 手册的最初版本中已经加入了一些新指令。

为了能够使用 FOCUS 库，必须有权使用卢瑟福阿普尔顿实验室 ISIS 机构的 ISISE 网站。假定需要这个包的读者将会或者容易获得这样的机会。这一部分的目的不是描述如何使用这个包（这已包括在 FOCUS 手册中），而是说明它的主要特点以及将它们与第 3 章介绍的 ENGYFIT. BAS 程序中使用的简单方法联系起来。

与所有拟合程序包一样，必须提供晶体场参数的估计初始值。然而，FOCUS 可以通过使用一个约束的蒙特卡洛方法生成自己的初始值。这可以对可能存在的多重解和错误最小值进行有用的检验。

因为从波函数可以很精确地计算出相对磁偶极子强度，因此它们提供了有用的晶体场参数的附加信息。信息量的多少取决于实验中所用的样品是单晶还是多晶。原则上，只要能级数目不比参数数目少很多，就可能确定晶体场参数。然而，编者并没有注意到有能够使这个说明更加精确的理论工作。

A3.4 计算立方对称格点能级图的 Mathematica 程序

K. S. Chan 博士提供了 Mathematica 程序 LLWDIAG，它用来确定立方对称性格点的镧系和锕系离子的基态多重态的 Lea、Leask 和 Wolf（见[LLW62]）能级图。这个程序与第 9 章密切相关。列出的程序连同本书中的 QBASIC 程序都可以在附录 2 中给出的网站获得。

（杨友源　迈克尔·瑞德　道格拉斯·约翰·纽曼）

附录 4 计算程序包 CST

过去几年中,文献中已经形成了用于表达晶体场参数的不同形式和惯例,这是由晶体场哈密顿的固有物理性质引起的。因此,如果对比来源不同的晶体场参数组,常需要进行一些操作和转换。为了便于此过程中的这种计算,开发了界面友好的计算机包"CST"(CTS 意为换算、标准和变换(Conversion, Standardization and Transformation),见[RAM98, RAM97])。这个包对于实验零场分裂参数格式的多种一般操作很有用,对于晶体场参数也一样有用。它的功能包括,单位换算:晶体场和零场分裂常用的一些单位之间的单位换算;归一化(或表示)换算:晶体场和零场分裂参数的一些主要归一化之间的换算;正交、单斜和三斜晶体场及零场分裂参数的标准化;晶体场和零场分裂参数到任意坐标系统的变换,包括旋转不变量。

附录中简要介绍了 CTS 库的结构和功能。与本书正文的主要方法"自己动手"相一致,重点放在这个包的实际执行上,采用近期有关晶体场文献中的实验数据作为例子进行阐明。[RAM97]手册中详细介绍了 CTS 模块,因此在[RAM97, Rud97, RM99]中处理了应用到零场分裂参数的例子。读者可以通过要求,从作者那里得到 CTS 程序包,即程序和手册。

A4.1 晶体场和零场分裂哈密顿性质

A4.1.1 参数归一化

用来表达参数化晶体场哈密顿的主要算符种类有(见第 2 章):(i)球张量算符(见[Rud87a]),其中以 Wybourne 算符 $C_q^{(k)}$(见[Wyb65a, Hüf78, RAM97])最常用;(ii)等轴张量算符(见[Rud87a]),其中最初引入并且仍然广泛应用的是 Stevens 算符(见[Rud85b, NU75])。在 CST 程序包中,我们采用了参考文献中扩展 Stevens 算符 O_k^q(见[Rud87b])作为参照归一化,其中 q 可以是正数也可以是负数。CST 手册(见[RAM97])中详细列出了扩展 Stevens 算符和参考文献。[RAM97]中还可以看到关于晶体场和零场分裂参数更加详细的不同的归一化。

为了对不同系统中晶体场数据进行有意义的比较，有时考虑晶体场不变量或者强度参数是有益的，这在第 8 章中讨论（也可参阅[Rud86]）。

A4.1.2 参数标准化

可以使用一种方法对一组晶体场参数中所隐含的坐标系进行标准化（见[RB85, Rud85a]），这个方法对于晶体场参数或者零场分裂参数都适用。下面的讨论限于零场分裂参数 b_k^q（Stevens 归一化，如 7.1 节中定义）和正交对称性下的晶体场参数（Wybourne 归一化）。手册[RAM97]中讨论了单斜对称性参数的标准化。

标准化的思想是：对于正交系统或者更低对称性系统，通过选择合适的坐标系将零场分裂参数比例

$$\lambda' = b_2^2/b_2^0 \tag{A4.1}$$

限制在“标准”范围（0，1）内。对正交（见[RB85, Rud91]）和单斜对称性（见[Rud86]），这种思想已经扩展至 4 阶和 6 阶零场分裂（或晶体场）项。

标准化变换 $S_i(i=1\sim6)$ 定义如下（见[RB85, Rud85a]）：S_1[最初的](x,y,z)，$S_2(x,z,-y)$，$S_3(y,x,-z)$，$S_4(z,x,y)$，$S_5(y,z,x)$，$S_6(z,y,-x)$。如果 λ' 的初始值在 $(-\infty,-3)$ 范围内，则使用 S_6；在 $(-3,-1)$ 内，使用 S_4；在 $(-1,0)$ 内，使用 S_3；在 $(1,3)$ 内，使用 S_2；在 $(3,+\infty)$ 内，使用 S_5。通过使用所说明的转换 S_i，变换后的 λ' 被限制在 $(0,1)$ 内。

如第 3 章和第 4 章介绍，晶体场参数 B_q^k 是通过用观测光谱拟合计算能级得到的。一般而言，比例 $B_2^2/B_0^2=\kappa$ 的大小在 $-\infty$ 到 $+\infty$ 之间（见[RB85, Rud91, ML82]）。比例 κ 可以在 6 个不同区间内的任意一个：$(-\infty,-3/\sqrt{6})$，$(-3/\sqrt{6},-1/\sqrt{6})$，$(-1/\sqrt{6},0)$，$(0,1/\sqrt{6})$，$(1/\sqrt{6},3/\sqrt{6})$ 和 $(3/\sqrt{6},+\infty)$。因此，对于任意一组晶体场参数都存在 5 个其他组，它们通过简单的旋转相关联，并且产生相同的能级结构。通过转换至合适的坐标系，任意非标准比例 B_2^2/B_0^2 都可以引进至 Wybourne参数“标准范围” $(0,1/\sqrt{6})$ 内（见[RB85, Rud86]）。

κ 和 λ' 的固有性质已经用来统一不同正交和低对称性的晶体场参数组，这使得实验参数组的内部对比更加容易（见[RB85, Rud86, Rud91]）。文献中也已使用了另外一种标准晶体场参数组（参阅[ML82]p. 632）。

标准化的主要物理含义集中在格位结构。如[RM99]中讨论的零场分裂参数比例：$E/D\equiv\lambda$ 定义了一个“菱形”参数，用于测量轴对称的偏差，它的值被限制在 $0<\lambda<1/3$ 范围内（见[RB85]）。许多作者已经指出 $\lambda=0$ 与轴对称对应，然而，最大菱形性表征为 $\lambda=1/3$。然而，因为我们处理有效哈密顿 H_{ZFS}（见[Rud87a]），或许会出现比例 λ（λ' 或 k）描述菱形性是在有效性的意义上，而不是结晶学的意义上。叠加模型提供了零场分裂（或晶体场）参数和结构参数间的直接关系（见第 5 章），使用叠加模型可以证明最大菱形性的界限（见[RM99]）：$E/D=1/3$ 或

$A_{22}\langle r^2\rangle/A_{20}\langle r^2\rangle=b_2^2/b_2^0=1$,这不仅在有效自旋哈密顿意义上,而且在结晶学意义上也是有效的,对晶体场参数组也有相同结论。

A4.2 程序包的结构和功能

CST 程序包是用标准的 FORTRAN77 编写的,可以在大型机或者单机上运行。输入格式:键盘或者文档;输出格式:提供有屏幕、文档或者两者同时输出。用户可以从菜单中选中选项和/或者子选项,并且可以根据提示控制流程。[RAM97]的附录 2 给出了所有模块的基本结构和子程序的目录。

开始屏幕的主菜单(见表 A4.1)给出了主要选项。如果选择了表 A4.1 中的 2～5选项,则可激活两个下层菜单:对称性菜单(见表 A4.2)和其后的阶菜单(见表 A4.3)。由于这个库包含了所有可能的点对称群(见表 A4.2),因此它可以处理具有任意对称性的晶体场参数(零场分裂参数)。这个库还包含着一个独立的 GTRANS 模块,用于塞曼 g-矩阵转换。

表 A4.1 主菜单选项

1.	FEREE UNIT CONVERSION
2.	UNIT CONVERSION
3.	NOTATION CONVERSION
4.	STANDARDIZATION
5.	TRANSFORMATION
Q.	EXIT

表 A4.2 对称菜单选项

1.	CUBIC I	(O, T_d, O_h)
2.	CUBICII	(T, T_h)
3.	HEXAGONAL I	$(D_6, C_{6v}, D_{3h}, D_{6h})$
4.	HEXAGONALII	(C_6, C_{3h}, C_{6h})
5.	TRIGONAL I	(D_3, C_{3v}, D_{3d})
6.	TRIGONALII	$(C_3, C_{3i}\equiv S_6)$
7.	TETRAGONAL I	$(D_4, C_{4v}, D_{2d}, D_{4h})$
8.	TETRAGONALII	(C_4, S_4, C_{4h})

续表

9.	ORTHORHOMBIC	(D_2, C_{2v}, D_{2h})
10.	MONOCLINIC	(C_2, $C_s \equiv C_{1h}$, C_{2h})
11.	TRICLINIC	(C_1, $C_i \equiv S_2$)
M.	EXIT TO MAIN MENU	

表 A4.3 级数菜单选项

1.	ONLY 2ND ORDER TERMS
2.	2ND AND 4TH ORDERTERMS
3.	2ND, 4TH AND 6TH ORDER TERMS
M.	EXIT TO MAIN MENU

对于不相关的高阶 $k=4$ 或 6 的不存在晶体场参数(零场分裂参数),为了避免对其输入零值,并且这种情况也可能发生,因此提供了 3 个选项(见表 A4.3)。这个包能够处理一些连续的数据组。

A4.2.1 单位换算

主菜单中提供了两个关于不同单位换算的选项:(1) 自由单位换算(FREE UNIT CONVERSION),不与任意对称性关联;(2) 单位换算(UNIT CONVERSION),对零场分裂或晶体场参数使用特定对称性(见表 A4.2)和归一化(见 A4.1.1 节)。下面的因子(见[Rud87a])用于将给定单位的 U 值转换为标准单位$[10^{-4}\ \mathrm{cm}^{-1}]$:$8065.54077\times10^{4}\times U[\mathrm{eV}]$,$0.5035\times10^{20}\times U[\mathrm{erg}]$,$g\times0.466856\times U[\mathrm{Gauss}]$(其中必须提供 g 因子),$6950.38605\times U[\mathrm{K}]$,$0.33356\times U[\mathrm{MHz}]$。选项(1)和(2)把从上面 6 个选项中选择的最初输入单位 A 转换至输出格式:(1)“A 到 B”——从单位 A 转换至任意其他单位 B,尽管由选项(2)可以得到第二种输出格式;(2)“A 到所有”——自动转换至所有其他 5 个单位。

A4.2.2 归一化转换

符号菜单(见表 A4.4)控制着零场分裂参数和晶体场参数主要归一化间的转换。手册[RAM97]的附录 1 定义了 CST 程序菜单中用到的缩写。下面给出了简要总结。

(1) ES:扩展的 Stevens,$Bkq\equiv A_{kq}\langle r^k\rangle\theta_k$,$bkq\equiv b_k^q$。

(2) NS:标准的 Stevens。

(3) NCST:标准的球张量算符组合。

(4) BST：Buckmaster、Smith 和 Thornley 算符。

(5) Ph. M. BST：相位修正 BST。

(6) KB BCS：Koster-Statz/Buckmaster-Chatterjee-Shing 或者 Wybourne 归一化。

(7) CONVENTIAL：算符表达为自旋算符项时的零场分裂参数。

b_k^q 参数和在 7.1 节中的扩展 Stevens 参数 B_k^q 相关。

表 A4.4　符号菜单

1.	ES (bkq)
2.	ES (Bkq)
3.	NS
4.	NCST
5.	BST
6.	Ph. M. BST
7.	KS BCS
8.	CONVENTIONAL
M.	EXIT TO MAIN MENU

选择其中一个选项用来激活对称性(见表 A4.2)和阶数(见表 A4.3)的提示。然后根据选择的对称性，输入原始的晶体场参数或者零场分裂参数。提供了两种输出格式：(1) “A 到 B”——从 A 到任意其他归一化 B 的转化，B 取自 8 个选项；(2) “A 到所有”——自动转换至所有其他张量归一化(选项 1～7)。选项 8 仅适用于一些对称性，并且需要特定的输入格式(见[RAM97])。

为便于 CST 库内的标准化和转换操作，提供了两个独立选项用于输入晶体场参数：(ⅰ) 扩展 Stevens；(ⅱ) Wybourne 归一化。Wybourne 和 Buckmaster，Smith 和 Thornley 归一化间的等价性已经用于程序内部的转换，在标准化和变换模块中的所有表达都采用扩展 Stevens 归一化给出。然而，有时也需要扩展 Stevens标准晶体场参数和 Wybourne 标准晶体场参数间的直接转换。这可以通过以下选择作为输入或者输出来实现：对 $A_{kq}\langle r^k\rangle\theta_k$，选择扩展 Stevens 归一化，对 2.2 节中定义的紧凑(也就是复数)参数 $\bar{B}_q^k$，选择等价的 Buckmaster、Smith 和 Thornley标准。CST 手册[RAM97]中给出了更进一步的输入过程的细节。

这种应用的一个例子是：输入表 A4.5 给出 NdF_3 中的 Nd^{3+} 离子参数值(Wybourne 归一化)(参考[RJR94]中表 2)。这个程序将这些转换为表 A4.6 中的扩展 Stevens($A_{kq}\langle r^k\rangle\theta_k$)参数，所有参数值的单位均为 cm^{-1}。

表 A4.5 样品输入文本

Rukmini et al. J. Phys CM 6, 5919 (1994)
114.0, −172.0,
1192.0, −125.0, 6.0,
1487.0, 235.0, −358.0,870.0

表 A4.6 符号(也就是归一化)转换选项的样本输出文件

符号转换			
[初始的]		(BST)	
B20	0.1140D+03		
B22	−0.1720D+03	B22M	0.0000D+00
B40	0.1192D+04		
B42	−0.1250D+03	B42M	0.0000D+00
B44	0.6000D+01	B44M	0.0000D+00
B60	0.1487D+04		
B62	0.2350D+03	B62M	0.0000D+00
B64	−0.3580D+03	B64M	0.0000D+00
B66	0.8700D+03	B66M	0.0000D+00

[最终的]	(ES(Bkq))	
B20 =0.57000D+02	B22 =−0.21066D+03	
B40 =0.14900D+03	B42 =−0.98821D+02	B44 =0.62750D+01
B60 =0.92938D+02	B62 =0.15050D+03	B64 =−0.25116D+03
B66 =0.82643D+03		

注意,如果在标准化转换后用户还要求程序继续计算,选择 STANDARIZATION MENU(参考 A4.2.3 节)并且详细列出 Wybourne 归一化的初始参数,程序使用表 A4.6 中的 FINAL 扩展 Steven(B_q^k)值。这产生了后一种归一化的晶体场参数,而不是 Wybourne 归一化。对结果的错误解释将会带来错误数值,为了避免这种情况发生,最好将归一化转换计算和标准计算单独运行,尽管可以使用表 A4.5中相同的输入文件。

A4.2.3 标准化

选择选项(4)(见表 A4.1)激活 STANDARDIZATION MENU,它提供了两种

选择:零场分裂 STANDARDIZATION 和晶体场 STANDARDIZATION。对每一个选择,然后必须指定 SYMMETRY 和 RANK MENU 选项。注意,标准化程序仅处理正交、单斜和三斜对称性。由于标准表达式(见[RB85, Rud86])仅直接应用于扩展 Stevens($A_{kq}\langle r^k\rangle\theta_k$ 和 b_k^q)归一化的晶体场参数(零场分裂参数),因此必须指明输入归一化(见表 A4.4)。对于归一化而不是扩展 Stevens 归一化,可以自动完成至扩展 Stevens 标准的转换及逆转换。晶体场(零场分裂)STANDARDIZATION MENU 提供了 3 个选项:

(1) AUTOMATIC STANDARDIZATION——依赖于 λ' 的值。

(2) STANDARDIZATION TRANSFORMATION——使用专门的变换 S_i。

(3) STANDARDIZATION ERRORS——[RAM97]有详细介绍。

为解释说明,对表 A4.5 中的 NdF_3 中的 Nd^{3+} 晶体场参数数据组(见[RJR94])应用了正交晶体场标准化。选择了晶体场标准化、Wybourne 归一化、正交类型标准化和自动标准化选项。自动选择了 S_6 变换用于晶体场参数标准化。表 A4.7(仅输出文件)给出了 NdF_3 的原始(S_1)和标准化(S_6)晶体场参数(单位:cm^{-1})。

表 A4.7　标准化选项的样本输出文件(使用表 A4.5 的输入)

正交晶体场标准化类型				
初始化参数(Wybourne 符号)				
B20		0.1140D+03		
B22	Re:	−0.1720D+03	Im:	0.0000D+00
B40		0.1192D+04		
B42	Re:	−0.1250D+03	Im:	0.0000D+00
B44	Re:	0.6000D+01	Im:	0.0000D+00
B60		0.1487D+04		
B62	Re:	0.2350D+03	Im:	0.0000D+00
B64	Re:	−0.3580D+03	Im:	0.0000D+00
B66	Re:	0.8700D+03	Im:	0.0000D+00
最终(S_6)参数(Wybourne 符号)				
B20		−0.2677D+03		
B22	Re:	−0.1619D+02	Im:	0.0000D+00
B40		0.5521D+03		
B42	Re:	−0.5297D+03	Im:	0.0000D+00
B44	Re:	0.5414D+03	Im:	0.0000D+00
B60		0.7634D+03		

续表

B62	Re:	0.8949D+03	Im:	0.0000D+00
B64	Re:	−0.5514D+03	Im:	0.0000D+00
B66	Re:	0.8060D+03	Im:	0.0000D+00

A4.2.4 晶体场(零场分裂)参数转换

转换关系(见[Rud85b, Rud85a])直接适用于扩展 Stevens 归一化晶体场参数 $A_{kq}\langle r^k\rangle\theta_k$ 或者零场分裂参数 b_k^q。为了便于在晶体场参数中的应用,TRANSFORMATION 操作直接对输入参数归一化提供了两种选择:扩展 Stevens 归一化和 Wybourne 归一化(见[Wyb65a, Rud86, RAM97])。必须指定 SYMMETRY 和 RANK MENU 选项,还必须提供"PHI"(ϕ——绕初始 z 轴的旋转)和"THETA"(θ——绕新 y 轴的旋转)。输入的 ϕ 和 θ 为度数或者弧度。在转换模块内,将会自动计算旋转不变量 s_k(见第 8 章)。

A4.3 总结和结论

给出了计算机包 CST 的结构和功能。这个包使得完成对零场分裂参数和晶体场参数的操作成为可能。手册[RAM97]提供了其他一些 CST 包在零场分裂和晶体场参数中应用的例子。

菜单驱动结构和每一个子程序执行过程中屏幕显示的操作说明使得这个包的使用变得简单方便。CST 包方便了来源不同的实验数据间的解释和比较。如果能够有效利用这个包,则可以大大减少不同标准和格式的零场分裂和晶体场参数转换过程中的困难。一些作者使用相同的符号,但有时却具有不同的含义(见[RAM97, Rud87a, RM99]),使用这个库还有助于区分由这种疏忽用法带来的混淆。现在的包提供了一种有效途径,可以将文献中获得的给定磁性离子和晶体体系的不同数据化为统一格式。

值得提到的是:CST 库最近应用于一些稀土化合物晶体场参数的标准化(未发表),还方便了多重关联拟合技术中需要的计算(见[Rud86])。这个技术基于独立的晶体场参数组的拟合,参数组位于多重参数空间的不同区域并且通过标准化转换 S_i 相互关联(见[RB85, Rud86])。具有一些独立的拟合并仍相关的晶体场参数组或许可以增加最终晶体场参数组的可靠性。

可以通过 e-mail: apceslaw@cityu.edu.hk 联系到作者。

致谢　十分感谢 I. Akhmadulline 和 S. B. Madhu 博士在 CST 程序开发过程中给予的帮助。这项工作部分得到了大学教育咨助委员会(University Grants Committee,UGC)和中国香港城市大学的战略研究基金资助。

(捷斯拉夫·鲁多维奇)

参 考 文 献

[AB70] Abragam A, Bleaney B. Electron paramagnetic resonance of transition ions[M]. Oxford: Clarendon Press, 1970.

[AD62] Axe J D, Dieke G H. Calculation of crystal-field splittings of Sm^{3+} and Dy^{3+} levels in $LaCl_3$ with inclusion of J mixing[J]. J. Chem. Phys., 1962(37):2364-2371.

[AFB+89] Allenspach P, Furrer A, Brüesch R, Marsolais R, Unternährer P. A neutron spectroscopic comparison of the crystalline electric field in tetragonal $HoBa_2Cu_3O_{6.2}$ and orthorhombic $HoBa_2Cu_3O_{6.8}$[J]. Physica C, 1989(157):58-64.

[AH94] Altmann S L, Herzig P. Point-group theory tables[M]. Oxford: Clarendon Press, 1994.

[Alt77] Altmann S L. Induced representations in crystals and molecules[M]. London: Academic Press, 1977.

[AM83] Auzel F, Malta O L. A scalar crystal field strength parameter for rare-earth ions: meaning and usefulness[J]. J. Phys. C: Solid State Phys., 1983(44):201-206.

[AN78] Ahmad S, Newman D J. Finite ligand size and Sternheimer antiscreening in lanthanide ions[J]. Austral J. Phys., 1978(31):421-426.

[AN80] Ahmad S, Newman D J. Finite ligand size and the Sternheimer anti-shielding factor γ_∞ [J]. Austral J. Phys., 1980(33):303-306.

[Auz84] Auzel F. A scalar crystal field strength parameter for rare-earth ions[M]// Bartolo B Di. Energy transfer processes in condensed matter. London: Plenum Press, 1984.

[Axe63] Axe J D. Radiative transition probabilities within $4f^n$ configurations: the fluorescence spectrum of europium ethylsulphate[J]. J. Chem. Phys., 1963(39):1154-1160.

[Axe64] Axe J D. Two-photon processes in complex atoms[J]. Phys. Rev., 1964(136A):42-45.

[Bal62] Ballhausen C J. Introduction to ligand field theory[M]. New York: McGraw-Hill, 1962.

[BCR99] Burdick G W, Crooks S M, Reid M F. Ambiguities in the parametrization of $4f^N$-$4f^N$ electric-dipole transition intensities[J]. Phys. Rev. B, 1999(59):7789-7793.

[BDS89] Burdick G W, Downer M C, Sardar D K. A new contribution to spin-forbidden rare earth optical transition: intensities: analysis of all trivalent lanthanides[J]. J. Chem. Phys., 1989(91):1511-1520.

[BEW+85] Becker P C, Edelstein N, Williams G M, Bucher J J, Russo R E, Koningstein J A, Boatner L A, Abraham M M. Intensities and asymmetries of electronic Raman scattering in $ErPO_4$ and $TmPO_4$[J]. Phys. Rev. B, 1985(31):8102-8110.

[BHS78] Biederbick R, Hofstaetter A, Scharmann A. Temperature-dependent Mn^{2+}-^6S state splitting in scheelites[J]. Phys. Stat. Sol. (b), 1978(89):449-458.

[BHSB80] Biederbick R, Hofstaetter A, Scharmann A, Born G. Zero-field splitting of Mn^{3+} in scheelites[J]. Phys. Rev. B, 1980(21):3833-3838.

[BJRR94] Burdick G W, Jayasankar C K, Richardson F S, Reid M F. Energy-level and line-strength analysis of optical transitions between stark levels in Nd^{3+} : $Y_3Al_5O_{12}$[J]. Phys. Rev. B, 1994(50):16309-16325.

[BKR93] Burdick G W, Kooy H J, Reid M F. Correlation contributions to two-photon lanthanide absorption intensities: direct calculations for Eu^{2+} ions[J]. J. Phys.: Condens. Matter, 1993(5):L323-L328.

[BR93] Brudick G W, Reid M F. Many-body perturbation theory calculations of two-phton absorption in lanthanide compounds[J]. Phys. Rev. Lett., 1993(70):2491-2494.

[BR98a] Bryson R, Reid M F. Transition amplitude calculations for one and two-photon absorption[J]. J. Alloys Compd., 1998(275-277):284-287.

[BR98b] Burdick G W, Richardson F S. Application of the correlation-crystal-field delta-function model in analyses of Pr^{3+} ($4f^2$) energy-level structures in crystalline hosts[J]. J. Chem. Phys., 1998(228):81-101.

[BR98c] Burdick G W, Richardson F S. Correlation-crystal-field delta-function analysis of $4f^2$ (Pr^{3+}) energy-level structure[J]. J. Alloys Compd., 1998(275-277):379-383.

[Bra67] Brandow B H. Linked-cluster expansions for the nuclear many-body problem[J]. Rev. Mod. Phys., 1967(39):771-828.

[BRRK95] Burdick G W, Richardson F S, Reid M F, Kooy H J. Direct calculation of lanthanide optical transition intensities: Nd^{3+} : YAG[J]. J. Alloys Compd., 1995(225): 115-119.

[BS68] Brink D M, Satchler G R. Angular momentum[M]. Oxford: Clarendon Press, 1968.

[BSR88] Berry M T, Schweiters C, Richardson F S. Optical absorption spectra, crystal-field analysis, and electric dipole intensity parameters for europium in $Na_3[Eu(ODA)_3]\cdot 2NaClO_4\cdot 6H_2O$[J]. Chem. Phys., 1988(122):105-124.

[But81] Butler P H. Point group symmetry applications[M]. London: Plenum Press, 1981.

[Car92] Carnall W T. A systematic analysis of the spectra of trivalent actinide chlorides in D_{3h} site symmetry[J]. J. Chem. Phys., 1992(96):8713-8726.

[CBC+83] Carnall W T, Beitz J V, Crosswhite H, Rajnak K, Mann J B. Spectroscopic properties of the f-elements in compounds and solutions[M]// Sinha S P. Systematics and the properties of the lanthanides. Amsterdam: D. Reidel, 1983:389-450.

[CC83] Carnall W T, Crosswhite H. Further interpretation of the spectra of Pr^{3+} : LaF_3 and Tm^{3+} : LaF_3[J]. J. Less Common Met., 1983(93):127-135.

[CC84] Crosswhite H, Crosswhite H M. Parametric model for f-shell configurations: I. The effective-operator hamiltonian[J]. J. Opt. Soc. Am. B, 1984(1):246-254.

[CCC77] Carnall W T, Crosswhite H, Crosswhite H M. Energy level structure and transition probabilities in the spectra of the trivalent lanthanides in LaF_3 [R]. Technical Report, Argonne National Laboratory, 1977.

[CCER77] Crosswhite H M, Crosswhite H, Edelstein N, Rajnak K. Parametric energy level analysis of Ho^{3+} : $LaCl_3$[J]. J. Chem. Phys., 1977(67):3002-3010.

[CCJ68] Crosswhite H, Crosswhite H M, Judd B R. Magnetic parameters for the configuration f^3[J]. Phys. Rev., 1968(174):89-94.

[CFFW76] Cheetham A K, Fender B E F, Fuess H, Wright A F. A powder neutron diffraction study of lanthanum and cerium trifluorides[J]. Acta Cryst. B, 1976(32):94-97.

[CFR68] Carnall W T, Fields P R, Rajnak K. Electronic energy levels in the trivalent lanthanide aquo ions: I. Pr^{3+}, Nd^{3+}, Pm^{3+}, Sm^{3+}, Dy^{3+}, Ho^{3+}, Er^{3+}, and Tm^{3+}[J]. J. Chem. Phys., 1968(49):4424-4442.

[CGRR88] Carnall W T, Goodman G L, Rajnak K, Rana R S A. A systematic analysis of the spectra of the lanthanides doped into single crystal LaF_3[R]. Technical Report ANL-88-8, Argonne National Laboratory, 1988.

[CGRR89] Carnall W T, Goodman G L, Rajnak K, Rana R S. A systematic analysis of the spectra of the lanthanides doped into single crystal LaF_3[J]. J. Chem. Phys., 1989(90): 3443-3457.

[CLWR91] Carnall W T, Liu G K, Williams C W, Reid M F. Analysis of the crystal-field spectra of the actinide tetrafluorides: I. UF_4, NpF_4 and PuF_4[J]. J. Chem. Phys., 1991 (95):7194-7203.

[CM67] Crosswhite H M, Moos H W. Optical properties of ions in crystals[M]. New York: Interscience, 1967.

[CN70] Curtis M M, Newman D J. Crystal field in rare-earth trichlorides: V. Estimation of ligand-ligand overlap effects[J]. J. Chem. Phys., 1970(52):1340-1344.

[CN81] Chen S C, Newman D J. Dynamic crystal field contributions of next-nearest neighbour ions in octahedral symmetry[J]. Physica B, 1981(107):365-366.

[CN82] Chen S C, Newman D J. The orbit-lattice interaction in lanthanide ions Ⅲ: superposition model analysis for arbitrary symmetry[J]. Austral. J. Phys., 1982(35):133-145.

[CN83] Chen S C, Newman D J. Superposition model of the orbit-lattice interaction I: analysis of strain results for Dy^{3+}:CaF_2[J]. J. Phys. C: Solid State Phys., 1983(16):5031-5038.

[CN84a] Chen S C, Newman D J. Orbit-lattice coupling parameters for the lanthanides in CaF_2 [J]. Phys. Lett., 1984(102A):251-252.

[CN84b] Chen S C, Newman D J. Superpostion modle of the orbit-lattice interaction Ⅱ: analysis of strain results for Er^{3+}:MgO[J]. J. Phys. C: Solid State Phys., 1984(17):3045-4962.

[CN84c] Crosswhite H, Newman D J. Spin-correlated crystal field parameters for lanthanide ions substituted into $LaCl_3$[J]. J. Chem. Phys., 1984(81):4959-4962.

[CNT71] Copland G M, Newman D J, Taylor C D. Configuration interaction in rare earth ions: Ⅱ. Magnetic interactions[J]. J. Phys. B: At. Mol. Phys., 1971(4):1388-1392.

[CNT73] Chatterjee R, Newman D J, Taylor C D. The relativistic crystal field[J]. J. Phys. C: Solid State Phys., 1973(6):706-714.

[CO80] Condon E U, Odabas, i H. Atomic structure[M]. Cambridge:Cambridge University Press, 1980.

[CR89] Chan D K T, Reid M F. Intensity parameters for Eu^{3+} luminescence-tests of the superposition model[J]. J. Less Common Metals, 1989(148):207-212.

[Cro77] Crosswhite H M. Systematic atomic and crystal-field parameters for lanthanides in $LaCl_3$ and LaF_3 [J]. Colloques Internationaux du Centre National de la Recherche Scientifique, 1977(255):65-69.

[CRTZ97] Crooks S M, Reid M F, Tanner P A, Zhao Y Y. Vibronic intensity parameters for Er^{3+} in $Cs_2NaErCl_6$[J]. J. Alloys Compd., 1997(250):297-301.

[CRY94] Chang Y M, Rudowicz Cz, Yeung Y Y. Crystal field analysis of the $3d^N$ ions at low symmetry sites including the 'imaginary' terms[J]. Computers Phys., 1994(8):583-588.

[CTDRG89] Cohen-Tannoudji C, Duport-Roc J, Grynberg G. Photons and atoms[M]. New York:Wiley, 1989.

[CYYR93] Chang Y M, Yeom T H, Yeung Y Y, Rudowicz C. Superposition model and crystal-field analysis of the $^4A_2$ and ^2_aE states of Cr^{3+} ions in $LiNbO_3$ [J]. J. Phys.: Condens. Matter, 1993(5):6221-6230.

[DBM98] Denning R G, Berry A J, McCaw C S. Ligand dependence of the correlation crystal field[J]. Phys. Rev. B, 1998(57):R2021-R2024.

[DD63] DeShazer L G, Dieke G H. Spectra and energy levels of Eu^{3+} in $LaCl_3$[J]. J. Chem. Phys., 1963(38):2190-2199.

[DDNB81] Dagenais M, Downer M, Neumann R, Bloembergen N. Two-photon absorption as a new test of the Judd-Ofelt theory[J]. Phys. Rev. Lett., 1981(46):561-565.

[DEC93] Donnerberg H, Exner M, Catlow C R A. Local geometry of Fe^{3+} ions on the potassium sites in $KtaO_3$[J]. Phys. Rev. B, 1993(47):14-19.

[DHJL85] Dothe H, Hansen J E, Judd B R, Lister G M S. Orthogonal scalar operators for p^nd and pd^n[J]. J. Phys. B: At. Mol. Phys., 1985(18):1061-1080.

[Die68] Dieke G H. Spectra and energy levels of rare earth ions in crystals[M]. New York: Interscience, 1968.

[Div91] Diviš M. Crystal fields in some rare earth intermetallics analysed in terms of the superposition model[J]. Phys. Stat. Sol. (b), 1991(164):227-234.

[Don94] Donnerberg H. Geometrical microstructure of Fe^{3+}_{Nb}-V_0 defects in $KNbO_3$[J]. Phys. Rev. B, 1994(50):9053-9062.

[Dow89] Downer M C. The puzzle of two-photon rare earth spectra in solids[M]// Yen W M. Laser spectroscopy of solids Ⅱ. Berlin:Springer, 1989:29-75.

[DRR84] Dallara J J, Reid M F, Richardson F S. Anisotropic ligand polarizability contributions to intensity parameters for the trigonal $Eu(ODA)_3^{3-}$ and $Eu(DBM)_3H_2O$ systems[J]. J. Phys. Chem., 1984(88):3587-3594.

[EBA+79] Esterowitz L, Bartoli F J, Allen R E, Wortman D E, Morrison C A, Leavitt R P.

Energy levels and line intensities of Pr^{3+} in $LiYF_4$[J]. Phys. Rev. B, 1979(19):6442-6455.

[ED79] Elliott J P, Dawber P G. Symmetry in physics, Volume 1: principles and simple applications[M]. London: Macmillan Press, 1979.

[Ede95] Edelstein N M. Comparison of the electronic structure of the lanthanides and actinides [J]. J. Alloys Compd., 1995(223):197-203.

[EGRS85] Eyal M, Greenberg E, Reisfeld R, Spector N. Spectroscopy of praeseodymium (Ⅲ) in zirconium fluoride crystals[J]. Chem. Phys. Lett., 1985(117):108-114.

[EHHS72] Elliott R J, Harley R T, Hayes W, Smith S R P. Raman scattering and theoretical studies of Jahn-Teller induced phase transitions in some rare-earths compounds[J]. Proc. Roy. Soc., 1972(A328):217-266.

[Eis63a] Eisenstein J C. Spectrum of Er^{3+} in $LaCl_3$ [J]. J. Chem. Phys., 1963(39):2128-2133.

[Eis63b] Eisenstein J C. Spectrum of Nd^{3+} in $LaCl_3$ [J]. J. Chem. Phys., 1963(39):2134-2140.

[Eis64] Eisenstein J C. Erratum: spectrum of Nd^{3+} in $LaCl_3$[J]. J. Chem. Phys., 1964(40): 2044.

[EN75] Edgar A, Newman D J. Local distortion effects on the spin-Hamiltonian parameters of Gd^{3+} substituted into the fluorites[J]. J. Phys. C: Solid State Phys., 1975(8):4023-4030.

[Fal66] Falicov L M. Group theory and its physical applications[M]. Chicago: University of Chicago Press, 1966.

[FBU88a] Furrer A, Brüesch P, Unternährer P. Crystalline electric field in $HoBa_2Cu_3O_{7-\delta}$ determined by inelastic neutron scattering[J]. Solid State Commun., 1988(67):69-73.

[FBU88b] Furrer A, Brüesch P, Unternährer P. Neutron spectroscopic determination of the crystalline electric fleld in $HoBa_2Cu_3O_{7-\delta}$[J]. Phys. Rev. B, 1988(38):4616-4623.

[FGC+89] Faucher M, Garcia D, Caro P, Derouet J, Porcher P. The anomalous crystal field splittings of $^2H_{11/2}(Nd^{3+}, 4f^3)$[J]. J. Phys. (Paris), 1989(50):219-243.

[FGP89] Faucher M, Garcia D, Porcher P. Empirically corrected crystal field calculations within the $^2H(2)_{11/2}$ level of Nd^{3+}[J]. C. R. Acad. Sci. Ser Ⅱ, 1989(308):603-608.

[FKV72] Furrer A, Kjems J, Vogt O. Crystalline electric field levels in the neodymium monopnictides determined by neutron spectroscopy[J]. J. Phys. C: Solid State Phys., 1972 (5):2246-2258.

[FL86] Fulde P, Loewenhaupt M. Magnetic excitations in crystal-field split 4f systems[J]. Adv. Phys., 1986(34):589-661.

[FM97] Faucher M, Moune O K. $4f^2/4f6p$ configuration interaction in $LiYF_4:Pr^{3+}$[J]. Phys. Rev. A, 1997(55):4150-4154.

[FW62] Freeman A J, Watson R E. Theoretical investigation of some magnetic and spectroscopic properties of rare earth ions[J]. Phys. Rev., 1962(127):2058-2075.

[GBMB93] Gâcon J C, Burdick G W, Moine B, Bil Hl. $^7F_0 \rightarrow {}^5D_0$ two-photon absorptiontransitions of Sm^{2+} in SrF_2[J]. Phys. Rev. B, 1993(47):11712-11716.

[GBR96] Gunde K E, Burdick G W, Richardson F S. Chirality-dependent two-photon absorption probabilities and circular dichroic line strengths: Theory, calculation and measurement[J]. Chem. Phys., 1996(208):195-219.

[GdSH89] Gregorian T, d'Amour Sturm H, Holzapfel W B. Effect of pressure and crystal structure on energy levels of Pr^{3+} in $LaCl_3$[J]. Phys. Rev. B, 1989(39):12497-12519.

[GF89] Garcia D, Faucher M. An explanation of the $^1D_2$ anomalous crystal field splitting in $PrCl_3$[J]. J. Chem. Phys., 1989(90):5280-5283.

[GF92] Garcia D, Faucher M. First direct calculation of 4f → 4f oscillator strengths for dipolar electric transitions in $PrCl_3$[J]. J. Alloys Compd., 1992(180):239-242.

[GHOS69] Grünberg P, Hüfner S, Orlich E, Schmitt J. Crystal field in dysprosium garnets [J]. Phys. Rev., 1969(184):285-293.

[GLS91] Goodman G L, Loong C -K, Soderholm L. Crystal-field properties of f-electron states in $Rba_2Cu_3O_7$ for R = Ho, Nd and Pr[J]. J. Phys.: Condens. Matter, 1991(3):49-67.

[GMO92] Goremychkin E A, Muzychka A Yu, Osborn R. Crystal field potential of $NdCu_2Si_2$: A comparison with $CeCu_2Si_2$[J]. Physica B, 1992(179):184-190.

[GNKHV+ 98] Guillot-Noël O, Kahn-Harari A, Viana B, Vivien D, Antic-Fidancev E, Porcher P. Optical spectra and crystal field calculations of Nd^{3+} doped zircon-type YMO_4 laser hosts M=V, P, As[J]. J. Phys.: Condens. Matter, 1998(6):6491-6503.

[GO93] Goremychkin E A, Osborn R. Crystal-field excitations in $CeCu_2Si_2$[J]. Phys. Rev. B, 1993(47):14280-14290.

[GOM94] Goremychkin E A, Osborn R, Muzychka A Yu. Crystal-field effects in $PrCu_2Si_2$: an evaluation of evidence for heavy-fermion behavior[J]. Phys. Rev. B, 1994(50):13863-13866.

[GR95] Gunde K E, Richardson F S. Fluorescence-detected two-photon circular dichroism of Gd^{3+} in trigonal $Na_3[Gd(C_4H_4O_5)_3] \cdot 2NaCl_4 \cdot 6H_2O$[J]. Chem. Phys., 1995(194):195-206.

[Gri61] Grifith J S. The theory of transition metal ions[M]. Cambridge: Cambridge University Press, 1961.

[GS73] Gerloch M, Slade R C. Ligand-field parameters [M]. Cambridge: Cambridge University Press, 1973.

[GWB96] Görller-Walrand C, Binnemans K. Rationalization of crystal-field parameterization [M]// Gschneidner K A Jr., Eyring L. Handbook on the Physics and Chemistry of Rare Earths. North-Holland, Amsterdam, 1996, 23:121-283.

[GWB98] Görller-Walrand C, Binnemans K. Spectral intensities of f-f transitions [M] // Gschneidner K A Jr., Eyring L. Handbook on the Physics and Chemistry of the Rare Earths. North Holland, Amsterdam, 1998,25:101-264.

[GWBP+ 85] Görller-Walrand C, Behets M, Porcher P, Moune-Minn O K, Laursen I. Analysis of the fluorescence spectrum of $LiYF_4:Eu^{3+}$ [J]. Inorganica Chimica Acta, 1985 (109):83-90.

[Har66] Harrison W A. Pseudopotentials in the theory of metals [M]. W. A. Benjamin, Reading, Mass., 1966.

[Hei60] Volker Heine. Group theory in quantum mechanics[M]. Oxford: Pergamon Press, 1960.

[HF93] Hurtubise V, Freed K F. The algebra of effective hamiltonians and operators: exact operators[J]. Adv. Chem. Phys., 1993(83):465-541.

[HF94] Hurtubise V, Freed K F. Perturbative and complete model space linked diagram-matic expansions for the canonical effective operator[J]. J. Chem. Phys., 1994(100):4955- 4968.

[HF96a] Hummler K, Fähnle M. Full-potential linear-muffin-tin-orbital calculations of the magnetic properties of rare-earth-transition-metal intermetallics: I. Description of the formalism and application to the series RCo_5 (R= rare-earth atom)[J]. Phys. Rev. B, 1996(53):3272-3289.

[HF96b] Hummler K, Fähnle M. Full-potential linear-muffin-tin-orbital calculations of the magnetic properties of rare-earth-transition-metal intermetallics: Ⅱ. $Nd_2Fe_{14}B$[J]. Phys. Rev. B, 1996(53):3272-3289.

[HF98] Henggeler W, Furrer A. Magnetic excitations in rare-earth-based high-temperature superconductors[J]. J. Phys.: Condens. Matter, 1998(10):2579-2596.

[HFC76] Henri D E, Fellows R L, Choppin G R. Hypersensitivity in the electronic transitions of lanthanide and actinide complexes[J]. Coord. Chem. Rev., 1976(18):199-224.

[HI89] Henderson B, Imbusch G F. Optical spectroscopy of inorganic solids[M]. Oxford: Clarendon Press, 1989.

[HJC96] Hansen J E, Judd B R, Crosswhite H. Matrix elements of scalar three-electron operators for the atomic f shell[J]. Atomic Data and Nuclear Data Tables, 1996(62):1-49.

[HJL87] Hansen J E, Judd B R, Lister G M S. Parametric fitting to $2p^n3d$ configurations using orthogonal operators[J]. J. Phys. B: At. Mol. Phys., 1987(20):5291-5324.

[HLC89] Huang J, Liu G K, Cone R L. Resonant enhancement of direct two-photon absorption in Tb^{3+}:$LiYF_4$[J]. Phys. Rev. B, 1989(39):6348-6354.

[HMR98] Hopkins T A, Metcalf D H, Richardson F S. Electronic state structure and optical properties of $Tb(ODA)_3^{3-}$ complexes in trigonal $Na_3[Tb(ODA)_3]\cdot 2NaClO_4\cdot 6H_2O$ crystals[J]. Inorg. Chem., 1998(37):1401-1412.

[HP79] Harter W G, Patterson C W. Asymptotic eigensolution of fourth and sixth rank octahedral tensor operators[J]. J. Math. Phys., 1979(20):1452-1459.

[HR63] Hutchings M T, Ray D K. Investigation into the origin of crystalline electric field effects on rare earth ions I. Contribution from neighbouring induced moments[J]. Proc. Phys. Soc., 1963(81):663-676.

[HSE⁺81] Hayhurst T, Shalimoff G, Edelstein N, Boatner L A, Abraham M M. Optical spectra and Zeeman effect for Er^{3+} in $LuPO_4$ and $HfSiO_4$[J]. J. Chem. Phys., 1981(74): 5449- 5452.

[Hüf78] Hüfner S. Optical spectra of transparent rare earth compounds[M]. London: Academic Press, 1978.

[Hut64] Hutchings M T. Point-charge calculations of energy levels of magnetic ions in crystalline electric fields[J]. Solid State Phys., 1964(16):227-273.

[IMEK97] Illemassene M, Murdoch K M, Edelstein N M, Krupa J C. Optical spectroscopy and crystal field analysis of Cm^{3+} in $LaCl_3$[J]. J. Luminescence, 1997(75):77-87.

[JC84] Judd B R, Crosswhite H. Orthogonalized operators for the f shell[J]. J. Opt. Soc. Amer. B, 1984(1):255-260.

[JCC68] Judd B R, Crosswhite H M, Crosswhite H. Intra-atomic magnetic interactions for f electrons[J]. Phys. Rev., 1968(169):130-138.

[JDR69] Johnson L F, Dillon J F, Remeika J P. Optical studies of Ho^{3+} ions in YGaG and YIG [J]. J. Appl. Phys., 1969(40):1499-1500.

[JHR82] Judd B R, Hansen J E, Raassen A J J. Parametric fits in the atomic d shell[J]. J. Phys. B: At. Mol. Phys., 1982(15):1457-1472.

[JJ64] Jørgensen C K, Judd B R. Hypersensitive pseudo-quadrupole transitions in lanthanides [J]. Mol. Phys., 1964(8):281-290.

[JL96] Judd B R, Lo E. Factorization of the matrix elements of three-electron operators used in configuration-interaction studies of the atomic f shell[J]. Atomic Data and Nuclear Data Tables, 1996(62):51-75.

[JNN89] Judd B R, Newman D J, Ng B. Properties of orthogonal operators[M]//Gruber B, Iachello F. Symmetries in science Ⅲ. New York:Plenum Press, 1989:215-224.

[Jor62] Jorgensen C K. Orbitals in atoms and molecules[M]. London:Academic Press, 1962.

[JP82] Judd B R, Pooler D R. Two-photon transitions in gadolinium ions[J]. J. Phys. C, 1982 (15):591-598.

[JRTH93] Jayasankar C K, Reid M F, Tröster Th, Holzapfel W B. Analysis of correlation effects in the crystal-field splitting of Nd^{3+}:$LaCl_3$ under pressure[J]. Phys. Rev. B, 1993 (48):5919-5921.

[JS84] Judd B R, Suskin M A. Complete set of orthogonal scalar operators for the configuration f^3[J]. J. Opt. Soc. Amer. B, 1984(1):261-265.

[Jud62] Judd B R. Optical absorption intensities of rare-earth ions[J]. Phys. Rev., 1962 (127):750-761.

[Jud63] Judd B R. Operator techniques in atomic spectroscopy[M]. New York:McGraw-Hill, 1963.

[Jud66] Judd B R. Hypersensitive transitions in rare earth ions[J]. J. Chem. Phys., 1966 (44):839-840.

[Jud77a] Judd B R. Correlation crystal fields for lanthanide ions[J]. Phys. Rev. Lett., 1977 (39):242-244.

[Jud77b] Judd B R. Ligand field theory for actinides[J]. J. Chem. Phys., 1977(66):3163-3170.

[Jud78] Judd B R. Ligand polarizations and lanthanide ion spectra[M]//Kramer P, Rieckers A. Group theoretical methods in physics. Berlin:Springer, 1978,79:417-419.

[Jud79] Judd B R. Ionic transitions hypersensitive to environment[J]. J. Chem. Phys, 1979 (70):4830- 4833.

[Jud88] Judd B R. Atomic theory and optical spectroscopy[M]//Gschneidner K A Jr., Eyring

L. Handbook on the physics and chemistry of rare earths. North-Holland, Amsterdam, 1988,11:81-195.

[Kam95] Kaminskii A A. Today and tomorrow of laser-crystal physics[J]. Phys. Stat. Sol. (a), 1995(148):9-79.

[Kam96] Kaminskii A A. Crystalline lasers: physical processes and operating schemes[M]. Florida:CRC Press,1996.

[KD66] Kaminskii N H, Dicke G H. Energy levels of Er^{3+} and Pr^{3+} in hexagonal $LaBr_3$[J]. J. Chem. Phys., 1966(45):2729-2734.

[KDM+ 97] Karbowiak M, Drozdzynski J, Murdoch K M, Edelstein N M, Hubert S. Spectroscopic studies and crystal-field analysis of U^{3+} ions in RbY_2Cl_7 single crystals[J]. J. Chem. Phys., 1997(106):3067-3077.

[KDWS63] Koster G F, Dimmock J O, Wheeler R G, Statz H. Properties of the thirty-two point groups[M]. Cambridge:MIT Press, 1963.

[KEAB93] Kot K, Edelstein N M, Abraham M M, Boatner L A. Zero-field splitting of Cm^{3+}: $LuPO_4$ single crystals[J]. Phys. Rev. B, 1993(48):12704-12712.

[KFR95] Kotzian M, Fox T, Rösch N. The calculation of electronic spectra of hydrated Ln (Ⅲ) ions within the INDO/S-CI approach[J]. J. Phys. Chem., 1995(99):600-605.

[KG89] Kibler M, Gâcon J-C. Energy levels of paramagnetic ions: algebra VI. Transition intensity calculations[J]. Croatica Chemica Acta, 1989(62):783-797.

[KMR80] Kuroda R, Mason S F, Rosini C. Anistropic contributions to the ligand polarization model for the f-f transition probabilities of Eu(Ⅲ) complexes[J]. Chem. Phys. Lett., 1980(70):11-16.

[Kru66] Krupke W F. Optical absorption and fluorescence intensities in several rare-earth doped Y_2O_3 and LaF_3 crystals[J]. Phys. Rev., 1966(145):325-337.

[Kru71] Krupke W F. Radiative transition probabilities within the $4f^n$ ground configuration of Nd:YAG[J]. IEEE J. Quantum Electron., 1971(7):153-159.

[Kru87] Krupa J C. Spectroscopic properties of tetravalent actinide ions in solids[J]. Inorg. Chi. Acta, 1987(139):223-241.

[Kus67] Kuse D. Optische Absorbtions spektra und Kristallfeld auspaltungen des Er^{3+} Ions in YPO_4 and YVO_4[J]. Z. Phys., 1967(203):49-58.

[LBH93] Liu G K, Beitz J V, Huang J. Ground-state splitting of S-state ion Cm^{3+} in $LaCl_3$[J]. J. Chem. Phys., 1993(99):3304-3311.

[LC83a] Levin L I, Cherpanov V I. Metal-ligand exchange effects and crystal-field screening for rare-earth ions[J]. Soviet Phys.: Solid State, 1983(25):394-399.

[LC83b] Levin L I, Cherpanov V I. Superposition-exchange model of the second-rank crystal field for rare-earth ions[J]. Soviet Phys.: Solid State, 1983(25):399-403.

[LCJ+ 94] Liu G K, Carnall W T, Jones R C, Cone R L, Huang J. Electronic energy level structure of Tb^{3+} in $LiYF_4$[J]. J. Alloys Compd., 1994(207-208):69-73.

[LCJW94] Liu G K, Carnall W T, Jursich G, Williams C W. Analysis of the crystal-field spectra of the actinide tetrafluorides: Ⅱ. AmF_4, CmF_4, Cm^{4+}:CeF_4 and Bk^{4+}:CeF_4[J]. J.

Chem. Phys., 1994(101):8277-8289.

[LE87] Levin L I, Eriksonas K M. Characteristic parameters of the Eu^{2+} S-state splitting in low-symmetric centres with F^- and Cl^- ligands[J]. J. Phys. C: Solid State Phys., 1987(20):2081-2088.

[Lea82] Leavitt R P. On the role of certain rotational invariants in crystal-field theory[J]. J. Chem. Phys., 1982(77):1661-1663.

[Lea87] Leavitt R C. A complete set of f-electron scalar operators[J]. J. Phys. A: Math. Gen., 1987(20):3171-3183.

[Led77] Ledermann W. Introduction to group characters [M]. Cambridge: Cambridge University Press, 1977.

[Les90] Lesniak K. Crystal fields and dopant-ligand separations in cubic centres of rare-earth ions in fluorites[J]. J. Phys.: Condens. Matter, 1990(2):5563-5574.

[LG92] Levin L I, Gorlov A D. Gd^{3+} crystal-field effects in low-symmetric centres[J]. J. Phys.: Condens. Matter, 1992(4):1981-1992.

[LL75] Linares C, Louat A. Interpretation of the crystal field parameters by the superposition and angular overlap models. Application to some lanthanum compounds[J]. J. Physique, 1975(36):717-725.

[LLW62] Lea K R, Leask M J M, Wolf W P. The raising of angular momentum degeneracy of f-electron terms by cubic crystal fields[J]. J. Phys. Chem. Solids, 1962(23):1381-1405.

[LLZ+98] Liu G K, Li S T, Zhorin V V, Loong C K, Abraham M M, Boatner L A. Crystal-field splitting, magnetic interaction and vibronic excitations of $^{224}Cm^{3+}$ in YPO_4 and $LuPO_4$ [J]. J. Chem. Phys., 1998(109):6800-6808.

[LM86] Lindgren I, Morrison J. Atomic many-body theory[M]. Berlin: Springer, 1986.

[LN69] Leech J W, Newman D J. How to use groups[M]. London: Methuen, 1969.

[LN73] Lau B F, Newman D J. Crystal field and exchange parameters in NiO and MnO[J]. J. Phys. C: Solid State Phys., 1973(6):3245-3254.

[LR90] Li C L, Reid M F. Correlation crystal field analysis of the $^2H(2)_{11/2}$ multiplet of Nd^{3+} [J]. Phys. Rev. B, 1990(42):1903-1909.

[LR93] Lo T S, Reid M F. Group-theoretical analysis of correlation crystal-field models[J]. J. Alloys Compd., 1993(193):180-182.

[LSA+93] Loong C-K, Soderholm L, Abraham M M, Boatner L A, Edelstein N M. Crystal-field excitations and magnetic properties of $TmPO_4$ [J]. J. Chem. Phys., 1993(98):4214-4222.

[LSD+73] Löhmuller G, Schmidt G, Deppisch B, Gramlich V, Scheringer C. Die Kristallstruckturen von Yttrium-Vanadat, Lutetium-Phosphat und Lutetium-Arsenat [J]. Acta Crystallogr. B, 1973(29):141-142.

[LSH+93] Loong C-K, Soderholm L, Hammonds J P, Abraham M M, Boatner L A, Edelstein N M. Rare-earth energy levels and magnetic properties of $HoPO_4$ and $ErPO_4$ [J]. J. Phys.: Condens. Matter, 1993(5):5121-5140.

[Mar47] Marvin H H. Mutual magnetic interactions of electrons[J]. Phys. Rev., 1947(71):

102-110.

[MB82] Malhotra V M, Buckmaster H A. A study of the host lattice effect in the lanthanide hydroxides. 34 GHz Gd^{3+} impurity ion EPR spectra at 77 and 294K[J]. Canad. J. Phys., 1982(60):1573-1588.

[MEBA96] Murdoch K M, Edelstein N M, Boatner L A, Abraham M M. Excited state absorption and fluorescence line narrowing studies of Cm^{3+} and Gd^{3+} in $LuPO_4$[J]. J. Chem. Phys., 1996(105):2539-2546.

[ML79] Morrison C A, Leavitt R P. Crystal field analysis of triply ionized rare earth ions in lanthanum trifluoride[J]. J. Chem. Phys., 1979(71):2366-2374.

[ML82] Morrison C A, Leavitt R P. Spectroscopic properties of triply ionized lanthanides in transparent host crystals[M]//Gschneider K A Jr., Eyring L. Handbook on the physics and chemistry of rare earths. North-Holland, Amsterdam, 1982(5,46):461-692.

[MN73] Morosin B Newman D J. La_2O_2S structure refinement and crystal field[J]. Acta Cryst., 1973(B29):2647-2648.

[MN87] MacKeown P K, Newman D J. Computational techniques in physics[M]. Adam Hilger, Bristol, 1987.

[MNG97] Murdoch K M, Nguyen A D, Gâcon J C. Two-photon absorption spectroscopy of Cm^{3+} in $LuPO_4$[J]. Phys. Rev. B, 1997(56):3038-3045.

[MPS74] Mason S F, Peacock R D, Stewart B. Dynamic coupling contributions to the intensity of hypersensitive lanthanide transitions[J]. Chem. Phys. Lett., 1974(29):149-153.

[MPS74] Mason S F, Peacock R D, Stewart B. Dynamic coupling contributions to the intensity of hypersensitive lanthanide transitions[J]. Chem. Phys. Lett., 1974(29):149-153.

[MRB96] McAven L F, Reid M F, Butler P H. Transformation properties of the delta function model of correlation crystal fields[J]. J. Phys. B, 1996(29):1421-1431.

[MRR87a] May P S, Reid M F, Richardson F S. Circular dichroism and electronic rotatory strengths of the samarium 4f-4f transitions in $Na_3[Sm(oxydiacetate)_3]\cdot 2NaClO_4\cdot 6H_2O$[J]. Mol. Phys., 1987(62):341-364.

[MRR87b] May P S, Reid M F, Richardson F S. Electric dipole intensity parameters for the samarium 4f-4f transitions in $Na_3[Sm(oxydiacetate)_3]\cdot 2NaClO_4\cdot 6H_2O$[J]. Mol. Phys., 1987(61):1471-1485.

[MWK76] Morrison C A, Wortmann D E, Karayianis N. Crystal field parameters for triply-ionized lanthanides in yttrium aluminium garnet[J]. J. Phys. C: Solid State Phys., 1976(9):L191-194.

[NB75] Newman D J, Balasubramanian G. Parametrization of rare-earth ion transition intensities[J]. J. Phys. C: Solid State Phys., 1975(8):37-44.

[NBCT71] Newman D J, Bishton S S, Curtis M M, Taylor C D. Configuration interaction and lanthanide crystal fields[J]. J. Phys. C: Solid State Phys., 1971(4):3234-3248.

[NC69] Newman D J, Curtis M M. Crystal field in rare-earth fluorides: I. Molecular orbital calculation of PrF_3 parameters[J]. J. Phys. Chem. Solids, 1969(30):2731-2737.

[NE76] Newman D J, Edgar A. Interpretation of Gd^{3+} spin-Hamiltonian parameters in garnet host crystals[J]. J. Phys. C: Solid State Phys., 1976(9):103-109.

[New70] Newman D J. Origin of the ground state splitting of Gd^{3+} in crystals[J]. Chem. Phys. Lett., 1970(6):288-290.

[New71] Newman D J. Theory of lanthanide crystal fields. Adv. Phys., 1971(20):197-256.

[New73a] Newman D J. Band structure and the crystal field[J]. J. Phys. C: Solid State Phys., 1973(6):458-466.

[New73b] Newman D J. Crystal field and exchange parameters in $KNiF_3$[J]. J. Phys. C: Solid State Phys., 1973(6):2203-2208.

[New73c] Newman D J. Slater parameter shifts in substituted lanthanide ions[J]. J. Phys. Chem. Solids, 1973(34):541-545.

[New74] Newman D J. Quasi-localized representation of electronic band structures in cubic crystals[J]. J. Phys. Chem. Solids, 1974(35):1187-1199.

[New75] Newman D J. Interpretation of Gd^{3+} spin-Hamiltonian parameters[J]. J. Phys. C: Solid State Phys., 1975(8):1862-1868.

[New77a] Newman D J. Ligand ordering parameters[J]. Austral. J. Phys., 1977(30):315-323.

[New77b] Newman D J. On the g-shift of S-state ions[J]. J. Phys. C: Solid State Phys., 1977(29):L315- L318.

[New77c] Newman D J. Parametrization of crystal induced correlation between f-electrons[J]. J. Phys. C: Solid State Phys., 1977(10):4753-4764.

[New78] Newman D J. Parametrization schemes in solid state physics[J]. Austral. J. Phys., 1978(31):489-531.

[New80] Newman D J. The orbit-lattice interaction for lanthanide ions: Ⅱ. strain and relaxation time predictions for cubic systems[J]. Austral. J. Phys., 1980(33):733-743.

[New81] Newman D J. Matrix mutual orthogonality and parameter independence[J]. J. Phys. A: Math. Gen., 1981(14):L429-L431.

[New82] Newman D J. Operator orthogonality and parameter uncertainty[J]. Phys. Lett., 1982(A92):167-169.

[New83a] Newman D J. Models of lanthanide crystal fields in metals[J]. J. Phys. F: Met. Phys,, 1983(13):1511-1518.

[New83b] Newman D J. Unique labelling of J-states in octahedral symmetry[J]. Phys. Lett. A, 1983(97):153-154.

[New85] Newman D J. Lanthanide and actinide crystal field intrinsic parameter variations[J]. Lanthanide Actinide Res., 1985(1):95-102.

[NK63] Nielson C W, Koster G F. Spectroscopic coefficients for the p^n, d^n and f^n configurations[M]. Cambridge: MIT Press, 1963.

[NME+97] Nguyen A D, Murdoch K, Edelstein N, Boatner L A, Abraham M M. Polarization dependence of phonon and electronic raman intensities in $PrVO_4$ and $NdVO_4$[J]. Phys. Rev. B, 1997(56):7974-7987.

[NN84] Ng B, Newman D J. Models of the correlation crystal field for octahedral $3d^n$ systems

[J]. J. Phys. C: Solid State Phys., 1984(17):5585-5594.

[NN86a] Ng B, Newman D J. Ab-initio calculation of crystal field correlation effects in Pr^{3+}-Cl^{-}[J]. J. Phys. C: Solid State Phys., 1986(19):L585-588.

[NN86b] Ng B, Newman D J. A linear model of crystal field correlation effects in Mn^{2+}[J]. J. Chem. Phys., 1986(84):3291-3296.

[NN87a] Ng B, Newman D J. Many-body crystal field calculations Ⅰ: Methods of computation and perturbation expansion[J]. J. Chem. Phys., 1987(87):7096-7109.

[NN87b] Ng B, Newman D J. Many-body crystal field calculations Ⅱ: Results for the system Pr^{3+}-Cl^{-}[J]. J. Chem. Phys., 1987(87):7110-7117.

[NN88] Ng B, Newman D J. Spin-correlated crystal field parameters for trivalent actinides[J]. J. Phys. C: Solid State Phys., 1988(21):3273-3276.

[NN89a] Newman D J, Ng B. Crystal field superposition model analyses for tetravalent actinides[J]. J. Phys.:Condens. Matter, 1989(1):1613-1619.

[NN89b] Newman D J, Ng B. The superposition model of crystal fields[J]. Rep. Prog. Phys., 1989(52):699-763.

[NNP84] Newman D J, Ng B, Poon Y M. Parametrization and interpretation of paramagnetic ion spectra[J]. J. Phys. C: Solid State Phys., 1984(17):5577-5584.

[NP75] Newman D J, Price D C. Determination of the electrostatic contributions to lanthanide quadrupolar crystal fields[J]. J. Phys. C: Solid State Phys., 1975(8):2985-2991.

[NPR78] Newman D J, Price D C, Runciman W A. Superposition model analysis of the near infrared spectrum of Fe^{3+} in pyrope-almandine garnets[J]. Amer. Mineral., 1978(63):1278-1288.

[NS69] Newman D J, Stedman G E. Interpretation of crystal field parameters in the rare-earth-substituted garnets[J]. J. Chem. Phys., 1969(51):3013-3023.

[NS71] Newman D J, Stedman G E. Analysis of the crystal field in rare-earth substituted oxysulphide and vanadate systems[J]. J. Phys. Chem. Solids, 1971(32):535-542.

[NS76] Newman D J, Siegel E. Superposition model analysis of Fe^{3+} and Mn^{2+} spin-Hamiltonian parameters[J]. J. Phys. C: Solid State Phys., 1976(9):4285-4292.

[NSC70] Newman D J, Stedman G E, Curtis M M. The use of simplified models in crystal field theory[J]. Colloques Internationaux, CNRS, 1970(180):505-512.

[NSF82] Newman D J, Siu G G, Fung W Y P. Effect of spin-polarization on the crystal field of lanthanide ions[J]. J. Phys. C: Solid State Phys., 1982(15):3113-3125.

[NU72] Newman D J, Urban W. A new interpretation of the Gd^{3+} ground state splitting[J]. J. Phys. C: Solid State Phys., 1972(5):3101-3109.

[NU75] Newman D J, Urban W. Interpretation of S-state ion E. P. R. spectra[J]. Adv. Phys., 1975(24):793-843.

[NV76] Novák P, Veltrusky I. Overlap and covalency contributions to the zero field splitting of S-state ions[J]. Phys. Stat. Sol. (b), 1976(73):575-586.

[Ofe62] Ofelt G S. Intensities of crystal spectra of rare-earth ions[J]. J. Chem. Phys., 1962(37):511- 520.

[OH69] Orlich E, Hüfner S. Optical measurements in erbium iron and erbium gallium garnet [J]. J. Appl. Phys., 1969(40):1503-1504.

[PC78] Porcher P, Caro P. Crystal field parameters for Eu^{3+} in KY_3F_{10} Ⅱ. Intensity parameters[J]. J. Chem. Phys., 1978(68):4176-4187.

[Pea75] Peacock R D. The intensities of lanthanide f-f transitions[J]. Struct. Bonding, 1975 (22):83-122.

[PFTV86] Press W H, Flannery B P, Teukolsky S A, Vetterling W T. Numerical recipes: The art of scientific computing[M]. Cambridge:Cambridge University Press, 1986.

[Pil91a] Pilawa B. Electron correlation crystal-field splittings of Ho^{3+}: Ho^{3+} in $LaCl_3$ and $Y(OH)_3$[J]. J. Phys.: Condens. Matter, 1991(2):667-673.

[Pil91b] Pilawa B. Electron correlation crystal-field splittings of Ho^{3+}: Ho^{3+} in YVO_4, $YAsO_4$ and $HoPO_4$[J]. J. Phys.: Condens. Matter, 1991(2):655-666.

[PN84] Poon Y M, Newman D J. Overlap and covalency contributions to lanthanide ion spectral intensity parameters[J]. J. Phys. C: Solid State Phys., 1984(17):4319-4325.

[PS71] Pytte E, Stevens K W H. Tunneling model of phase changes in tetragonal rare-earth crystals[J]. Phys. Rev. Lett., 1971(27):862-865.

[PS83] Piepho S B, Schatz P N. Group theory in spectroscopy, with applications to magnetic circular dichroism[M]. New York:Wiley, 1983.

[QBGFR95] Quagliano J R, Burdick G W, Glover-Fischer D P, Richardson F S. Electronic absorption spectra, optical line strengths, and crystal-field energy-level structure of Nd^{3+} in hexagonal $[Nd(H_2O)_9]CF_3(SO_3)_3$[J]. Chem. Phys., 1995(201):321-342.

[RAM97] Rudowicz C, Akhmadoulline I, Madhu S B. Manual for the computer package CST for Conversions, Standardization and Transformations of the spin Hamiltonian and the crystal field Hamiltonian[R]. Research report AP-97-12. Technical report, Department of Physics and Materials Science, City University of Hong Kong, 1997.

[RAM98] Rudowicz C, Akhmadoulline I, Madhu S B. Conversions, standardization and transformations of the spin Hamiltonian and the crystal field Hamiltonian-computer package 'CST'[C]// Rudowicz C, Yu K N, Hiraoka H. Modern applications of EPR/ESR: from bio-physics to materials science: Proceedings of the First Asia-Pacific EPR/ESR Symposium, Hong Kong, 20-24 January 1997, Singapore:Springer, 1998:437-444.

[RB85] Rudowicz Cz, Bramley R. On standardization of the spin Hamiltonian and the ligand field Hamiltonian for orthorhombic symmetry[J]. J. Chem. Phys., 1985(83):5192-5197.

[RB92] Ryan J R, Beach R. Optical absorption and stimulated emission of neodymium in yttrium lithium fluoride[J]. J. Opt. Soc. Am. B, 1992(9):1883-1887.

[RBMJ59] Rotenberg M, Bivins R, Metropolis N, Wooten J K Jr.. The 3-*j* and 6-*j* symbols [M]. Cambridge:MIT Press, 1959.

[RDR83] Reid M F, Dallara J J, Richardson F S. Comparison of calculated and experimental 4f-4f intensity parameters for lanthanide complexes with isotropic ligands[J]. J. Chem. Phys., 1983(79):5743-5751.

[RDYZ93] Rudowicz Cz, Du M, Yeung Y Y, Zhou Y Y. Crystal field levels and zero-field splitting parameters of Cr^{2+} $Rb_2Mn_xCr_{1-x}Cl_4$[J]. Physica B, 1993(191):323-333.

[Rei87a] Reid M F. Correlation crystal field analyses with orthogonal operators[J]. J. Chem. Phys., 1987(87):2875-2884.

[Rei87b] Reid M F. Superposition-model analysis of intensity parameters for Eu^{3+} luminescence [J]. J. Chem. Phys., 1987(87):6388-6392.

[Rei88] Reid M F. On the use of $\boldsymbol{E} \cdot \boldsymbol{r}$ and $\boldsymbol{A} \cdot \boldsymbol{p}$ in perturbation calculations of transition intensities for paramagnetic ions in solids[J]. J. Phys. Chem. Solids, 1988(49):185-189.

[Rei93] Reid M F. Additional operators for crystal-field and transition-intensity models[J]. J. Alloys Compd., 1993(193):160-164.

[RJR94] Rukmini E, Jayasankar C K, Reid M F. Correlation-crystal-field analysis of the Nd^{3+} ($4f^3$) energy-level structures in various crystal hosts[J]. J. Phys.: Condens. Matter, 1994 (6):5919-5936.

[RK67] Rajnak K, Krupke W F. Energy levels of Ho^{3+} in $LaCl_3$[J]. J. Chem. Phys., 1967 (46):3532-3542.

[RK68] Rajnak K, Krupke W F. Erratum: Energy levels of Ho^{3+} in $LaCl_3$[J]. J. Chem. Phys., 1968(48):3343-3344.

[RM99] Rudowicz C, Madhu S B. Orthorhombic standardization of spin-Hamiltonian parameters for transition-metal paramagnetic centres in various crystals[J]. J. Phys.: Condens. Matter, 1999(11):273-287.

[RMSB96] Ross H J, McAven L F, Shinagawa K, Butler P H. Calculating spin-orbit matrix elements with RACAH[J]. J. Comp. Phys., 1996(128):331-340.

[RN89] Reid M F, Ng B. Complete second-order calculations of intensity parameters for one-photon and two-photon transitions of rare-earth ions in solids[J]. Mol. Phys., 1989(67): 407-415.

[RR83] Reid M F, Richardson F S. Anisotropic ligand polarizability contributions to lanthanide 4f-4f intensity parameters[J]. Chem. Phys. Lett., 1983(95):501-507.

[RR84a] Reid M F, Richardson F S. Electric dipole intensity parameters for Pr^{3+} in $LiYF_4$[J]. J. Luminescence, 1984(31,32):207-209.

[RR84b] Reid M F, Richardson F S. lanthanide 4f-4f electric dipole intensity theory[J]. J. Chem. Phys., 1984(88):3579-3586.

[RR84c] Reid M F, Richardson F S. Parametrization of electric dipole intensities in the vibronic spectra of rare-earth complexes[J]. Mol. Phys., 1984(51):1077-1094.

[RR85] Reid M F, Richardson F S. Free-ion, crystal-field, and spin-correlated crystal-field parameters for lanthanide ions in the cubic $Cs_2NaLnCl_6$ and Cs_2NaYCl_6: Ln^{3+} (doped) systems[J]. J. Chem. Phys., 1985(83):3831-3836.

[Rud85a] Rudowicz Cz. Relations between arbitrary symmetry spin-Hamiltonian parameters B_k^q and b_k^q in various axis systems[J]. J. Magn. Reson., 1985(63):95-106.

[Rud85b] Rudowicz Cz. Transformation relations for the conventional O_k^q and normalised $O_k'^q$ Stevens operator equivalents with $k=1$ to 6 and $-k \leqslant q \leqslant k$[J]. J. Phys. C: Solid State Phys., 1985(18):1415-1430, 3837.

[Rud86] Rudowicz Cz. On standardization and algebraic symmetry of the ligand field Hamiltonian for rare earth ions at monoclinic symmmetry sites[J]. J. Chem. Phys., 1986 (84):5045-5058.

[Rud87a] Rudowicz Cz. Concept of spin Hamiltonian, form of zero field splitting and electronic Zeeman Hamiltonians and relations between parameters used in EPR. A critical review[J]. Magn. Reson. Rev., 1987(13):1-89.

[Rud87b] Rudowicz Cz. On the derivation of superposition-model formulae using the transformation relations for the Stevens operators[J]. J. Phys. C: Solid State Phys., 1987 (20):6033-6037.

[Rud91] Rudowicz Cz. Correlations between orthorhombic crystal field parameters for rare-earth (f^n) and transition-metal (d^n) ions in crystals: $REBa_2Cu_3O_{7-x}$, $RE_2F_{14}B$, RE-garnets, RE:LaF_3 and MnF_2[J]. Mol. Phys., 1991(74):1159-1170.

[Rud97] Rudowicz Cz. On the analysis of EPR data for monclinic symmetry sites[C]// Bahtin A I. Proceedings of the International Conference Spectroscopy, X-ray and Crystal Chemistry of Minerals, Kazan, 3 September-20 October. Kazan: Kazan University Press, Kazan, 1997:31-41.

[Sac63] Sachs M. Solid state theory[M]. New York: McGraw-Hill, 1963.

[SBP68] Sternheimer R M, Blume M, Peierls R F. Shielding of crystal field at rare-earth ions [J]. Phys. Rev., 1968(173):376-389.

[SDO66] Sharma R R, Das T P, Orbach R. Zero field splitting in S-state ions I. Point multipole model[J]. Phys. Rev., 1966(149):257-269.

[SDO67] Sharma R R, Das T P, Orbach R. Zero field splitting in S-state ions Ⅱ. Overlap and covalency model[J]. Phys. Rev., 1967(155):338-352.

[SDO68] Sharma R R, Das T P, Orbach R. Zero field splitting in S-state ions Ⅲ. Corrections to Parts Ⅰ and Ⅱ and application to distorted cubic crystals[J]. Phys. Rev., 1968(171): 378- 388.

[SHF+87] Schmid B, Häig B, Furrer A, Urland W, Kremer R. Structure and crystal fields of $PrBr_3$ and $PrCl_3$: a neutron study[J]. J. Appl. Phys., 1987(61):3426-3428.

[SIB89] Sytsma J, Imbusch G F, Blaase G. The spectroscopy of Gd^{3+} in yttrium oxyhloride: Judd-Ofelt parameters from emission data[J]. J. Chem. Phys., 1989(91):1456-1461.

[Sla65] Slater J C. Quantum theory of molecules and solids[M]. New York: McGraw-Hill, 1965.

[SLGD91] Soderholm L, Loong C-K, Goodman G L, Dabrowski B D. Crystal-field and magnetic properties of Pr^{3+} and Nd^{3+} in $Rba_2Cu_3O_7$[J]. Phys. Rev. B, 1991(43):7923-7935.

[SLK92] Soderholm L, Loong C-K, Kern S. Inelastic-neutron-scattering study of the Er^{3+} energy levels in $ErBa_2Cu_3O_7$[J]. Phys. Rev. B, 1992(45):10062-10070.

[SM79a] Siegel E, Müller K A. Local position of Fe^{3+} in ferroelectric $BaTiO_3$[J]. Phys. Rev. B, 1979(20):3587-3595.

[SM79b] Siegel E, Müller K A. Structure of transition-metal-oxygen-vacancy pair centres[J].

Phys. Rev. B, 1979(19):109-120.

[SME+ 95] Sytsma J, Murdoch K M, Edelstein N M, Boatner L A, Abraham M M. Spectroscopic studies and crystal-field analysis of Cm^{3+} and Gd^{3+} in $LuPO_4$[J]. Phys. Rev. B, 1995(52):12668-12676.

[Sme98] Smentek L. Theoretical description of the spectroscopic properties of rare earth ions in crystals[J]. Phys. Rep., 1998(297):155-237.

[SN71a] Stedman G E, Newman D J. Crystal field in rare-earth fluorides: Ⅱ. Parameters for Er^{3+} and Nd^{3+} in LaF_3[J]. J. Phys. Chem. Solids, 1971(32):109-114.

[SN71b] Stedman G E, Newman D J. Crystal field in rare-earth fluorides: Ⅲ. Analysis of experimental data for the alkaline earth fluorides[J]. J. Phys. Chem. Solids, 1971(32):2001-2006.

[SN74] Stedman G E, Newman D J. Analysis of the spin-lattice parameters for Gd^{3+} an Eu^{2+} in cubic crystals[J]. J. Phys. C: Solid State Phys., 1974(7):2347-2352.

[SN83] Siu G G, Newman D J. Spin-correlation effects in lanthanide ion spectroscopy[J]. J. Phys. C: Solid State Phys., 1983(16):5031-5038.

[Ste52] Stevens K W H. Matrix elements and operator equivalents connected with the magnetic properties of rare-earth ions[J]. Proc. Phys. Soc., 1952(A65):209-215.

[Ste85] Stedman G E. Polarization dependence of natural and field-induced one-photon and multiphoton interactions[J]. Adv. Phys., 1985(34):513-587.

[Ste90] Stedman G E. Diagram techniques in group theory[M]. Cambridge: Cambridge University Press, 1990.

[TGH93] Tröster Th, Gregorian T, Holzapfel W B. Energy levels of Nd^{3+} and Pr^{3+} in RCl_3 under pressure[J]. Phys. Rev. B, 1985(48):2960-2967.

[THE94] Thouvenot P, Hubert S, Edelstein N. Spectroscopic study and crystal-field analysis of Cm^{3+} in the cubic-symmetry site of ThO_2[J]. Phys. Rev. B, 1994(50):9715-9720.

[Tin64] Tinkham M. Group theory and quantum mechanics[M]. New York: McGraw-Hill, 1964.

[Tra63] Trammell G T. Magnetic ordering properties of rare-earth ions in strong cubic crystal fields[J]. Phys. Rev., 1963(131):932-948.

[TS92] Tanner P A, Siu G G. Electric quadrupole allowed transitions of lanthanide ions in octahedral symmetry[J]. Mol. Phys., 1992(75):233-242.

[Url78] Urland W. The interpretation of the crystal field parameters for f^n electron systems by the angular overlap model. Rare-earth ions in $LaCl_3$[J]. Chem. Phys. Lett., 1978(53):296-299.

[USH74] Urban W, Siegel E, Hillmer W. Trigonal centre of Gd^{3+} in CdS investigated by variable frequency EPR[J]. Phys. Stat. Sol. (b), 1974(62):73-81.

[VBG83] Vails Y, Buzaré J Y, Gesland J Y. Zero-field splitting of Gd^{3+} in $LiYF_4$ determined by EPR[J]. Solid State Commun., 1983(45):1093-1098.

[VP74] Vishwamittar. Puri S P. Investigation of the crystal field in rare-earth doped scheelites [J]. J. Chem. Phys., 1974(61):3720-3727.

[WA99] Wildner M, Andrut M. Crystal structure, electronic absorption spectra, and crystal field superposition model analysis of $Li_2Co_3(SeO_3)_4$[J]. Z. Krist., 1999(214):216-222.

[WDM+97] Wegh R T, Donker H, Meijerink A, Lamminmaki R J, Hölsa J. Vacuum-ultraviolet spectroscopy and quantum cutting for Gd^{3+} in $LiYF_4$[J]. Phys. Rev. B, 1997(56):13841-13848.

[Wei78] Weissbluth M. Atoms and molecules[M]. New York:Academic Press,1978.

[Wil96] Wildner M. Polarized electronic absorption spectra of Co^{2+} ions in the kieserite-type compounds $CoSO_4 \cdot H_2O$ and $CoSeO_4 \cdot H_2O$[J]. Phys. Chem. Minerals, 1996(23):489-496.

[WL73] Wüchner W, Laugsch J. Observation of induced magnetism and magnetic ordering in $TbAsO_4$ by optical spectroscopy[J]. Int. J. Magn, 1973(5):181-185.

[WS93] Wang Q S, Stedman G E. Spin-assisted matter-field coupling and lanthanide transition intensities[J]. J. Phys. B, 1993(26):1415-1423.

[WS94] Wang Q, Stedman G E. Time reversal symmetry and fermion many-body operators [J]. J. Phys. B, 1994(27):3829-3847.

[Wyb65a] Wybourne B G. Spectroscopic properties of rare earths[M]. New York: Interscience, 1965.

[Wyb65b] Wybourne B G. Use of relativistic wave functions in crystal field theory[J]. J. Chem. Phys., 1965(43):4506-4507.

[Wyb66] Wybourne B G. Energy levels of trivalent gadolinium and ionic contribution to the ground state splitting[J]. Phys. Rev., 1966(148):317-327.

[Wyb68] Wybourne B G. Effective operators and spectroscopic properties[J]. J. Chem. Phys., 1968(48):2596-2611.

[XR93] Xia S D, Reid M F. Comment: theoretical intensities of 4f-4f transitions between Stark levels of the Eu^{3+} ion in crystals[J]. J. Phys. Chem. Sol., 1993(54):777-778.

[YN85a] Yeung Y Y, Newman D J. Crystal field invariants and parameters for low symmetry sites[J]. J. Chem. Phys., 1985(82):3747-3752.

[YN85b] Yeung Y Y, Newman D J. Unique labelling of J-states in finite symmetry[J]. J. Chem. Phys., 1985(83):4691-4696.

[YN86a] Yeung Y Y, Newman D J. High order crystal field invariants and the determination of lanthanide crystal field parameters[J]. J. Chem. Phys., 1986(84):4470-4473.

[YN86b] Yeung Y Y, Newman D J. A new approach to the determination of lanthanide spin-correlated crystal field parameters[J]. J. Phys. C: Solid State Phys., 1986(19):3877-3884.

[YN87] Yeung Y Y, Newman D J. Orbitally correlated crystal field parametrization for lanthanide ions[J]. J. Chem. Phys., 1987(86):6717-6721.

[YR89] Yeung Y Y, Reid M F. Crystal-field and superposition-model analyses of $Pr^{3+}:LaF_3$ in C_2 symmetry[J]. J. Less Common Metals, 1989(148):213-217.

[YR92] Yeung Y Y, Rudowicz Cz. Ligand field analysis of the $3d^N$ ions at orthorhombic or higher symmetry sites[J]. Computers Chem., 1992(16):207-216.

[YR93] Yeung Y Y, Rudowicz Cz. Crystal field energy levels and state vectors for the $3d^N$ ions at orthorhombic or higher symmetry sites[J]. J. Comput. Phys., 1993(109):150-152.
[ZY94] Zundu L, Yidong H. Crystal-field analysis of the energy levels and spectroscopic characteristics of Nd^{3+} in YVO_4[J]. J. Phys.: Condens. Matter, 1994(6):3737-3748.

索　引